全国科学技术名词审定委员会

公　　布

科学技术名词·工程技术卷（全藏版）

25

机 械 工 程 名 词

CHINESE TERMS IN MECHANICAL ENGINEERING

（二）

机械制造工艺与设备

机械工程名词审定委员会

国家自然科学基金资助项目

科 学 出 版 社

北　京

内 容 简 介

　　本书是全国科学技术名词审定委员会审定公布的机械工程名词（机械制造工艺与设备）。全书分为总论，铸造，锻压，焊接与切割，热处理，表面工程，粉末冶金，切削加工工艺与设备，量具与量仪，刀具，磨料磨具，夹具，机床附件，模具，钳工及装配工具等 15 部分，共 3 014 条。这批名词是科研、教学、生产、经营及新闻出版等部门应遵照使用的机械工程规范名词。

图书在版编目（CIP）数据

科学技术名词. 工程技术卷：全藏版 / 全国科学技术名词审定委员会审定.
—北京：科学出版社，2016.01
　ISBN 978-7-03-046873-4

　I. ①科…　II. ①全…　III. ①科学技术–名词术语 ②工程技术–名词术语
IV. ①N-61 ②TB-61

中国版本图书馆 CIP 数据核字（2015）第 307218 号

责任编辑：刘　青　黄昭厚 / 责任校对：陈玉凤
责任印制：张　伟 / 封面设计：铭轩堂

斜学虫版社 出版
北京东黄城根北街 16 号
邮政编码：100717
http://www.sciencep.com
北京厚诚则铭印刷科技有限公司印刷
科学出版社发行　各地新华书店经销
*

2016 年 1 月第 一 版　　开本：787×1092 1/16
2016 年 1 月第一次印刷　　印张：16
字数：360 000

定价：7800.00 元（全 44 册）
（如有印装质量问题，我社负责调换）

全国科学技术名词审定委员会
第四届委员会委员名单

特邀顾问：吴阶平　　钱伟长　　朱光亚　　许嘉璐

主　　任：路甬祥

副 主 任(按姓氏笔画为序)：

于永湛　　马　阳　　王景川　　朱作言　　江蓝生　　李宇明

汪继祥　　张尧学　　张先恩　　金德龙　　宣　湘　　章　综

潘书祥

委　　员(按姓氏笔画为序)：

马大猷　　王　夔　　王大珩　　王之烈　　王永炎　　王国政

王树岐　　王祖望　　王铁琨　　王酉骧　　韦　弦　　方开泰

卢鉴章　　叶笃正　　田在艺　　冯志伟　　师昌绪　　朱照宣

仲增墉　　华茂昆　　刘　民　　刘瑞玉　　祁国荣　　许　平

孙家栋　　孙敬三　　孙儒泳　　苏国辉　　李行健　　李启斌

李星学　　李保国　　李焯芬　　李德仁　　杨　凯　　吴　奇

吴凤鸣　　吴志良　　吴希曾　　吴钟灵　　汪成为　　沈国舫

沈家祥　　宋大祥　　宋天虎　　张　伟　　张　耀　　张广学

张光斗　　张爱民　　张增顺　　陆大道　　陆建勋　　陈太一

陈运泰　　陈家才　　阿里木·哈沙尼　　范少光　　范维唐

林玉乃　　季文美　　周孝信　　周明煜　　周定国　　赵寿元

赵凯华　　姚伟彬　　贺寿伦　　顾红雅　　徐　僖　　徐正中

徐永华　　徐乾清　　翁心植　　席泽宗　　黄玉山　　黄昭厚

康景利　　章　申　　梁战平　　葛锡锐　　董　琨　　韩布新

粟武宾　　程光胜　　程裕淇　　傅永和　　鲁绍曾　　蓝　天

雷震洲　　褚善元　　樊　静　　薛永兴

机械工程名词审定委员会委员名单

顾　问（按姓氏笔画为序）：
　　　　沈　鸿　　陆燕荪　　雷天觉　　路甬祥
主　任：张德邻
副主任：姚福生　　练元坚　　朱森弟　　黄昭厚
委　员（按姓氏笔画为序）：

万长森	马　林	马九荣	马少梅	王　都
冯子珮	吕景新	朱孝录	乔殿元	关　桥
许洪基	孙大涌	李宣春	杨润俊	沈光远
宋天虎	张尔正	陈杏蒲	林尚杨	罗命钧
周尧和	宗福珍	郝贵明	胡　亮	姜　勇
高长荫	郭志坚	海锦涛	黄　浙	隋永滨
傅兰生	雷慰宗	虞和谦	樊东黎	潘际銮
戴励策				

办公室成员：董春元　　杨则正　　于兆清　　符建芸

机械制造工艺与设备（一）审定组成员名单

组　长：孙大涌
组　员（按姓氏笔画为序）：
　　　　关　桥　　李祖德　　林尚杨　　周尧和　　郦振声
　　　　海锦涛　　傅兰生　　樊东黎　　戴励策

机械制造工艺与设备（二）审定组成员名单

组　长：张克昌
组　员（按姓氏笔画为序）：
　　　　尹洁华　　严文浩　　张国雄　　居乃仁

卢嘉锡序

科技名词伴随科学技术而生,犹如人之诞生其名也随之产生一样。科技名词反映着科学研究的成果,带有时代的信息,铭刻着文化观念,是人类科学知识在语言中的结晶。作为科技交流和知识传播的载体,科技名词在科技发展和社会进步中起着重要作用。

在长期的社会实践中,人们认识到科技名词的统一和规范化是一个国家和民族发展科学技术的重要的基础性工作,是实现科技现代化的一项支撑性的系统工程。没有这样一个系统的规范化的支撑条件,科学技术的协调发展将遇到极大的困难。试想,假如在天文学领域没有关于各类天体的统一命名,那么,人们在浩瀚的宇宙当中,看到的只能是无序的混乱,很难找到科学的规律。如是,天文学就很难发展。其他学科也是这样。

古往今来,名词工作一直受到人们的重视。严济慈先生 60 多年前说过,"凡百工作,首重定名;每举其名,即知其事"。这句话反映了我国学术界长期以来对名词统一工作的认识和做法。古代的孔子曾说"名不正则言不顺",指出了名实相副的必要性。荀子也曾说"名有固善,径易而不拂,谓之善名",意为名有完善之名,平易好懂而不被人误解之名,可以说是好名。他的"正名篇"即是专门论述名词术语命名问题的。近代的严复则有"一名之立,旬月踟蹰"之说。可见在这些有学问的人眼里,"定名"不是一件随便的事情。任何一门科学都包含很多事实、思想和专业名词,科学思想是由科学事实和专业名词构成的。如果表达科学思想的专业名词不正确,那么科学事实也就难以令人相信了。

科技名词的统一和规范化标志着一个国家科技发展的水平。我国历来重视名词的统一与规范工作。从清朝末年的科学名词编订馆,到 1932 年成立的国立编译馆,以及新中国成立之初的学术名词统一工作委员会,直至 1985 年成立的全国自然科学名词审定委员会(现已改名为全国科学技术名词审定委员会,简称全国名词委),其使命和职责都是相同的,都是审定和公布规范名词的权威性机构。现在,参与全国名词委领导工作的单位有中国科学院、科学技术部、教育部、中国科学技术协会、国家自然科学基金委员会、新闻出版署、国家质量技术监督局、国家广播电影电视总局、国家知识产权局和国家语言文字工作委员会,这些部委各自选派了有关领导干部担任全国名词委的领导,有力地推动科技名词的统一和推广应用工作。

全国名词委成立以后,我国的科技名词统一工作进入了一个新的阶段。在第一任主任委员钱三强同志的组织带领下,经过广大专家的艰苦努力,名词规范和统一工作取得了显著的成绩。1992 年三强同志不幸谢世。我接任后,继续推动和开展这项工作。在国家和有关部门的支持及广大专家学者的努力下,全国名词委 15 年来按学科共组建了50多个学科的名词审定分委员会,有1800多位专家、学者参加名词审定工作,还有更多的专家、学者参加书面审查和座谈讨论等,形成的科技名词工作队伍规模之大、水平层次之高前所未有。15年间共审定公布了包括理、工、农、医及交叉学科等各学科领域的名词共计50多种。而且,对名词加注定义的工作经试点后业已逐渐展开。另外,遵照术语学理论,根据汉语汉字特点,结合科技名词审定工作实践,全国名词委制定并逐步完善了一套名词审定工作的原则与方法。可以说,在20世纪的最后15年中,我国基本上建立起了比较完整的科技名词体系,为我国科技名词的规范和统一奠定了良好的基础,对我国科研、教学和学术交流起到了很好的作用。

在科技名词审定工作中,全国名词委密切结合科技发展和国民经济建设的需要,及时调整工作方针和任务,拓展新的学科领域开展名词审定工作,以更好地为社会服务、为国民经济建设服务。近些年来,又对科技新词的定名和海峡两岸科技名词对照统一工作给予了特别的重视。科技新词的审定和发布试用工作已取得了初步成效,显示了名词统一工作的活力,跟上了科技发展的步伐,起到了引导社会的作用。两岸科技名词对照统一工作是一项有利于祖国统一大业的基础性工作。全国名词委作为我国专门从事科技名词统一的机构,始终把此项工作视为自己责无旁贷的历史性任务。通过这些年的积极努力,我们已经取得了可喜的成绩。做好这项工作,必将对弘扬民族文化,促进两岸科教、文化、经贸的交流与发展作出历史性的贡献。

科技名词浩如烟海,门类繁多,规范和统一科技名词是一项相当繁重而复杂的长期工作。在科技名词审定工作中既要注意同国际上的名词命名原则与方法相衔接,又要依据和发挥博大精深的汉语文化,按照科技的概念和内涵,创造和规范出符合科技规律和汉语文字结构特点的科技名词。因而,这又是一项艰苦细致的工作。广大专家学者字斟句酌,精益求精,以高度的社会责任感和敬业精神投身于这项事业。可以说,全国名词委公布的名词是广大专家学者心血的结晶。这里,我代表全国名词委,向所有参与这项工作的专家学者们致以崇高的敬意和衷心的感谢!

审定和统一科技名词是为了推广应用。要使全国名词委众多专家多年的劳动成果——规范名词——成为社会各界及每位公民自觉遵守的规范,需要全社会的理解和支持。国务院和4个有关部委[国家科委(今科学技术部)、中国科学院、国家教委(今教育部)和新闻出版署]已分别于1987年和1990年行文全国,要求全国各科研、教学、生产、经营以及新闻出版等单位遵照使用全国名词委审定公布的名词。希望社会各界自觉认真地执行,共同做好这项对于科技发展、社会进步和国家统一极为重要的基础工作,为振兴中华而努力。

值此全国名词委成立15周年、科技名词书改装之际,写了以上这些话。是为序。

卢嘉锡

2000 年夏

钱 三 强 序

科技名词术语是科学概念的语言符号。人类在推动科学技术向前发展的历史长河中,同时产生和发展了各种科技名词术语,作为思想和认识交流的工具,进而推动科学技术的发展。

我国是一个历史悠久的文明古国,在科技史上谱写过光辉篇章。中国科技名词术语,以汉语为主导,经过了几千年的演化和发展,在语言形式和结构上体现了我国语言文字的特点和规律,简明扼要,蓄意深切。我国古代的科学著作,如已被译为英、德、法、俄、日等文字的《本草纲目》、《天工开物》等,包含大量科技名词术语。从元、明以后,开始翻译西方科技著作,创译了大批科技名词术语,为传播科学知识,发展我国的科学技术起到了积极作用。

统一科技名词术语是一个国家发展科学技术所必须具备的基础条件之一。世界经济发达国家都十分关心和重视科技名词术语的统一。我国早在 1909 年就成立了科学名词编订馆,后又于 1919 年中国科学社成立了科学名词审定委员会,1928 年大学院成立了译名统一委员会。1932 年成立了国立编译馆,在当时教育部主持下先后拟订和审查了各学科的名词草案。

新中国成立后,国家决定在政务院文化教育委员会下,设立学术名词统一工作委员会,郭沫若任主任委员。委员会分设自然科学、社会科学、医药卫生、艺术科学和时事名词五大组,聘任了各专业著名科学家、专家,审定和出版了一批科学名词,为新中国成立后的科学技术的交流和发展起到了重要作用。后来,由于历史的原因,这一重要工作陷于停顿。

当今,世界科学技术迅速发展,新学科、新概念、新理论、新方法不断涌现,相应地出现了大批新的科技名词术语。统一科技名词术语,对科学知识的传播,新学科的开拓,新理论的建立,国内外科技交流,学科和行业之间的沟通,科技成果的推广、应用和生产技术的发展,科技图书文献的编纂、出版和检索,科技情报的传递等方面,都是不可缺少的。特别是计算机技术的推广使用,对统一科技名词术语提出了更紧迫的要求。

为适应这种新形势的需要,经国务院批准,1985 年 4 月正式成立了全国自然科学名词审定委员会。委员会的任务是确定工作方针,拟定科技名词术语审定工作计划、实施方案和步骤,组织审定自然科学各学科名词术语,并予以公布。根据国务院授权,委员会审定公布的名词术语,科研、教学、生产、经营以及新闻出版等各部门,均应遵照使用。

全国自然科学名词审定委员会由中国科学院、国家科学技术委员会、国家教育委员会、中国科学技术协会、国家技术监督局、国家新闻出版署、国家自然科学基金委员会分别委派了正、副主任担任领导工作。在中国科协各专业学会密切配合下，逐步建立各专业审定分委员会，并已建立起一支由各学科著名专家、学者组成的近千人的审定队伍，负责审定本学科的名词术语。我国的名词审定工作进入了一个新的阶段。

这次名词术语审定工作是对科学概念进行汉语订名，同时附以相应的英文名称，既有我国语言特色，又方便国内外科技交流。通过实践，初步摸索了具有我国特色的科技名词术语审定的原则与方法，以及名词术语的学科分类、相关概念等问题，并开始探讨当代术语学的理论和方法，以期逐步建立起符合我国语言规律的自然科学名词术语体系。

统一我国的科技名词术语，是一项繁重的任务，它既是一项专业性很强的学术性工作，又涉及到亿万人使用习惯的问题。审定工作中我们要认真处理好科学性、系统性和通俗性之间的关系；主科与副科间的关系；学科间交叉名词术语的协调一致；专家集中审定与广泛听取意见等问题。

汉语是世界五分之一人口使用的语言，也是联合国的工作语言之一。除我国外，世界上还有一些国家和地区使用汉语，或使用与汉语关系密切的语言。做好我国的科技名词术语统一工作，为今后对外科技交流创造了更好的条件，使我炎黄子孙，在世界科技进步中发挥更大的作用，作出重要的贡献。

统一我国科技名词术语需要较长的时间和过程，随着科学技术的不断发展，科技名词术语的审定工作，需要不断地发展、补充和完善。我们将本着实事求是的原则，严谨的科学态度做好审定工作，成熟一批公布一批，提供各界使用。我们特别希望得到科技界、教育界、经济界、文化界、新闻出版界等各方面同志的关心、支持和帮助，共同为早日实现我国科技名词术语的统一和规范化而努力。

钱三强

1992 年 2 月

前　　言

　　机械工业是国家的支柱产业,在建设有中国特色的社会主义中起着举足轻重的作用。机械工业涉及面广,包括的专业门类多,是工程学科中最大的学科之一。为了振兴和发展机械工业,加强机械科学技术基础工作,促进科学技术交流,机械工程名词审定委员会(简称机械名词委)在全国科学技术名词审定委员会(简称全国科技名词委)和原机械工业部领导的指导下,于1993年4月1日成立。委员会由顾问和正、副主任及委员共45人组成。其中包括7名中国科学院和中国工程院的院士及一大批我国机械工程学科的知名专家和学者,为搞好机械工程名词的审定工作提供了可靠保障。

　　机械工程名词的选词和审定工作是在《中国机电工程术语数据库》的基础上进行的。《中国机电工程术语数据库》是原机械工业部的重点攻关项目,历经近十年的时间,汇集了数百名高级专家的意见。因此,可以认为,机械工程名词的选词质量是可信的,它反映了机械工程学科的最新科技成就。此外,机械工程名词在选词时还参考了大量国内外术语标准以及各种词典、手册和主题词表等,丰富了词源,提高了选词的可靠性。

　　机械工程名词的审定工作本着整体规划,分步实施,先易后难的原则,按专业分册逐步展开。审定中严格按照全国科技名词委制定的《科学技术名词审定的原则及方法》以及根据此文件制定的《机械工程名词审定的原则及方法》进行。为了保证审定质量,机械工程名词审定工作在全国科技名词委规定的"三审"定稿的基础上,又增加了审定次数。最后于1998年12月经机械工程名词审定委员会顾问、委员审查通过。1999年1月全国科技名词委又委托陆燕荪、练元坚、朱森弟、孙大涌、张克昌、遇立基等6位专家进行复审。经机械工程名词审定委员会对他们的复审意见进行认真的研究,再次修改并定稿,上报全国科学技术名词审定委员会批准公布。

　　机械工程名词包括:机械工程基础、机械零件与传动、机械制造工艺与设备(一)、机械制造工艺与设备(二)、仪器仪表、汽车及拖拉机、物料搬运机械及工程机械、动力机械、流体机械等9个部分,分5批公布。

　　现在公布的《机械工程名词》(二)由《机械制造工艺与设备》(一)与《机械制造工艺与设备》(二)两部分组成,共有词条3 014条。两个部分分别组成审定组进行了审定。审定中注意了定名的单义性、科学性、系统性、简明性和约定俗成的原则,对实际应用中存在不同的命名方法,公布时采用了确定一个与之相对应的规范的中文名词,其余用"又称"、"简称"、"全称"、"俗称"等加以注释,对一些缺乏科学性,易发生歧义的定名,本次审定予以改正。如焊接专业名词中"接头"一词,在本专业范围内均理解为焊接接头,但从整个机械工程学科来看,"接头"包括"焊接接头"、"铆接接头"、"螺纹接头"、"管接头"等,不是单指焊接接头。专指焊接接头时,应命名为"焊接接头";对有些名词在本专业范围内已约定俗成,审定中专家虽有些意见,但因对其他专业、学科影响不大未作改动,如切削加工工艺与设备专业名词中,"加工中心"又称"自动换刀数控机床",有的专家认为应改为"自动换刀数控机床",俗称"加工中心"。因其命名对机械工程学科其他专业影响不大,尊重该专业专家意见,未予改动。

选词中注意选择了"本学科较基础的词;本学科特有的常用词;本学科的重要词",避免选取属于其他学科的词或已被淘汰和过时的词。如:"固体"、"液体"、"电动势"等其他学科的基本词,不入选。复合概念较深的名词,如热处理专业名词"无机盐水溶液淬火介质"等已不是基础词,一般也不入选。在生产中已渐淘汰,如铸造专业名词"端包"、"抬包"等不再入选。

加注定义时尽量不用多余或重复的字与词,使文字简练、准确。注意不使用未被定义的概念,而有些常用概念或基础学科名词,如"直线"、"平面"、"固态"、"液态"等名词可以直接使用,不需再加注定义。对各种专业术语标准及各种专业词典已有的名词定义尽量采用。对少数名词以往未见正式定义或审定中发现以往定义不准确者赋予新的定义。如:"表面工程"新加注定义;"切削力"重新定义;"焊接"修改了定义。

名词审定工作是一项浩繁的基础性工作,不可避免地存在各种错误和不足,同时,现在公布的名词与定义只能反映当前的学术水平,随着科学技术的发展,还将适时修订。

《机械工程名词》(二)审定过程中,除了两个审定组的成员付出了辛勤劳动之外,还得到了(按姓氏笔画)王炎山、王德文、刘静远、李策、李敏贤、李福臣、陈循介、吴善元、罗志键、赵炳祯、荀毓闽、徐滨士、倪明一、陶令桓、贾洪艳、曹敏达、董祖钰、谭汝谋、蔡光起、戴曙等专家的大力支持,他们参与了有关专业名词的审定及修改工作,在此一并表示感谢。

机械工程名词审定委员会
2003 年 5 月

编 排 说 明

一、本书公布的是机械制造工艺与设备的基本词,除少量顾名思义的名词外,均给出了定义或注释。

二、本书分 15 部分:总论,铸造,锻压,焊接与切割,热处理,表面工程,粉末冶金,切削加工工艺与设备,量具与量仪,刀具,磨料磨具,夹具,机床附件,模具,钳工及装配工具。

三、正文按汉文名词所属学科的概念体系排列,定义一般只给出基本内涵。汉文名后给出了与该词概念相对应的英文名。

四、当一个汉文名有两个不同的概念时,则用(1)、(2)分开。

五、一个汉文名一般只对应一个英文名,同时并存多个英文名时,英文名之间用","分开。

六、凡英文名的首字母大、小写均可时,一律小写;英文除必须用复数者,一般用单数;英文名一般用美式拼法。

七、"[ ]"中的字为可省略部分。

八、规范名的主要异名放在定义之前,用楷体表示。"又称"、"全称"、"简称"、"俗称"可继续使用,"曾称"为不再使用的旧名。

九、正文后所附英汉索引按英文字母顺序排列,汉英索引按汉语拼音顺序排列,所示号码为该词在正文中的序号。

十、索引中带"﹡"者为规范名的异名。

目　　录

01. 总 论

01.001 工艺 technology
使各种原材料、半成品加工成为产品的方法和过程。

01.002 机械制造工艺 manufacturing technology
各种机械制造方法和过程的总称。

01.003 机械加工 machining
利用机械及工具对工件进行加工的方法。

01.004 无屑加工 chipless machining
金属坯料经铸造、锻压或其他金属加工方法直接得到制件，不再需切削加工的工艺方法。

01.005 少切屑加工 partial chipless machining
无屑加工后尚需进行少量切削加工的工艺方法。

01.006 工具 tool
加工中使用的刀具、量具、模具等加工器具的总称。

01.007 原材料 raw material
投入生产过程以制造新产品的物质。

01.008 难加工材料 material of difficult machining
具有强度高、硬度高、导热性差、韧性或脆性大等特点的某些金属或非金属材料。

01.009 毛坯 blank
根据零件或产品所要求的形状、工艺尺寸等制成的供进一步加工用的生产对象。

01.010 工件 workpiece
加工过程中的生产对象。

01.011 工序 operation
工件在一个工位上被加工或装配所连续完成所有工步的那一部分工艺过程。

01.012 工艺过程 manufacturing process
改变生产对象的形状、尺寸、相对位置和性质等，使其成为成品或半成品的过程。

01.013 工艺参数 process parameter
为了达到预期的技术指标，工艺过程中所需选用的技术数据。

01.014 工艺规范 process specification
对工艺过程中有关技术要求所做的一系列规定，主要包括工艺参数和工艺条件。

01.015 工艺设备 manufacturing equipment
完成工艺过程的主要生产装置。如各种机床、加热炉、电镀槽等。

01.016 机床 machine tool
制造机器的机器，亦称工作母机。一般分为金属切削机床、锻压机床和木工机床等。

01.017 工艺装备 tooling
简称"工装"。产品制造过程中所用的各种工具总称。包括刀具、夹具、模具、量具、检具、辅具、钳工工具和工位器具等。

01.018 工位器具 working position apparatus
在工地或仓库中用以存放生产对象或工具的各种装置。

01.019 基准 datum
用来确定生产对象上几何要素间的几何关系所依据的那些点、线、面。

01.020 工艺尺寸 process dimension

根据加工的需要,在工艺附图或工艺规程中所给出的尺寸。

01.021 尺寸链 dimensional chain
互相联系且按一定顺序排列的封闭尺寸组合。

01.022 尺寸精度 dimensional accuracy
实际尺寸变化所达到的标准公差的等级范围。

01.023 加工精度 machining accuracy
工件加工后的实际几何参数(尺寸、形状和位置)与设计几何参数的符合程度,表现为加工误差。

01.024 加工误差 machining error
被加工工件达到的实际几何参数(尺寸、形状和位置)对设计几何参数的偏离值。

01.025 半成品 semifinished product
已完成一个或几个生产阶段,经检验合格入库尚待继续加工或装配的制品。

01.026 成品 final product
完成全部生产过程,可供销售的制品。

01.027 包装 package, packing
指在流通过程中,为保护产品、方便储运、促进销售,依据不同情况而采用的容器、材料、辅助物及所进行的操作的总称。

01.028 缺陷 defect
制件与规定要求不相符的部分。

01.029 残余应力 residual stress
金属加工过程中由于不均匀的应力场、应变场、温度场和组织不均匀性,在变形后的变形体内保留下来的应力。

02. 铸   造

02.01 一 般 名 词

02.001 铸造 foundry, founding, casting
熔炼金属,制造铸型,并将熔融金属浇入铸型,凝固后获得一定形状、尺寸、成分、组织和性能铸件的成形方法。

02.002 铸件 casting
采用铸造方法获得的有一定形状、组织和性能的金属件。

02.003 铸型 mold
用型砂、金属或其他耐火材料制成,包括形成铸件形状的型腔、芯子和浇冒口系统的组合整体。砂型用砂箱支撑时,砂箱也是铸型的组成部分。

02.004 造型 molding
用型砂及模样等工艺装备制造铸型的工艺过程。

02.005 制芯 core making
又称"造芯"。用制芯混合料和芯盒等工艺装备制造芯子的工艺过程。

02.006 熔炼 melting
又称"熔化"。通过加热使金属由固态转变到液态并使其温度、成分等符合要求的工艺过程。

02.007 浇注 pouring
将熔融金属注入铸型的操作。

02.008 砂型铸造 sand casting process
用型砂紧实成铸型并用重力浇注的铸造方法。

02.009 特种铸造 special casting process
传统砂型铸造以外的其他铸造方法。如熔模铸造、壳型铸造、金属型铸造、压力铸造、

低压铸造、离心铸造、真空铸造、连续铸造
等。

02.010　凝固　solidification
金属或合金由液态转变为固态的过程。

02.011　结晶　crystallization
又称"一次结晶"。液态金属转变为固态金
属形成晶体的过程。

02.012　成核　nucleation
又称"形核"。液态金属或固态金属中生成
固相或新相微型质点的阶段。

02.013　生长　growth
液态金属或固态金属中生成的固相或新相
微型质点(晶核)长大的过程。

02.014　过冷　supercooling, undercooling
熔融金属或合金冷却到平衡的凝固点(或
液相线温度)以下,而没有凝固的现象。这
是不稳定平衡状态,较平衡状态的自由能
高,有转变成固态的自发倾向。

**02.015　成分过冷　constitutional supercoo-
ling**
在合金凝固过程中由于溶质再分配引起的
过冷。

02.016　枝[状]晶　dendrite
又称"树状晶"。液态金属凝固时,固体晶
核沿某些晶向生长较快,以致最后形成的
具有树枝状的晶体。

02.017　柱状晶　columnar crystal
液态金属凝固时,在定向散热的条件下,形
成近乎平行的长柱形晶体。

02.018　等轴晶　equiaxed crystal
液态金属结晶过程中,在各个晶轴方向得
到均等发展的晶体。

**02.019　铸造组织　cast structure, as-cast
structure**
又称"铸态组织"。金属或合金铸造后未经
任何处理的原始宏观和微观金相组织。

02.020　铸造性能　castability
金属在铸造成形的过程中,获得外形准确、
内部健全的铸件的能力。

02.021　流动性　fluidity
熔融金属的流动能力。

02.022　充型能力　mold-filling capacity
在铸型工艺因素影响下的熔融金属的流动
性,即充满铸型的能力。

02.023　铸件线收缩率　shrinkage
铸件线收缩量与收缩前对应长度之比。以
模样与铸件的长度差除以模样长度的百分
比表示。

02.024　铸造缺陷　casting defect
由于铸造原因造成的铸件表面或内部疵病
的总称。

02.02　铸造用原辅材料

02.025　生铁　pig iron
高炉铁液铸成的铁锭。

02.026　铁合金　ferro-alloy
以铁为基体金属与一种或几种元素组成在
金属熔炼、金属液处理等工艺中添加的合
金。

02.027　回炉料　foundry returns
废铸件、浇冒口、包底残留等,送回熔炉重
熔的金属材料。

02.028　中间合金　master alloy
又称"母合金"。为便于向铸造合金中加入
一种或多种元素而特别配制的合金。

02.029 铸造焦 foundry coke
专用于冲天炉熔炼铸铁的焦炭。要求与 CO_2 反应能力弱、孔隙度小、强度大、固定碳高、灰分和含硫量低、块度较大。

02.030 熔剂 flux
在冶炼过程中,用以降低熔渣熔点,增加熔渣流动性,使熔渣与熔融金属分离或便于扒渣的物质。

02.031 浸渗剂 impregnant
浸渗到铸件疏松等孔隙处,硬化后将孔洞堵塞的物质。

02.032 造型材料 molding material
制造铸型用的各种材料。砂型铸造中指制造铸型(芯)用的材料。包括砂、有机或无机黏结剂和其他附加物。

02.033 原砂 sand
铸型(芯)用松散颗粒状耐火材料的总称。

02.034 铬铁矿砂 chromite sand
以铬铁矿为主要成分的砂。

02.035 锆砂 zircon sand
主要由硅酸锆组成的耐火度很高的酸性砂。

02.036 型砂 molding sand
又称"造型混合料"。符合造型要求的混合料,有天然型砂和合成型砂两类。

02.037 芯砂 core sand
又称"制芯混合料"。按一定比例配合的砂和黏结剂,经过混制,符合制芯要求的混合料。

02.038 天然型砂 natural molding sand
天然沉积的含有适量黏土的硅砂,可直接用于生产某些不重要的铸件。

02.039 合成砂 synthetic sand
在原砂中按一定比例加入黏结剂、水和附加物,混制成有一定造型性能的型砂。

02.040 覆膜砂 precoated sand
砂粒表面在造型前即覆有一层树脂膜的型砂或芯砂。

02.041 烂泥砂 loam
又称"麻泥"。天然黏土砂或细砂和高黏土量(>25%)的稠浆状混合料。有时加入石墨和纤维材料,用做大件砌砖造型或刮板造型的面砂材料。

02.042 硅砂 silica sand
主要矿物成分石英含量不低于 75% 的混合料。

02.043 黏结剂 binder
能使砂粒相互黏结的物质。

02.044 无机黏结剂 inorganic binder
用无机物质组成的型(芯)砂黏结剂。如黏土、膨润土、水玻璃、水泥等。

02.045 黏土 clay
颗粒尺寸小于 $2\mu m$ 的二维层状结构水化硅酸铝。

02.046 水玻璃黏结剂 sodium silicate binder
主要成分为硅酸钠的黏结剂。

02.047 有机黏结剂 organic binder
由有机物质如干性油、树脂、淀粉、纸浆残液等组成的型(芯)砂黏结剂。

02.048 油类黏结剂 oil based binder
以干性或半干性油为基础的黏结剂。如亚麻仁油、桐油等。

02.049 合成脂黏结剂 synthetic fat binder
油类黏结剂的一种。制皂工业中将石蜡氧化、真空蒸馏、提取合成脂肪酸后剩余的残渣,一般用做芯砂黏结剂。

02.050 树脂黏结剂 resin binder

作为型砂或芯砂黏结剂用的合成树脂。

02.051 自硬黏结剂 no bake binder
又称"冷硬黏结剂"。不需加热,经由化学反应或失水,可以固化的黏结剂。

02.052 热固树脂黏结剂 thermosetting resin binder
加入原砂中能在加热时起黏结和固化作用的合成树脂。如酚醛树脂、呋喃树脂等。

02.053 固化剂 hardener
又称"硬化剂"。使型(芯)砂中的黏结剂产生化学反应而将砂粒固结在一起的材料。固化剂可为固体、液体或气体。

02.054 发热剂 exothermic mixture
在一定温度条件下,发生化学反应能放出热量的混合料。

02.055 分型剂 parting agent
又称"脱模剂"。用来使铸型界面容易分离的粉末或液体。

02.056 悬浮剂 suspending agent
防止涂料中的固体耐火粉料沉淀而加入的物质。如膨润土、羧甲基纤维素等。

02.057 型砂制备 sand preparation
又称"砂处理"。根据工艺要求对造型(芯)用砂进行配料和混制的工艺过程。

02.058 混砂 sand mixing, sand milling
将砂、黏结剂和附加物混制成型(芯)砂的过程。通过混砂机的搅拌、挤压和揉搓,使型砂混合料的组分分布均匀,无团块,并使黏结剂在砂粒上形成薄膜,适合于造型、制芯使用。

02.059 自硬砂 self-hardening sand
由砂、自硬黏结剂、固化剂等混制成的型(芯)砂。所造砂型(芯)不需烘干便能硬化。

02.060 流态砂 fluid sand, castable sand
加入适当的黏结剂、硬化剂、表面活性剂,使混合料成为流体,制作复杂铸型时不需要撞实的自硬砂。

02.061 水玻璃砂 sodium silicate-bonded sand
由水玻璃黏结剂配制而成的型砂。

02.062 面砂 facing sand
特殊配制的在造型时与模样接触的一层型砂。

02.063 背砂 backing sand
又称"填充砂"。在模样上覆盖面砂后,填充砂箱用的型砂。

02.064 单一砂 unit sand
不分面砂与背砂的型砂。

02.065 旧砂 floor sand
落砂后尚未处理的型(芯)砂。

02.066 枯砂 burnt sand
又称"焦砂"。与熔融金属接触受热,完全或部分丧失原有性质的型(芯)砂。

02.067 废砂 waste sand
现有生产条件不能回用或决定弃去的旧砂。

02.068 热砂 hot sand
高于室温10℃的型砂或高于室温50℃的旧砂。

02.069 松砂 aeration
使型砂松散和降低型砂容积密度的过程。

02.070 旧砂处理 sand reconditioning
浇铸后的型砂经过处理后使旧砂恢复其使用性能的过程。

02.071 旧砂再生 sand reclamation
用气流、水洗、焙烧或机械等方式处理旧砂使其能代替新砂的过程。

02.072 落砂性 knock-out capability
浇注后砂型被打散解体的难易程度。

02.073 溃散性 collapsibility
铸型浇注后型砂和芯砂溃散的难易程度。

02.074 破碎指数 shatter index
评定型砂韧性的指标。标准圆柱砂样从规定高度坠落在 6 目筛网中部的钢砧上,残留在该筛网上砂的重量占总重量的百分数。

02.075 水玻璃模数 sodium silicate modules
水玻璃(硅酸钠)中二氧化硅与氧化钠摩尔数的比值。

02.03 铸 造 合 金

02.076 铸钢 cast steel
铸件用钢。

02.077 铸铁 cast iron
主要由铁、碳和硅组成的合金的总称。在这些合金中,含碳量超过在共晶温度时能保留在奥氏体固溶体中的量。

02.078 灰口铸铁 grey cast iron
碳分主要以片状石墨形式出现的铸铁,断口呈灰色。

02.079 白口铸铁 white cast iron
碳分以游离碳化铁形式存在的铸铁,断口呈银白色。

02.080 孕育铸铁 inoculated cast iron
铁液经孕育处理后,获得的亚共晶灰铸铁。

02.081 球墨铸铁 spheroidal graphite cast iron, modular graphite cast iron
铁液经过球化处理,凝固后石墨全部或大部呈球状,间有少量为团絮状石墨的铸铁。

02.082 蠕墨铸铁 vermicular cast iron
铁液经过蠕化处理大部分石墨呈蠕虫状的铸铁。

02.083 可锻铸铁 malleable cast iron
白口铸铁通过石墨化或氧化脱碳可锻化处理,改变其金相组织或成分而获得的有较高韧性的铸铁。

02.084 黑心可锻铸铁 black heart malleable cast iron
白口铸铁在中性气氛中热处理,使碳化铁分解成团絮状石墨与铁素体,正常断口呈黑绒状并带有灰色外圈的可锻铸铁。

02.085 珠光体可锻铸铁 pearlitic malleable cast iron
基体主要为珠光体的可锻铸铁。

02.086 铁素体可锻铸铁 ferritic malleable cast iron
基体主要为铁素体的黑心可锻铸铁。

02.087 白心可锻铸铁 white heart malleable cast iron
白口铸铁在氧化气氛中退火,产生几乎是全部脱碳的可锻铸铁。

02.088 耐磨铸铁 wear resisting cast iron
在铸铁的基体上分布着一定数量的硬化相形成不易磨损的铸铁。

02.089 冷硬铸铁 chilled cast iron
又称"激冷铸铁"。加快冷却速度,使受激冷部分的碳呈化合碳形式,形成局部的白口的铸铁。

02.090 耐蚀铸铁 corrosion resisting cast
具有良好的抗腐蚀性能的铸铁。

02.091 耐酸铸铁 acid resisting cast iron

有一定抗酸蚀能力的铸铁。

02.092 高硅铸铁 high silicon cast iron
含硅 14% ~18% 的耐酸铸铁。

02.093 耐热铸铁 heat resisting cast iron
有一定高温抗氧化、抗生长及力学性能的铸铁。

02.094 合金铸铁 alloy cast iron
常规元素高于一般铸铁含量或含有一种或多种合金元素，明显地具有某种特殊性能的铸铁。

02.095 麻口铸铁 mottled cast iron
碳分部分以游离碳化铁形式出现，部分以石墨形式出现的铸铁，断口灰色和白色相间。

02.096 铸造铝合金 cast aluminium alloy
以铝为基的铸造合金。

02.097 铸造铜合金 cast copper alloy
以铜为基的铸造合金。

02.098 青铜 bronze
以锡为主要合金元素的铜基合金。后来开发出一些无锡青铜，如铝青铜、铍青铜等。

02.099 黄铜 brass
以锌为主要合金元素的铜基合金。

02.100 铸造锌合金 cast zinc alloy
以锌为基的铸造合金，主要有锌铝合金、锌铜合金和锌铝铜三元合金。

02.101 铸造镁合金 cast magnesium alloy
以镁为基的铸造合金，主要指镁锌锆系合金、镁锌锆稀土系合金和镁铝锌系合金。

02.04 铸造工艺与工装

02.102 起模斜度 pattern draft
为使模样容易从铸型中取出或型芯自芯盒脱出，在模样或芯盒平行于起模方向设置的斜度。

02.103 吃砂量 mold thickness
(1)砂型型腔表面到砂箱内壁、顶面、底面或箱挡的距离以及型腔之间的砂层厚度。
(2)芯骨至砂芯表面的砂层厚度。

02.104 分型负数 joint allowance
为抵消铸件在分型面部位的增厚，在模样上相应减去的尺寸。

02.105 浇注系统 gating system, running system, pouring system
为承接并引导液态金属填充型腔和冒口而开设于铸型中的一系列通道，通常由浇口杯、直浇道、横浇道和内浇道组成。

02.106 封闭式浇注系统 choked running system, choked gating system
直浇道出口截面积大于横浇道截面积，横浇道出口截面积又大于内浇道截面积总和的浇注系统。

02.107 半封闭式浇注系统 enlarged running system
直浇道出口截面积小于横浇道截面积，但大于内浇道截面积总和的浇注系统。

02.108 开放式浇注系统 unchoked running system
直浇道出口截面积小于横浇道截面积，横浇道出口截面积又小于或等于全部内浇道截面积的浇注系统。

02.109 离心集渣浇注系统 whirl gate dirt trap system
在横浇道和内浇道之间有集渣包的浇注系统。金属液切向进入集渣包后旋转，起到撇渣作用。

02.110 顶注式浇注系统 top gating system
熔融金属从铸型顶部引入型腔的浇注系统。

02.111 底注式浇注系统 bottom gating system
熔融金属从铸型底部引入型腔的浇注系统。

02.112 阶梯式浇注系统 step gating system
在铸件不同高度方向上开设若干内浇道，使熔融金属从底部开始，向上逐层引入型腔的浇注系统。

02.113 浇口盆 pouring basin
又称"外浇口"。与直浇道顶端连接，用以承接并导入熔融金属的容器。

02.114 浇口杯 pouring cup
漏斗型外浇口，单独制造或直接在铸型内形成，成为直浇道顶部的扩大部分。

02.115 浇口塞 sprue stopper
放置在浇口盆出口处的塞子。浇口盆充满金属液后，拔起塞子即开始浇注。

02.116 直浇道 sprue
浇注系统中的垂直通道。通常带有一定的锥度。

02.117 横浇道 runner
浇注系统中的水平通道。

02.118 内浇道 ingate
浇注系统中，引导液态金属进入型腔的通道。

02.119 雨淋浇口 shower gate
在浇口盆的底部开设若干断面较小连接型腔的内浇道。

02.120 缝隙浇口 slot gate
沿铸件全部或部分高度方向设置的单层薄片内浇口。

02.121 压边浇口 lip runner
浇口底面压在型腔边缘上所形成的缝隙式顶注内浇口。

02.122 牛角式浇口 horn gate
具有牛角似的圆滑曲线形锥体形状，截面尺寸逐渐缩小，小端连接型腔底面的浇口。

02.123 冒口 riser
铸型内供储存铸件补缩用熔融金属，并有排气、集渣作用的空腔。

02.124 冒口效率 riser efficiency
冒口补给铸件的金属重量与浇注终了时冒口内贮存的金属重量百分比，或二者所占体积百分比。

02.125 明冒口 open riser
高度方向贯通上型的冒口。

02.126 暗冒口 blind riser
高度方向不伸出铸型顶面，全部冒口被型砂包覆的顶冒口或侧冒口。

02.127 侧冒口 side riser
又称"边冒口"。设置在铸件被补缩部分侧面的冒口。

02.128 压力冒口 pressure riser
冒口内气压大于大气压的暗冒口。有的通入压缩气体加压，有的用气弹发气加压。

02.129 易割冒口 knock-off head, break-off riser
在冒口根部放有易割片，易于清除的冒口。

02.130 透气砂芯 pencil core
插入暗冒口顶部，使大气压力通过砂芯，作用于暗冒口内金属液面，以提高外补缩效率的圆柱形砂芯。

02.131 冒口颈 riser neck
铸件与冒口的连接通道。

02.132 冒口根 riser pad

冒口颈与铸件连接部分。通常较冒口颈粗，以免去掉冒口时损伤铸件。

02.133 保温冒口套 insulating feeder sleeve

用保温材料做成的，其内壁与冒口外表轮廓相同的套。

02.134 发热冒口套 exothermic feeder sleeve

用发热及保温材料做成的，其内壁与冒口柱部分外表轮廓相同的套。

02.135 模[样] pattern

由木材、金属或其他材料制成，用来形成铸型型腔的工艺装备。

02.136 母模 master pattern

用以铸造金属模样毛坯的模样，具有二次收缩余量。

02.137 金属模 metal pattern

用金属材料制成的模样。

02.138 骨架模 skeleton pattern

用构架和筋板形成壳形骨架的简化模样。

02.139 石膏模 plaster pattern

用熟石膏或加填料但以石膏为主要组成物制成的模样。

02.140 塑料模 plastic pattern

用塑料（一般为环氧树脂）制成的模样。以其他材料为基体表面覆盖一层塑料的复合材料模，也称塑料模。

02.141 整体模 one-piece pattern

没有分模面的模样。

02.142 分块模 parted pattern, split pattern

又称"分体模"。有分模面的模样。通常为一个分模面，模样被分成两部分，分别制造上型和下型。

02.143 单面模板 single face pattern plate, odd-side pattern

一面有模样的模板。上下两半模样分装在两块模板上，分别称为上模板和下模板。

02.144 双面模板 match plate

上、下半模和浇注系统分别安装在同一模板两面对应位置的模板。可用同一模板完成上型和下型。

02.145 芯盒 core box

制造砂芯或其他种类耐火材料芯子所用的装备。其内腔与芯子的外形和尺寸相同。

02.146 脱落式芯盒 troughed core box

形成芯子轮廓的组块，在有倾斜侧壁的斗形外框内组合而成的芯盒，造好的芯子与组块一起自框内倒出，分离后获得芯子。

02.147 下芯样板 core setting template, core setting gage

芯子下到铸型中以后，检查其位置与尺寸的专用量具。

02.148 下芯夹具 core jig

供预先组合并夹住砂芯下入铸型的装置。

02.149 烘芯板 core drying plate

在运输和烘干的过程中，支承从芯盒中取出的未固化芯子的托架。

02.150 砂箱 flask

构成铸型的一部分，容纳和支撑砂型的刚性框。

02.151 脱箱 snap flask

造型后有适当装置可与砂型脱开的砂箱。

02.152 砂型 sand mold
用型砂制成的铸型。

02.153 型腔 mold cavity
铸型中组成铸件轮廓的空腔部分。

02.154 上型 cope
又称"上箱"。浇注时铸型的上部组元。

02.155 下型 drag
又称"下箱"。浇注时铸型的下部组元。

02.156 分型面 mold joint, parting face
铸型组元间的接合面。

02.157 不平分型面 stepped joint
曲面或有高低变化的阶梯形分型面。

02.158 砂床 bed
铺在地面上有一定厚度经过紧实刮平的型砂层。用于地坑卧模造型或明浇铸铁芯骨等。

02.159 冷铁 chill, densener
为增加铸件局部冷却速度,在砂型、砂芯表面或型腔内安放的金属激冷物。

02.160 内冷铁 internal chill
放置在型腔内,与铸件熔合为一体的冷铁。

02.161 外冷铁 external chill
放置在型腔(或型芯表面),不与铸件形成一体的冷铁。

02.162 芯[子] core
为获得铸件的内孔或复杂外形,用芯砂或其他材料制成的,组成型腔整体或局部的铸型组元。

02.163 芯骨 core rod
放入砂芯中用以加强、支撑、吊运砂芯的金属构架。

02.164 芯头 core print
(1)模样上的凸出部分,在型内形成芯座并放置芯头。(2)芯子的外伸部分,不形成铸件轮廓,只是落入芯座内,用以定位和支承芯子,排出芯子在浇注时产生的气体。

02.165 芯座 core print
铸型中放置芯头的空腔。

02.166 型芯撑 chaplet
铸型组装时,支承芯子或部分铸型的金属构件。

02.167 油砂芯 oil sand core
用油类为主要黏结剂的芯砂制造的芯子。

02.168 预置芯 embedded core
在造型之前放在模样的适当位置的芯子。

02.169 壳芯 shell core
芯砂与芯盒接触后,能快速硬化,形成一定厚度的壳层,未硬化芯砂可自芯盒内倾出的空心砂芯。

02.170 烘芯 core baking
加热砂芯,使其脱水或硬化,以达到一定强度、透气性等的工艺过程。

02.171 冷芯盒法 cold box process
树脂砂吹入芯盒后,通过催化作用,在室温进行快速硬化的制芯方法。

02.172 热芯盒法 hot box process
加适量催化剂的热固性树脂砂射入已加热(180～220℃)的芯盒中,使在短时间内硬化到一定厚度的制芯方法。

02.173 砂钩 gagger

支撑加强上砂型或部分突出砂块与上箱结合,防止型砂掉落的不规则形状金属杆状物,通常为 S 形。

02.174　有箱造型　flask molding
用砂箱作为铸型组成部分的造型方法。

02.175　两箱造型　two-part molding
用两个砂箱制造铸型的方法。

02.176　三箱造型　three-part molding
用三个砂箱制造铸型的方法。

02.177　无箱造型　flaskless molding
不用砂箱的造型方法。主要指用前后压板挤压型砂的机器造型或脱箱造型。

02.178　脱箱造型　removable flask molding
在可脱砂箱内造型,造型后脱去砂箱的造型方法。

02.179　地坑造型　pit molding
在地平面以下的砂坑中或特制的地坑中制造下型的造型方法。

02.180　刮板造型　sweep molding
用一个与铸件轮廓形状相同的刮板代替模样,刮制出型腔的造型方法。

02.181　刮板制芯　sweep coremaking
用一个边缘与铸件砂芯相应,轮廓相同的刮板代替芯盒,刮制出砂芯的制芯方法。

02.182　组芯造型　core assembly molding
用若干块砂芯组合成铸型的造型方法。

02.183　假箱造型　odd-side molding
利用预先制备好的半个铸型简化造型操作的方法。半型称为假箱,其上承托模样,可供造另半型,但不用来组成铸型。

02.184　湿[砂]型　green sand mold
主要以黏土类为黏结剂的,不经烘干可直接进行浇注的砂型。

02.185　干[砂]型　dry sand mold
造型后经过烘干的砂型。

02.186　砂型烘干　mold drying
加热砂型并保温适当时间,保证砂型达到一定干燥程度的操作。

02.187　表面烘干型　skin dried mold
浇注前用适当方法对型腔表层进行干燥的砂型。

02.188　烂泥砂型　loam mold
在砌砖的基体上覆以烂泥砂,形成型腔表面的铸型。

02.189　二氧化碳水玻璃砂法　CO_2 water-glass process
用水玻璃砂造型(芯)后吹二氧化碳气体使之硬化的方法。

02.190　自硬砂造型　self-hardening sand molding
用自硬砂制造砂型(芯)的方法。

02.191　流态砂造型　fluid sand molding
用自硬砂加发泡剂,使砂粒悬浮、易于流动,以便灌注成形的方法。

02.192　负压造型　vacuum sealed molding
又称"真空密封造型"。将不含黏结剂的干砂密封于砂箱与塑料薄膜之间,借助真空负压使其中的干砂紧实成形的造型方法。

02.193　机器造型　machine molding
用机器全部完成或至少完成紧砂操作的造型方法。

02.194　自动化造型　automatic molding
利用自动化设施基本不需人力完成的造型方法。

02.195　微振压实造型　vibratory squeezing molding
在高频率低振幅振动下,用型砂的惯性紧

实作用同时或随后加压的造型方法。

02.196　高压造型　high pressure molding
压实砂型的压力一般为 70～150N/cm^2 的造型方法。

02.197　手工造型　hand molding
用手工或手动工具完成的造型方法。

02.198　塞砂　tucking
一般手工造型时,砂舂不能有效作用到的部位,用手将型砂塞紧的操作。

02.199　刮砂　strike-off
紧砂后将高出砂箱与芯盒顶面的型(芯)砂,用刮板刮掉的操作。

02.200　刷水　swabbing
手工造型起模前沿模样轮廓刷水的操作。

02.201　敲模　rapping
手工造型起模前振动或敲打模样,使其在砂型内松动的操作。

02.202　填砂　sand-filling
将制备好的型砂填充砂箱的过程。

02.203　紧实　ramming
又称"紧砂","舂砂"。使砂箱(芯盒)内型

(芯)砂提高紧实度的操作。

02.204　振实　jolt ramming
在低频率和高振幅运动中,下落冲程撞击使型砂因惯性获得紧实的过程。

02.205　压实　squeezing ramming
通过液压、机械或气压作用,借助压板、柔性膜或组合压头,压缩砂箱内型砂使之紧实的过程。

02.206　起模　stripping
又称"拔模"。使模样或模板与铸型分离或芯盒与芯子分离的操作。

02.207　修型　patching
修补砂型的紧实度不够部分、起模损坏部分的操作。

02.208　验型　trial closing
又称"验箱"。铸型合箱前,为检查铸件壁厚是否正确,各接触点是否合适等,进行试合型的操作。

02.209　合型　mold assembling
又称"合箱"。将铸型的各个组元如上型、下型、芯子、浇口盆等合成一个完整铸型的操作。

02.06　特种铸造

02.210　熔模铸造　investment casting, lost wax casting
又称"失蜡铸造"。用易熔材料(如蜡料)制成模样,在模样上包覆若干层耐火涂料,制成壳形,熔出模样后经高温焙烧浇注的铸造方法。

02.211　失模铸造　lost pattern casting
用燃烧、熔化、气化、溶解等方法,使模样从铸型内消失的铸造方法。

02.212　压制熔模　fusible pattern injection

用液态或糊状易熔模料压入压型以制造熔模的操作。

02.213　压型　pattern die
熔模铸造中用于压制模样的母型。一般用钢、铝合金等制成,小批生产可用易熔合金、环氧树脂、石膏等制成。

02.214　熔模　fusible pattern
可以在热水或蒸汽中熔化的模样。

02.215　盐模　salt pattern

用无机盐制造的可溶解于水的模样。

02.216 蜡模 wax pattern
用蜡基材料制造的模样。

02.217 模组 pattern assembly
熔模铸造中,若干模样直接或间接地与一个共同的直浇口模样相连而形成的一个总体。

02.218 脱蜡 dewaxing
熔模铸造中,熔去模样形成型腔的操作。

02.219 金属型铸造 permanent mold casting
用重力浇注将熔融金属浇入金属铸型获得铸件的方法。

02.220 金属型 metal mold
用金属材料制成的铸型。

02.221 覆砂金属型 sand-lined metal mold
在型腔表面上覆盖一定厚度砂层的金属型。

02.222 金属芯 metal core
用金属制成的芯子。

02.223 压力铸造 die casting
简称"压铸"。熔融金属在高压下高速充型,并在压力下凝固的铸造方法。

02.224 压铸型 die casting die
由定型、动型及金属芯组成的压力铸造用金属型。

02.225 动型 moving die
压铸机上可移动的压铸型部分。

02.226 定型 fixed die
压铸机上固定不动的压铸型部分。

02.227 真空压铸 evacuated die casting
先使型腔内造成部分真空,然后压射熔融金属的压铸法。

02.228 充氧压铸 pore-free die casting
压射前先向型腔中充氧的铝合金压铸法。由于氧与铝化合,生成细小的氧化铝质点分散于铸件中,因而不会因卷入空气而形成疏松或气孔。

02.229 双冲头压铸 ACURAD die casting, accurate rapid dense die casting
又称"精速密压铸"。用同心的双压射冲头同时运动进行压射,在填充金属终了时,内冲头继续推进增压的压铸法。

02.230 镶铸法 insert process
将事先准备好的(往往与浇注金属不同材料的)零件放入铸型中规定部位,浇注后零件被固定在铸件中的铸造方法。

02.231 低压铸造 low-pressure die casting
铸型一般安置在密封的坩埚上方,坩埚中通入压缩空气,在熔融金属的表面上造成低压力(0.06 ~ 0.15MPa),使金属液由升液管上升填充铸型和控制凝固的铸造方法。

02.232 差压铸造 counter-pressure casting
又称"反压铸造"。在铸型外罩以密封罩,同时向坩埚内和密封罩内通入压缩空气,并使坩埚内压力高于罩内的压力,坩埚内的熔融金属在压力差作用下,经升液管从型底注入铸型,并在压力下进行结晶的铸造方法。

02.233 真空吸铸 suction casting
利用负压将熔融金属吸入铸型(结晶器)的铸造方法。

02.234 实型铸造 full mold process, evaporative pattern casting
又称"气化模铸造","消失模铸造"。一种用泡沫塑料制造的模样留在砂型(一般是不加黏结剂的干砂型)内,在浇注金属时,模样气化消失,获得铸件的失模铸造方法。

02.235　磁型铸造　magnetic molding process
又称"磁丸铸造"。一种用泡沫塑料制造模样,用铁丸代替型砂在磁型机上造型,通电后产生一定方向的电磁场将铁丸吸固,以后即可浇注。铸件凝固后断电,磁场消失,铁丸松散,取出铸件的实型铸造方法。

02.236　离心铸造　centrifugal casting
熔融金属浇入绕水平、倾斜或垂直轴旋转的铸型,在离心力作用下,凝固成形的铸件轴线与旋转铸型轴线重合的铸造方法。铸件多是简单的圆筒形,不用芯子形成圆筒内孔。

02.237　半离心铸造　semi-centrifugal casting
对称形状铸件的轴线与旋转铸型轴线重合,利用离心力加强补缩的铸造方法。铸件的内孔要用芯子形成。

02.238　离心浇注　centrifugal pressure casting
若干铸型放射状地安置在中心浇道的四周,全部铸型绕中心浇口旋转,利用离心力改善充填和补缩的铸造方法。

02.239　双金属离心铸造　bimetal centrifugal casting
用离心铸造方法,先后将两种熔融金属浇入一个旋转的铸型,从而获得复合铸件的方法。

02.240　石膏型造型　plaster molding
用石膏作造型材料制造铸型的方法。先将石膏浆料浇在模样上,待硬化后取出模样,然后将铸型加热脱水。

02.241　连续铸造　continuous casting
向结晶器(水冷金属型或石墨型等)中连续浇注熔融金属,使之连续凝固成形,并拉出断面形状、尺寸不变的铸坯的铸造方法。

02.242　凝壳铸造　slush casting
熔融金属浇入铸型,停留一定的时间后将未凝固金属倾出,获得空心铸件的铸造方法。铸件的壁厚取决于停留时间。

02.243　壳型铸造　shell mold casting
用硅砂或锆砂与树脂的混合料或树脂覆模砂形成薄壳铸型的铸造方法。在 180 ~ 280℃模板上形成一定厚度(一般由 6mm 到 12mm)薄壳,再加温固化薄壳,使达到需要的强度和刚度。

02.244　精密铸造　precision casting
用精密铸型获得精密铸件的铸造方法。

02.07　熔炼、浇注、铸件后处理

02.245　炉料　charge
熔炼金属及合金时装入炉内材料的总称。

02.246　石墨球化处理　nodularizing treatment of graphite
用球化剂处理熔融铸铁,使石墨结晶呈球状析出的方法。

02.247　墨化剂　graphitizer
可促进铸铁中碳分以石墨形态析出的物质。

02.248　保护气氛浇注　pouring under protective atmosphere
在惰性气体中浇注金属液的操作。

02.249　捣冒口　churning
用棒上、下捣动明冒口内金属,防止上面凝壳以提高冒口补缩效率的操作。

02.250　点冒口　teeming
又称"补浇"。浇注后把高温的熔融金属浇入冒口延长其补缩作用的操作。

02.251 落砂 shake-out
用手工或机械使铸件和型砂、砂箱分开的操作。

02.252 除芯 decoring
从铸件中去除芯砂和芯骨的操作。

02.253 喷砂清理 sand blasting
用混有砂或磨粒的压缩空气喷射铸件表面,去除铸件表面的黏砂、氧化皮及污物的操作。

02.254 抛丸清理 shot blasting
用高速旋转的叶轮,将铁丸、钢丸或其他材料的弹丸等在离心力作用下,抛向铸件表面进行清砂和去除细小飞翅的操作。

02.255 清砂 cleaning
落砂后除去铸件表面黏砂的操作。

02.256 水力清砂 hydraulic cleaning
用高压水流束喷射铸件,清除黏附的砂子和砂芯的方法。

02.257 水砂清砂 hydraulic blast
用混有砂粒的高压水流束喷射铸件,清除黏附的砂子和砂芯的方法。

02.258 化学清砂 chemical cleaning
利用化学反应清除铸件上黏砂层和氧化层

的方法。

02.259 电化学清砂 electrochemical cleaning
利用电化学反应清除铸件表面,尤其是复杂内腔的残砂、氧化皮及黏砂的方法。

02.260 电液压清砂 electro-hydraulic cleaning
利用特别电极在水中进行电火花放电产生的冲击波转化为机械力冲击铸件的清砂方法。

02.261 清铲 chipping
用风铲或其他工具去除铸件上多余金属和黏砂的操作。

02.262 [铸件]精整 finishing, fettling
铸件清理的最后阶段,包括根据要求进行打磨、矫正、上底漆等操作。

02.263 焊补 weld repair
技术条件允许时,用焊接方法修补有缺陷铸件。

02.264 渗补 impregnation
用溶液浸渍物渗入耐压力铸件的壁内疏松等缺陷处,以防止渗漏的方法。

02.08 铸件质量与缺陷

02.265 抬型 cope raise
又称"抬箱"。浇铸过程中,由于金属液的浮力,使上型或砂芯局部或全部抬起,铸件高度增加,在分型面部位产生厚大的披缝的现象。

02.266 胀砂 swell
铸件内外表面局部胀大,重量增加。

02.267 冲砂 erosion wash
砂型或砂芯表面局部砂子被金属液冲刷

掉,在铸件表面的相应部位上形成的粗糙、不规则的金属瘤状物,常位于浇口附近,被冲刷掉的砂子,往往在铸件的其他部位形成砂眼。

02.268 浇注断流 interrupted pour
铸件表面某一水平面上可见的接缝,接缝的某些部分接合不好或分开。

02.269 浇不到 misrun
铸件残缺或轮廓不完整或可能完整,但边

角圆且光亮,常出现在远离浇口的部位及薄壁处。其浇注系统是充满的。

02.270 跑火 run-out

浇注过程中,由于部分金属液体从铸型分型面等处流出,而造成的铸件上部的严重凹陷。

02.271 未浇满 pour short

浇注的液态金属量不足,使铸件上面短缺,其边角略呈圆形,浇冒口顶面与铸件短缺面平齐。

02.272 机械黏砂 metal penetration

又称"渗透黏砂"。铸件的部分或整个表面上,黏附着一层砂粒和金属的机械混合物。清铲黏砂层时可以看到金属光泽。

02.273 化学黏砂 burn-on

又称"烧结黏砂"。铸件的部分或整个表面上,牢固地黏附着一层由金属氧化物、砂子和黏土相互作用而生成的低熔点化合物。

02.274 皱皮 elephant skin

铸件皱褶状的表皮。一般带有较深的网状沟槽。

02.275 型漏 run-out

又称"漏箱"。浇注中或浇注结束后,金属液从型底漏出,使铸件产生严重残缺。有时铸件外形虽较完整,但内部的金属已漏空,铸件完全呈壳状。

02.276 错型 shift

又称"错箱"。铸件的一部分与另一部分在分型面处相互错开。

02.277 偏芯 core raised, core lift

又称"漂芯"。由于型芯在金属液作用下漂浮移动,铸件内孔位置偏错,使形状、尺寸不符合要求。

02.278 铸造应力 casting stress

铸件收缩应力、热应力和相变应力的矢量和。

02.279 疏松 porosity

又称"显微缩松"。铸件相对缓慢凝固区出现的细小的孔洞。

02.280 缩孔 shrinkage

液态金属凝固过程中由于体积收缩所形成的孔洞。

02.281 针孔 subsurface pinhole, pinhole

针头大小的出现在铸件表层或内部的成群小孔。铸件表面在机械加工 $1 \sim 2mm$ 后可以去掉的圆孔称表面针孔。在机械加工或热处理以后才能发现的长孔称皮下气孔。

02.282 砂眼 sand inclusion

铸件内部或表面带有砂粒的孔洞。

02.09 铸 造 设 备

02.283 卧式烘砂滚筒 horizontal barrel

湿砂沿滚筒内的螺旋状槽或叶片翻滚前进,使其不断与通入的热气流接触而被烘干的装置。

02.284 热气流烘砂装置 hot pneumatic tube drier

用热气流输送和烘干湿砂的装置,主要由

热风炉、鼓风机、发送器、输送烘干管、分离器等部分组成。

02.285 振动沸腾烘砂装置 vibrating fluidized drier

湿砂沿带孔的振动槽跳跃前进,同时鼓入热气流,使砂子在沸腾状态下烘干的装置。

02.286 磁力分离设备 magnetic separator

利用永磁或电磁铁的磁力吸走旧砂等物中的铁质杂物的设备。

02.287 带式磁力分离机 belt-type magnetic separator

在带式给料机的头尾轮之间或头轮内装有电磁铁或永磁铁块的磁力分离设备。

02.288 磁力分离滚筒 magnetic drum

一个旋转的由非磁性材料制成、内装有电磁铁块或永磁铁块的空心滚筒组成的磁力分离设备。

02.289 筛砂机 riddle

机动的工作面具有一定孔径的筛网,可去除砂中粗颗粒和杂物的设备。

02.290 砂块破碎机 sand lump breaker

利用机械冲压、振动、气流和砂块间的撞击摩擦来破碎旧砂砂块的机械。

02.291 旧砂再生设备 sand reclamation equipment

用焚烧、风吹、水洗或机械方法处理旧砂,使其能接近或达到新砂性能的设备。

02.292 旧砂干法再生设备 dry type sand reclamation equipment

采用加热、风吹、机械等方法的旧砂再生设备。

02.293 旧砂湿法再生设备 wet type sand reclamation equipment

采用水洗方法的旧砂再生设备。

02.294 混砂机 sand muller, sand mixer

使型(芯)砂中各组分均匀混合,并使黏结剂有效地包覆在砂粒表面的设备。

02.295 间歇式混砂机 batch [sand] mixer

加料、混制、卸出型(芯)砂顺序间断进行的混砂机。

02.296 连续式混砂机 continuous [sand] mixer

加料、混制、卸出型(芯)砂同时连续进行的混砂机。

02.297 辗轮混砂机 muller, roller mill

由垂直的主轴通过十字头带动刮板和辗轮在辗盘上旋转进行混砂作业的混砂机。

02.298 转子混砂机 rotator mixer

由刮板和混砂转子在辗盘上进行混砂作业的混砂机。

02.299 摆轮混砂机 speed-muller

由旋转的圆盘带动的刮板和沿辗盘围圈滚动的摆轮在机体内进行混砂作业的混砂机。

02.300 叶片混砂机 blade mixer

由水平轴带动叶片在槽体内旋转搅拌或垂直轴带动叶片在辗盘上旋转搅拌的混砂机。

02.301 滚筒式混砂机 rotary muller

由刮板、辗轮和松砂轮等装在旋转的卧式滚筒内进行混砂作业的混砂机。

02.302 高速涡流混砂机 turbo disc mixer

黏结剂在高速旋转叶片作用下雾化后与砂流混合的混砂机。常用于混制树脂砂。

02.303 球形混砂机 spheroidal bowl mixer

又称"碗形混砂机"。混砂机壳体为半球形的高速间歇式叶片混砂机。常用于混制树脂砂。

02.304 砂温调节器 sand temperature modulator

混砂前使原砂或再生砂的温度控制在一定范围内的装置。常用于树脂砂。

02.305 黏结剂预热器 binder pre-heater

对进入混砂机前的黏结剂预热到一定温度范围,使其黏度稳定便于定量和保质的装置。常用于树脂砂。

02.306　松砂机　aerator
破碎、松散型砂,降低其容积密度,从而提高型砂性能的设备。

02.307　梳式松砂机　blade aerator
利用高速旋转的转盘上装有梳子状的掸齿,梳松并将型(芯)砂抛向具有弹性的垂直挡砂棍和链条而使型(芯)砂松散的机器。

02.308　带式松砂机　belt-type aerator
利用高速运行的梳齿皮带,梳松并将型(芯)砂抛向挡帘,而使型(芯)砂松散的机器。

02.309　轮式松砂机　wheel-type aerator
利用高速旋转的松砂轮,切割、破碎并将型(芯)砂抛向具有弹性的垂直挡砂棍或链条,而使型(芯)砂松散的机器。

02.310　给料机　distributor
又称"给料器"。装在料斗下,连续均匀控制松散物料流量并可作极短距离输送的机械,停止给料时具有闸门作用。

02.311　定量器　proportioner
按重力、容积或时间变量控制液体或松散物料的计量装置。

02.312　冲天炉　cupola
一种竖式圆筒形熔炉,金属与燃料直接接触,从风口鼓风助燃,能连续熔化。

02.313　水冷冲天炉　water-cooled cupola
用水冷却熔化带、风口和部分炉缸(如必要)炉壁处的冲天炉。

02.314　热风冲天炉　hot blast cupola
采用预热送风的冲天炉。

02.315　电弧炉　arc furnace
电极与炉料间产生电弧用以熔炼金属的炉

子。

02.316　感应电炉　electric induction furnace
利用感应电流在炉料中发热来熔化金属或保温金属液的炉子。

02.317　电渣炉　electro-slag furnace
电极在熔渣层中通电,利用熔渣的电阻热将电极熔化,并通过熔渣精炼金属液的炉子。

02.318　保温炉　holding furnace
储存熔融金属,并保持或适当提高温度的炉子。

02.319　坩埚炉　crucible furnace
在坩埚内熔化金属的炉子。

02.320　浇包　ladle
容纳、处理、输送和浇注熔融金属用的容器。浇包用钢板制成外壳,内衬为耐火材料。

02.321　摇包　shaking ladle
一种熔融金属处理包,吊放在装有可调速的偏心轴的支架上,通过摇摆产生搅拌作用,使熔融金属和附加剂的接触机会增加,是一种处理效率较高的设备。主要用于铁液脱硫。

02.322　座包　receiving ladle
用做混铁炉、前炉或暂时存贮熔融金属用的浇包。

02.323　底注包　bottom pouring ladle
底部有孔,通过塞杆启闭控制浇注量的浇包。

02.324　转运包　transfer ladle
运送熔融金属的大型浇包。

02.325　鼓形包　drum ladle
可绕水平轴转动的圆柱形浇包。

02.326　茶壶包　teapot ladle

浇注时熔融金属从包底经流槽流出,具有挡渣作用的浇包。

02.327 扇形包 sector pouring ladle
做成扇形截面的浇包,其浇注量同浇包的转动角度成正比。

02.328 浇注机 pouring machine
将熔融金属浇入铸型内的机器。

02.329 自动浇注机 automatic pouring machine
能自动完成对准浇口、浇注和浇满后停止浇注等过程的机器。

02.330 倾注浇注机 tilting-ladle pouring unit
使浇包或容器倾转进行浇注的浇注机。为便于对准浇口,回转轴中心线一般尽量接近或通过浇嘴。

02.331 底注浇注机 bottom pouring unit
采用底注方式进行浇注的浇注机。

02.332 气压浇注机 pressure pouring unit
靠经过调压的压缩空气或惰性气体进入密闭的浇注容器顶部,将熔融金属压出进行浇注的浇注机。

02.333 电磁泵浇注装置 electro-magnetic pouring unit
利用电磁作用,使熔融金属提升、输送和定量浇注的装置。

02.334 造型机 moulding machine
能完成填砂、紧实、起模等主要造型工序或至少完成紧实工序的机器。

02.335 脱箱造型机 removable flask molding machine
在可脱砂箱内造型,合箱后脱去砂箱的造型机。

02.336 双面模板造型机 match plate molding machine
用双面模板一次可造出由两个半型组成的整砂型的造型机。

02.337 漏模造型机 stripping plate molding machine
砂型紧实后,由漏模板托住砂型,向下抽出模样及模板起模的造型机。适用于模样高、拔模斜度小、难起模的铸件造型。

02.338 双工位造型机 two-station molding machine
有两个工作位置的造型机。分直列式和回转式两类。

02.339 多工位造型机 multiple station molding machine
有两个以上工作位置的造型机,分直列式和回转式两类。

02.340 压实造型机 squeeze molding machine
单纯借助压力紧实砂型的造型机。

02.341 高压造型机 high pressure molding machine
对压实型砂有较高比压(>700kPa)的压实造型机。

02.342 振动造型机 vibratory molding machine
以振动器为振源的造型机,适用于流动性好的型砂造型。

02.343 振动台 vibrating table
无起模机构的简易振动造型机。

02.344 振实造型机 jolt molding machine
振击紧实型砂的造型机。

02.345 振压造型机 jolt squeezer
采用振实和压实的方法,生产有箱砂型的造型机。

02.346 微振压实造型机 vibratory squeezer
采用微振和压实的造型机。

02.347 冲击造型机 impact molding machine
采用冲击紧实型砂的造型机,分燃气冲击和空气冲击等。

02.348 射压造型机 shoot-squeeze molding machine
压缩空气骤然膨胀将型砂射入砂箱进行填砂和预紧实,再进行补充压实的造型机。

02.349 抛砂机 sand slinger
利用抛砂头高速抛出型(芯)砂,同时完成填砂和紧实的造型(芯)机。

02.350 滚筒起模机 drum-type stripper
砂箱和模板在滚筒内翻转180°后进行回程起模的起模机,常同抛砂机一起配套使用。

02.351 壳型机 shell molding machine
制造壳型的机器。该机有一块热模板,同盛树脂砂的容器卡紧,翻转180°,使树脂砂覆盖在热模板上,结成一定厚度的薄壳后转回,使多余的树脂砂从模板上落下。

02.352 吹壳机 mold blower
用压缩空气将造型混合料吹到模板上制造壳型的机器。

02.353 制芯机 core machine
制造芯子的机器。

02.354 射芯机 core shooter
压缩空气骤然膨胀把芯砂射入芯盒的机器。

02.355 壳芯机 shell core machine
生产壳芯的机器。

02.356 挤芯机 core extruder
利用挤压力量和适当模具,连续生产截面相同芯子的机器。

02.357 造型生产线 molding line
将主机(造型机)和各辅机按一定的工艺流程,用运输设备联系起来并采用适当的控制方法组成的机械化、自动化造型的生产流水线。

02.358 造型机组 molding unit
制造一个整砂型所需的造型机械的组合。

02.359 翻箱机 turnover machine
造型生产线上的辅机,将紧实好的半型绕水平轴翻转180°的机器。

02.360 钻气孔机 multiple vent unit
造型生产线上的辅机,用钻头在上半砂型中钻出通气孔的机器。

02.361 开浇口机 sprue cutter
造型生产线上的辅机,在上砂型铣出直浇道和浇口杯的机器。

02.362 下芯机 core setter
造型生产线上的辅机,进行下芯作业的机器。

02.363 合箱机 mold closing device
造型生产线上的辅机,将上半型合到下半型上的机器。

02.364 分箱机 flask separator
造型生产线上的辅机,把捅出砂型后叠置的空上、下砂箱分开,并分别推送到回箱辊道上的机器。

02.365 落砂机 knock-out machine, shake-out machine
使铸件与型砂和砂箱分离的机器。

02.366 振动落砂机 vibratory shake-out machine
采用振动的方法进行落砂的落砂机。

02.367 滚筒落砂机 knock-out barrel
通过滚筒的旋转,使其中的砂型与铸件一

起滚动、跌落、相互撞击,同时有落砂、破碎砂团和冷却作用的连续落砂设备。

02.368 气动落砂机 pneumatic knockout machine
以压缩空气为动力源的落砂机。

02.369 滚筒清理机 tumbling barrel
利用滚筒的转动使其中的铸件和星铁在翻滚中碰撞摩擦,进行铸件表面清理的机器。

02.370 抛丸清理机 shot blast machine
用高速旋转的叶轮,使弹丸在离心力作用下抛向铸件进行表面清理的机器。

02.371 丸砂分离器 shot-sand separator
利用风力或磁力等方法分离弹丸、砂、粉尘的装置。

02.372 电液压清砂室 electro-hydraulic cleaning plant
用电液压清砂工艺清除铸件黏砂的成套装置。

02.373 电化学清砂室 electrochemical cleaning plant
用电化学清砂工艺,清理铸件表面及内腔残留砂、黏砂及氧化物等的成套设备。

02.374 浇冒口切割机 gate and riser cutting machine
切断铸件浇口和冒口的专用机械。

02.375 压铸机 die casting machine
将熔融金属以高压(10~500MPa)、高速(0.5~120m/s)、瞬时(0.1~0.05s)压射到铸型中,并在压力下凝固获得铸件的机器。

02.376 冷室压铸机 cold chamber die casting machine
压射室和压射冲头不浸于熔融金属中,而将定量的熔融金属浇到压射室中,然后进行压射的一种压铸机。

02.377 热室压铸机 hot chamber die casting machine
压射室和压射冲头浸于熔融金属内的压铸机,压射室经鹅颈管与压铸型的浇口连通。

02.378 压射机构 injection mechanism
压铸机中,把熔融金属从压射室压入铸型中,并对正在凝固的金属施加压力的装置。

02.379 压射室 injection chamber
压铸机中容纳熔融金属的缸体,熔融金属由此受压经浇口压射入型腔。

02.380 压射缸 injection cylinder
压铸机中用于压射熔融金属的一种液压缸。

02.381 金属型铸造机 permanent mold casting machine
采用金属型并以重力浇注熔融金属来生产铸件的机器。

02.382 金属型铸造流水线 permanent mold casting line
由金属型铸造机、浇注机、机械手、铸件运输机及热处理炉等组合起来的生产线。

02.383 离心铸造机 centrifugal casting machine
将熔融金属浇入旋转的铸型中,在离心力的作用下完成充填、凝固成型获得金属铸件的机器。

02.384 卧式离心铸造机 horizontal centrifugal casting machine
铸型绕水平轴旋转的离心铸造机,用来生产较长的筒形铸件及管子。

02.385 低压铸造机 low-pressure casting machine
铸型一般安装在密封的坩埚上方,坩埚中通入有压气体,在熔融金属表面造成低压力(20~150kPa),使熔融金属由升液管上升充填铸型和控制其凝固来生产铸件的机器。

02.386 连续铸造机 continuous casting machine
将熔融金属不断浇入结晶器（水冷金属型或石墨型）中，从结晶器的另一端连续凝固成形并拉出断面形状不变的铸坯的机器。

02.387 连续铸管机 continuous pipe-casting machine
生产铸管的连续铸造机。

02.388 连续铸锭机 continuous ingot-casting machine
生产铸锭的连续铸造机。

02.389 连续铸带机 continuous strip-casting machine

生产金属带材的连续铸造机。

02.390 蜡料熔化保温炉 wax melting and holding furnace
装有加热元件和温度计等控温元件，用来使蜡料熔化、保温的水浴炉。

02.391 机械搅蜡机 mechanical wax stirring machine
利用高速旋转的螺旋与蜡料摩擦及螺旋的压力产生温升，使石蜡、硬脂酸模料直接挤成糊状蜡料的机器。

02.392 真空吸铸机 suction pouring machine
利用负压将熔融金属吸入铸型（结晶器）以生产铸件的机器。

03. 锻　压

03.01 一般名词

03.001 锻压 forging and stamping
对坯料施加外力，使其产生塑性变形改变尺寸、形状及性能，用以制造毛坯、机械零件的成形加工方法。是锻造与冲压的总称。

03.002 金属塑性加工 plastic working of metal, metal technology of plasticity
又称"金属压力加工"。利用金属的塑性，使其改变形状、尺寸和改善性能，获得型材、棒材、板材、线材或锻压件的加工方法。包括锻造、冲压、挤压、拉拔、轧制等。

03.003 金属回转加工 rotary metal working
金属坯或工具单独回转，或者两者同时回转的塑性加工方法。

03.004 成形 forming

使用某种工艺手段，将坯料或工件制成具有预定形状和尺寸的工艺过程。

03.005 初次成形加工 primary metal working
用于制造板材、棒材、型材等原材料的加工过程。

03.006 二次成形加工 secondary metal working
对于已经过初次成形加工获得的原材料（板材、棒材、型材等）进行再次塑性加工，以制造机械零件或毛坯的成形加工方法。

03.007 理想刚塑性体 rigid-perfectly plastic body
在大变形条件下为了使分析问题简化而对变形体提出一种简化假设。这种材料在屈服前处于刚体状态,一旦屈服,即进入塑性流动状态,流动应力不随应变量而变化。

03.008 理想弹塑性体 elastic-perfectly plastic body

为分析弹塑性变形体而提出的一种简化假设,这种材料在屈服前应力与应变按线性关系变化,一旦屈服,即进入塑性流动状态,且流动应力不随应变量变化。

03.009 变形力 deformation force, forming force

为使坯料产生塑性变形,在工具运动方向上所需要施加的力。

03.010 变形抗力 deformation stress

单位面积上对变形的阻力。

03.011 变形功 deformation work

使工件产生塑性变形而需消耗的功。

03.012 死区 dead metal region, dead zone

塑性加工时,工件内不变形的刚性区。

03.013 可锻性 forgeability

材料在锻造过程中经受塑性变形不开裂的能力。

03.014 最大剪应力准则 maximum shear stress criterion

它是判别变形体内一点是否进入塑性状态的一种理论。这个准则认为:当一点的最大剪应力值达到流动应力值之半时,该点即进入塑性状态。

03.015 应力应变曲线 stress strain curve

为了寻求材料的应力与应变间的关系,通常用实验的方法在一定的温度及应变速率条件下获得与一定应变量 ε 相对应的真实应力值 σ 的关系曲线。室温下多数金属有加工硬化现象,这样的 σ-ε 曲线又称为"硬化曲线"。

03.016 滑移线场理论 slip line field theory

滑移线是塑性变形体内最大剪应力的迹线。滑移线场理论是利用滑移线的几何特性及力学特性来求解变形体内及工具接触面上的应力分布及速度分布的理论。

03.017 速度场 velocity field

包含在境界内的各质点速度分布状态。

03.018 速端图 hodograph

塑性理论中用来描述塑性区内各质点的位移速度场的一种图形。做法是由一点(称极点)出发,用一定长度的有向线段(射线)表示变形体内某质点的位移速度矢量。连接各点的速度矢量端点即形成速度矢端曲线,简称速端图。

03.019 直观塑性法 visioplasticity method

变形前先在试件上制出网格,通过实测网格变形确定位移矢量场,进而算出实际的速度场与应力场的一个种实验分析方法。

03.020 体积不变条件 constancy of volume, incompressibility

又称"不可压缩条件"。由于塑性变形时金属密度的变化很小,所以可认为变形前后的体积相等。此假设称为体积不变条件,常用 $\varepsilon_x + \varepsilon_y + \varepsilon_z = 0$ 表示(ε_x、ε_y、及 ε_z 分别代表沿 x、y 及 z 方向的小应变)。

03.021 最小阻力定律 the law of minimum resistance

描述塑性变形流动规律的一种理论。如果物体在变形过程中其质点有向各方向移动的可能性时,则物体各质点将向着阻力最小的方向移动。

03.022 叠栅云纹法 moirè method

曾称"莫尔云纹法"。利用两块印有很密的栅线板(密栅),其一粘贴在试件表面(试件栅),另一为不随试件变形的基准栅,根据两栅片重叠后由于几何干涉造成明暗相间的条纹(云纹),可以推算出试件各处的应变及应力分布情况。

03.023 各向同性 isotropy
材料在各个方向上的力学性能和物理性能指标都相同的特性。

03.024 各向异性 anisotropy
材料在各方向的力学和物理性能呈现差异的特性。

03.025 高速脆性 high velocity brittleness
某些金属在相当高的变形速度下,塑性降低的现象。

03.026 加工硬化 strain hardening, work-hardening
低于再结晶温度,因塑性应变产生的强度和硬度增加的现象。

03.027 加工硬化指数 work-hardening exponent
表示冷变形强化材料流动应力数学表达式中的指数。

03.028 超塑性 superplasticity
金属在特定的组织条件、温度条件和变形速度下变形时,塑性比常态提高几倍到几百倍(如有的延伸率 $\delta > 1000\%$),而变形抗力降低到常态的几分之一甚至几十分之一。这种异乎寻常的性质称为超塑性。超塑性有细晶超塑性(又称恒温超塑性)和相变超塑性等。

03.029 冷变形强化 cold deformation strengthening
在冷变形时,随着变形程度的增加,金属材料的强度指标(弹性极限,比例极限,屈服极限和强度极限)和硬度指标都有所提高,但塑性有所下降的现象。

03.030 应变时效硬化 strain age-hardening
塑性变形后,进行时效时材料硬度增加和延性降低的现象。

03.031 锻造流线 forging flow line
又称"流纹"。在锻造时,金属的脆性杂质被打碎,顺着金属主要流动方向呈碎粒状或链状分布;塑性杂质随着金属变形沿主要伸长方向呈带状分布,这样热锻后的金属组织就具有一定的方向性。它使金属性能呈现各向异性。

03.032 滑移线 sliding line, slip line
在塑性力学中,变形体塑变区最大切应力的迹线。

03.02 锻压用原材料与坯料

03.033 棒料 bar
一种截面均匀的轧材,其截面形状为圆形、矩形或正六边形等。

03.034 板料 sheet metal, sheet
由板坯轧制的光滑平面金属的半制品,其长度和宽度远远大于厚度。

03.035 带料 strip
和长度相比,宽度是相当小的一种板料。

03.036 卷料 coil, coiled strip, coil stock
紧紧地卷绕成圆柱状的连续的带料。

03.037 条料 sheared strip
从板料剪下的宽度大大小于长度的板料。

03.038 线材 wire
用拉拔或轧制等方法将金属棒制成圆形或任意截面形状的,长度很长的细丝状材料,其直径约在 15mm 以下并卷成盘状。

03.03 锻 造

03.039 锻造 forging
在锻压设备及工（模）具的作用下,使坯料或铸锭产生塑性变形,以获得一定几何尺寸、形状和质量的锻件的加工方法。

03.040 热锻 hot forging
在金属再结晶温度以上进行的锻造工艺。

03.041 温锻 warm forging
在高于室温和低于再结晶温度范围内进行的锻造工艺。

03.042 冷锻 cold forging
在室温下进行的锻造工艺。

03.043 等温锻 isothermal forging
在锻造全过程中,模具和坯料保持恒定不变温度的锻造工艺。

03.044 精密锻造 precision forging, net shape forging
锻件精度高,不需和只需少量切削加工就能满足工艺要求的锻造工艺。

03.045 高速锻造 high velocity forging process
利用高速的高压空气或氮气使滑块带着模具进行锻造或挤压的方法。

03.046 复合锻造 duplex forging
将热锻、温锻、冷锻等工艺组合起来的锻造。

03.047 锻件 forgeable piece
金属材料经过锻造加工而得到的工件或毛坯。

03.048 锻件图 forging drawing
自由锻件的锻件图是在零件图的基础上,考虑了加工余量、锻造公差、工艺余量之后绘制的图。

03.049 黑皮锻件 [surface] as forged
不留加工余量的带黑皮的锻件,不再切削加工,直接供装配和使用。

03.050 自由锻 open die forging, flat die forging
只用简单的通用性工具,或在锻造设备的上、下砧间直接使坯料变形而获得所需的几何形状及内部质量的锻件的锻造工艺。

03.051 镦粗 upsetting
使毛坯高度减小,横断面积增大的锻造工序。

03.052 局部镦粗 local upsetting
对坯料某一部分进行的镦粗。

03.053 拔长 drawing out, swaging
使毛坯横断面积减小,长度增加的锻造工序。

03.054 冲子 punch
在坯料上冲孔使用的锻造工具。按其截面形状有圆冲子、方冲子、扁冲子、实心冲子和空心冲子等。

03.055 [锻造]扩孔 expanding
减小空心毛坯壁厚而增加其内、外径的锻造工序。

03.056 冲头扩孔 expanding with a punch
利用冲头锥面引起的径向分力而进行扩孔的一种扩孔方法。

03.057 马杠扩孔 saddle forging
又称"芯轴扩孔"。利用上砧和马杠对空心坯料沿圆周依次连续压缩而实现扩孔的方法。

03.058 楔块扩孔 expanding with a wedge blocks

利用楔块式模具增大环形体内外径的锻造方法。

03.059 液压胀形扩孔 hydraulic expanding

直接利用液压使空心件受径向内压应力而进行扩孔的方法。

03.060 弯曲 bending

采用一定的工模具将毛坯弯成所规定的外形的锻造工序。

03.061 错移 offset

坯料的一部分相对另一部分错开,但仍保持轴心平行的锻造工序。

03.062 扭转 twisting

将毛坯的一部分相对于另一部分绕其轴线旋转一定角度的锻造工序。

03.063 切割 cutting

把板材或型材等切成所需形状和尺寸的坯料或工件的过程。

03.064 锻接 forging welding

坯料在炉内加热至高温后,用锤快击,使两者在固相状态结合的方法。

03.065 压肩 necking

把已压出的痕线扩大为一定尺寸的凹槽的工序。

03.066 压痕 indentation

是在毛坯表面上压出痕线,以便后续压肩工序进行的一种辅助工序。

03.067 倒棱 chamfering

对钢锭的棱边轻轻锻压,以清除棱角的工序。

03.068 滚圆 rolling

用工具、模具、锤砧等使坯料绕轴线一边旋转、一边进行锻造的工序。

03.069 压钳口 tongs hold，bar hold

为了便于操作时夹持,将钢锭的冒口部分锻成一定长度的方形或圆形的工序。

03.070 中心压实法 JTS forging

又称"硬壳锻造","JTS锻造"。一种用以焊合大型锻件内部孔隙的锻造工艺。它是将加热好的大型坯料表层迅速冷却到700~800℃之后即快速锻造,由于利用坯料内的不均匀温度场和局部加载,使坯料轴心区在较大静水压力下承受较大的塑性变形,以利于焊合轴心区的孔隙。

03.071 RR锻造 RR forging

借助模具斜面的作用,使圆棒料在模具中受轴向压缩的同时,实现横向弯曲形成曲拐的一种特殊的曲轴锻造方法。

03.072 TR锻造 TR forging

借助于压杆机构作用,使坯料在模具中同时受到镦粗和弯曲变形的一种特殊的曲轴锻造方法。

03.073 $\alpha + \beta$ 锻造 $\alpha + \beta$ forging

α 钛合金和 $\alpha + \beta$ 钛合金在 $\alpha + \beta$ 相区加热和进行的锻造。

03.074 β 锻造 β forging

$\alpha + \beta$ 钛合金在 β 相变点以上加热后用大变形量进行的锻造(终锻往往在 $\alpha + \beta$ 区完成)。

03.075 FM锻造 free form Mannesmann effect

用宽砧强力打击的锻造方法,是心部受三向压应力,致使锻透和缺陷愈合的高效锻造方法。

03.076 锻造比 forging ratio

锻造时变形程度的一种表示方法。通常用变形前后的截面比、长度比或高度比来表示。

03.077 高径比 ratio of height to diameter

坯料高度与其直径之比。

03.078 压缩量 reduction

压缩前后坯料高度的差值,即高度方向被压缩而减小的尺寸。

03.079 精密模锻 precision die forging

热模锻与精压工艺结合的锻造方法,用于锻造难以切削加工、使用性能要求高的零件。

03.080 模锻 die forging, drop forging

利用模具使毛坯变形而获得锻件的锻造方法。

03.081 开式模锻 open die forging, impressing forging

又称"有飞边模锻"。两模间间隙的方向与模具运动的方向相垂直,在模锻过程中间隙不断减小的模锻方法。

03.082 闭式模锻 no-flash die forging

又称"无飞边模锻"。两模间间隙的方向与模具运动方向相平行。在模锻过程中间隙大小不变化的模锻方法。

03.083 多向模锻 multi-ram forging, cored-forging

在多个方向同时进行加载的锻造方法。它是在具有多个分模面的闭式模膛内进行的。

03.084 胎模锻 loose tooling forging

在自由锻设备上使用可移动模具生产模锻件的一种锻造方法。

03.085 模锻斜度 draft angle

为了使锻件易于从模腔中取出,锻件与模腔侧壁接触部分在脱模方向所具有的斜度。

03.086 预锻 preforging, blocking

使毛坯变形,以获得终锻所需要的材料分布状态的工步。

03.087 终锻 finish-forging

模锻过程中得到锻件的最终几何尺寸的工步(除少数锻件在终锻后尚需附加弯曲、扭转等工步外),将预锻件或毛坯锻成最终的锻件形状。

03.088 顶镦 heading

毛坯端部的局部镦粗。

03.04 冲 压

03.089 冲压 stamping, pressing

使板料经分离或成形而得到制件的工艺。

03.090 冲压件 stamping

用冲压的方法制成的工件或毛坯。

03.091 板料成形 sheet forming

用板料、薄壁管、薄壁型材等作为原材料进行塑性加工的方法。

03.092 体积成形 bulk forming

用棒料或铸锭作为原材料,进行塑性加工的方法。

03.093 预成形 preforming

使坯料形状产生部分变化,以获得更适合于进一步塑性变形的形状。

03.094 热成形 hot working

金属在再结晶温度以上完成的成形工艺。

03.095 温成形 warm working

在高于室温和低于再结晶温度范围内完成的成形工艺。

03.096 冷成形 cold working

坯料在室温下完成的成形工艺。

03.097 排样 blank layout

冲裁件在板料或带料上的布置方法。

03.098 冲裁 blanking

利用冲模将板料以封闭的轮廓与坯料分离的一种冲压方法。

03.099 冲裁间隙 blanking clearance, die clearance

凹模与凸模工作部分水平投影尺寸之差。

03.100 精密冲裁 fine blanking, precision blanking

使板料冲裁区处于特殊应力状态,获得精确尺寸和光洁剪切面(可直接做工作面,不需要再切削加工)的冲裁方法。

03.101 橡皮冲裁 rubber pad blanking, rubber die blanking

用橡皮作为通用的凸(或凹)模,而凹(或凸)模仍为刚性模的冲裁方法。

03.102 聚氨酯冲裁 polyurethane pad blanking

用聚氨酯硅橡胶作为冲模的凸(或凹)模,而凹(或凸)模仍为刚性模的冲裁方法。

03.103 复合冲裁 blanking and piercing with combination tool

用落料和冲孔的复合模具在压力机上的一次冲程中,同时冲出工件的内外形状的加工方法。

03.104 落料 blanking

利用冲裁取得一定外形的制件或坯料的冲压方法。

03.105 冲孔 punching, piercing

把坯料内的材料以封闭的轮廓和坯料分离开来,得到带孔制件的冲压方法。

03.106 [冲压]切断 cut-out, shearing, cutting

将材料沿不封闭的曲线分离的一种冲压方法。

03.107 剪切 shearing

以两个相互平行或交叉的刀片对金属材料进行切断的方法。

03.108 辊形 roll forming

带料通过数组带有型槽的辊轮,依次进行弯曲成形,最后得到所需截面形状制品的加工方法。

03.109 卷圆 edge rolling, edge coiling

把板料弯曲成接近封闭圆筒的成形方法。

03.110 矫直 straightening

使挠曲的板料、型材和管料变为平直状态的塑性加工方法。

03.111 拉深 drawing

又称"拉延"。变形区在一拉一压的应力状态作用下,使板料(浅的空心坯)成形为空心件(深的空心件)而厚度基本不变的加工方法。

03.112 反拉深 reverse drawing

凸模从拉深件的底部反向加压,使毛坯内表面翻转为外表面,从而形成更深的零件的拉深方法。

03.113 变薄拉深 ironing

把空心坯用间隙小于壁厚的模具加工成侧壁厚度变薄的薄壁制品的加工方法。

03.114 局部加热拉深 locally-heated drawing

又称"差温拉深"。拉深过程中把变形区的毛坯加热到一定温度,降低其变形抗力,同时传力区通水冷却,保持传力区的强度从而提高极限变形程度的拉深方法。

03.115 局部冷却拉深 locally-cooled drawing

又称"差冷拉深"。拉深过程中,材料与处于低温的凸模接触部分被冷却,使其强度提高而大大提高承载能力,从而提高极限变形程度的拉深方法。

03.116 液压拉深 hydro-drawing
利用流体压力作为拉深凸(或凹)模进行拉深成形的方法。

03.117 橡皮拉深 rubber pad drawing
利用橡皮作拉深凸(或凹)模进行拉深成形的方法。

03.118 圆筒拉深 cup drawing
用平板坯料通过拉深成形,制成带底的圆筒状容器的方法。

03.119 浅拉深 shallow recessing, shallow drawing
较浅的拉深成形方法。

03.120 深拉深 deep drawing
用压边圈将板料四周压紧,凸模将板料压入凹模,制成较深的空心零件的拉深方法。

03.121 拉深筋 draw bead, drake
为了增加进料阻力,调节金属沿变形区周边的径向流动,扩大压边力调节范围等,而在边圈的压料面装设的突出筋条。

03.122 拉深系数 drawing coefficient
拉深变形后制件的直径与其毛坯直径之比。

03.123 拉深次数 number of drawing
受极限拉深系数的限制,所需要的拉深不能一次完,而需要分几次逐步成形的次数。

03.124 缩口 necking
使管件或空心制件的端部产生塑性变形,使其径向尺寸缩小的加工方法。

03.125 缩口系数 necking coefficient
表示管口缩径的变形程度的系数,其值为管口缩径后与缩径前直径之比。

03.126 压印 coining

模具端面压入板坯,使模具上的花纹或字样压在板坯上的成形方法。

03.127 翻孔 hole flanging, plunging
在预先制好孔的半成品上或未经制孔的板料上冲制出竖直内孔边缘的成形方法。

03.128 翻孔系数 hole flanging coefficient
表示孔翻边时的变形程度,其值为翻孔前后孔径之比。

03.129 翻边 flanging
在毛坯的平面部分或曲面部分的边缘,沿一定曲线翻起竖立直边的成形方法。

03.130 翻边系数 flanging coefficient
表示翻边变形程度的系数。

03.131 扩口 expanding
将管件或空心制件的端部径向尺寸扩大的成形加工方法。

03.132 扩口系数 expanding coefficient
表示管口扩径变形程度的系数,其值为管子扩口后的最大直径与管子的原始直径之比。

03.133 胀形 bulging
板料或空心坯料在双向拉应力作用下,使其产生塑性变形取得所需制件的成形方法。

03.134 校平 flattening
将不平的坯料或制件,放在两块平滑的或带有齿形刻纹的平模板之间加压,使不平整的制件反向弯曲变形,从而得到平直度较高的零件的加工方法。

03.135 拉形 stretch forming
以钳口夹持板料边缘,通过凸模与钳口相对运动,使板料受拉沿凸模贴模成形的方法。

03.136 爆炸成形 explosive forming

利用炸药爆炸时所产生的高能冲击波,通过中间介质使坯料产生塑性变形的方法。

03.137 电液成形 electro-hydraulic forming
利用在液体介质中高压放电时所产生的高能冲击波,使坯料产生塑性变形的方法。

03.138 电磁成形 electro-magnetic forming
利用电流通过线圈所产生的磁场,其磁力作用于坯料使工件产生塑性变形的方法。

03.139 软模成形 flexible die forming
用液体、橡胶或气体的压力代替刚性凸模或凹模使板料成形的方法。

03.140 液压成形 hydraulic forming
用液体(水或油)作为传压介质,使板材按模具形状产生塑性变形的方法。

03.141 气压成形 pneumatic forming
利用某些材料在特定条件下的高塑性和低流动应力(变形抗力)的特性,可以用气体作为传力介质使板材按模具形状成形的工艺方法。

03.142 橡皮成形 rubber pad forming
利用橡皮作为通用凸(或凹)模进行板料件成形的方法,是软模成形方法之一。

03.143 液压-橡皮囊成形 rubber-dia-phragm forming
液体压力通过橡皮囊作用于毛坯,使之成形的工序。

03.144 拉张-拉深成形 stretch draw forming
在压机两侧设置拉张装置,使板料拉伸到屈服点以上,并在此状态下进行拉深成形的方法。

03.145 真空成形 vacuum forming
利用某些板料的高塑性和低的流动应力的特性,将板料与模具之间抽真空,利用大气压力使板料变形并与模膛紧密贴合来制造零件或其毛坯的方法。

03.146 胀形系数 bulge coefficient
表示胀形时板料的变形程度,其值为最大变形处胀形前后尺寸之比。

03.05 轧制、拉拔、挤压、镦锻

03.147 轧制 rolling
金属(或非金属)材料在旋转轧辊的压力作用下,产生连续塑性变形,获得要求的截面形状并改变其性能的方法。

03.148 纵轧 rolling
轧辊轴线相平行,旋转方向相反,轧件作直线运动的轧制方法。

03.149 周期纵轧 periodic rolling
轧件在轧辊特殊孔型的作用下,其截面形状和尺寸沿全长呈周期性规律变化的轧制方法。

03.150 展宽 spreading
轧制时,变形区出口的轧件宽度大于入口的宽度的现象,根据轧辊孔型对展宽作用不同分为自由展宽、限制展宽及强迫展宽。

03.151 压下系数 coefficient of draught
轧件尺寸在高度方向发生变化,其值为轧件轧后的高度与轧前的高度之比。

03.152 延伸系数 coefficient of elongation
轧件尺寸在长度方向发生变化,其值为轧件轧后的长度与轧前的长度之比或轧件轧制前后截面积之比。

03.153 展宽系数 coefficient of spread
纵轧中在宽度上尺寸发生变化,其值为轧

件轧后的宽度与轧前的宽度之比。

03.154 孔型 groove
型材、管材、线材及特种轧制的轧辊表面都加工成一定形状的切口,叫做轧槽。由轧辊轧槽和辊隙组成的几何图形称为孔型。

03.155 轧辊 roller
完成旋转轧制成形的主要工具。

03.156 横轧 cross rolling, transverse rolling
轧辊轴线与轧件轴线平行且轧辊与轧件作相对转动的轧制方法。

03.157 楔横轧 cross wedge rolling, transverse rolling
带有楔形模具的两个(或三个)轧辊,以相同的方向旋转。棒料在它的作用下反向旋转的轧制。

03.158 斜轧 skew rolling, helical rolling
又称"螺旋轧制","横向螺旋轧制"。轧辊相互倾斜配置,以相同方向旋转,轧件在轧辊的作用下反向旋转,同时还作轴向运动,即螺旋运动的轧制方法。

03.159 仿形斜轧 copy skew rolling
呈三角形配置三个锥形(或蘑菇形)轧辊,相互倾斜配置,同方向旋转。轧件在轧辊的作用下作螺旋运动,仿形板与轧件同步轴向移动,通过仿形板控制三辊辊缝开合而轧制变断面回转件的成形方法。

03.160 孔型斜轧 groove skew rolling
两个或三个带有相同螺旋孔型的轧辊,相互倾斜,同方向旋转。棒料在孔型的作用下作螺旋运动,并被连续轧制成若干件变断面回转件的成形方法。

03.161 曼内斯曼效应 Mannesmann effect
在进行边回转边压缩的锻造和回转连续轧制时,在一定条件下锻件(或轧件)心部发生微裂纹、疏松乃至孔腔的现象。

03.162 辊锻 roll forging
用一对相向旋转的扇形模具使坯料产生塑性变形,从而获得所需锻件或锻坯的锻造工艺。

03.163 制坯辊锻 preforming roll forging
为长轴类锻件模锻提供锻坯的辊锻工艺。

03.164 成形辊锻 finish roll forging
在辊锻机上实现锻件最终成形的辊锻工艺。

03.165 辊锻线 line of roll forging
在辊锻过程中,上下辊锻模作用于坯料截面上的力对某一直线的力矩相等,则称此直线为型槽的中性线。辊锻线是指与型槽中性线相重合的直线,亦即为布置型槽的直线。

03.166 拉拔 drawing
坯料在牵引力作用下通过模孔拉出,使之产生塑性变形而得到截面缩小、长度增加的工艺。

03.167 无模拉拔 dieless drawing
不用凹模的拉拔工艺,其办法是在对金属坯料施加拉伸载荷的同时进行局部加热。由于加热区的变形阻力小,变形集中在该部分。因此,若将加热区连续移动时,变形区也就移动。对于超塑材料,由于应变速率敏感效应,易于得到金属坯料均匀的断面收缩率。

03.168 逆张力拉拔 back tension drawing
拉拔时,在模具的前方对金属坯料施以牵引力,而在模具后方对坯料施加与拉拔方向(即牵引力方向)相反的张力的拉拔工艺。

03.169 冷拔 cold drawing
常温下的拉拔工艺。

03.170 拉丝 wire drawing

对直径为 0.14 ~ 10.00mm 的黑色金属和直径为 0.01 ~ 16.00mm 的有色金属的拉拔。

03.171 锻头 tag swaging, pointing of tag end

为使坯料被钳口夹持的一端顺利喂入拉拔模孔,需预先将坯料端头锻细(或轧细)的工序。

03.172 挤压 extrusion

坯料在三向不均匀压应力作用下,从模具的孔口或缝隙挤出使之横截面积减小长度增加,成为所需制品的加工方法。

03.173 正挤压 forward extrusion, direct extrusion

坯料从模孔中流出部分的运动方向与凸模运动方向相同的挤压方法。

03.174 自由挤压 open extrusion, free extrusion

挤压加工中坯料部分金属不受模具的约束的挤压方法。

03.175 反挤压 backward extrusion, indirect extrusion

坯料的一部分沿着凸与凹模之间的间隙流出,其流动方向与凸模运动方向相反的挤压方法。

03.176 复合挤压 combined extrusion

同时兼有正挤、反挤时金属流动特征的挤压方法。

03.177 径向挤压 sideways extrusion, lateral extrusion

03.178 型腔冷挤压 cold extrusion of die cavity, cold hobbing

利用淬硬凸模压入经软化退火后的模块内,使之成为与凸模型形状一致的型腔的挤压方法。

03.179 静液挤压 hydrostatic extrusion

在充满液体介质的挤压桶中,凸模对介质施加压力,由介质对毛坯端面和侧面传递压力,因而完成挤压过程的挤压方法。

03.180 连续挤压 continuous extrusion

一种无凸模挤压。利用凹模腔壁与毛坯表面间的摩擦力作为动力,使材料受压通过凹模口而成形,由于凹模是作旋转运动,因而只要保证在模腔施加足够的驱动力,即可使该过程连续进行。

03.181 冷挤[压] cold extrusion

在室温下进行的挤压方法。

03.182 温挤[压] warm extrusion

在高于室温和低于再结晶温度范围内进行的挤压方法。

03.183 热挤[压] hot extrusion

金属加热到再结晶温度以上进行的挤压方法。

03.184 绝热挤压 adiabatic extrusion

通过绝热措施使变形产生的热量不散失的挤压方法。

03.185 等温挤压 isothermal extrusion

挤压时塑性变形产生的热量迅速被传导,使坯料保持恒温的挤压方法。

03.186 挤压力 extrusion load, press load

零件挤压时,作用在凸模上的载荷。

03.187 单位挤压力 extrusion pressure

挤压凸模单位面积上承受的压力,它是一个平均值,其值等于总的挤压力除以凸模工作部分的水平投影面积。

03.188 挤压变形程度 deformation degree of extrusion

挤压前后毛坯截面积的比值。

03.189 断面减缩率 area reduction, reduction in area

挤压变形程度的一种表示方法。用挤压前毛坯横截面积减去挤压后工件横截面积与挤压前毛坯横截面积之比值表示。

03.190 挤压比 extrusion ratio

挤压变形程度的一种表示方法。用挤压前毛坯的横截面积与挤压后制品的横截面积之比表示。

03.191 挤压温度 extrusion temperature

挤压时坯料的温度。

03.192 镦锻 heading, upsetting

在金属加工过程中,施加压力使金属截面局部增大的锻工工艺。

03.193 冷镦 cold heading

常温下在冷镦机上将棒料镦粗的加工方法。

03.194 电热镦 electric upset forging

利用中频感应装置将长杆形坯料局部加热,然后用电镦机把加热部分镦粗的加工方法。

03.195 单击镦锻 single-blow heading

只需进行一次镦锻即可得到所需制件横截面尺寸的加工方法。

03.196 双击镦锻 double-blow heading

为得到制件所需尺寸,需要在一台冷镦机上进行二次镦锻的加工方法。

03.197 镦制冲头 heading punch

镦锻加工中使用的冲头。可分为初镦冲头和成形冲头两类。

03.198 初镦冲头 preform heading punch

用于双击冷镦自动机的第一击及三击冷镦自动机的第一击和第二击的冲头。根据需要,初镦冲头可制成有推出销的和无推出销的形式。

03.199 成形冲头 forming punch

为最终得到制件所需形状而使用的终镦冲头。其工作部分的尺寸应与制件的尺寸相同。

03.200 搓丝 flat die thread rolling

两搓板作相对运动时,使其间的坯料轧成螺旋状的沟槽的加工方法。

03.201 滚丝 thread rolling

具有刃口的辊轮借其旋转使棒坯辊轧成螺旋形的沟槽的加工方法。

03.202 平丝板 flat screw die

一种滚制螺纹的工具。两块丝板上有平行的沟槽,其倾斜角度与被滚压制件的螺纹升线一致,当将圆柱形毛坯放在两个丝板中间,使其中一块相对另一块平行移动时,在足够的压力下即可在毛坯上滚压出螺纹。

03.203 辊轮 round screw die

又称"圆丝板"。一种滚制螺纹的工具。在滚制螺纹时,可用单辊、双辊或三辊。

03.06 旋 压

03.204 旋压 spinning

一种成形金属空心回转体件的工艺方法。在坯料随模具旋转或旋压工具绕坯料旋转中,旋压工具与坯料相对进给,从而使坯料受压并产生连续、逐点的变形。包含普通

旋压和变薄旋压(即强力旋压)。

03.205 普通旋压 conventional spinning

又称"擀形"。一种主要改变坯料直径尺寸而成形器件的旋压方法,壁厚随着形状的改变一般有少量减薄,而且沿母线分布是

不均匀的。包含扩径旋压和缩径旋压。

03.206 拉深旋压 draw spinning

简称"拉旋"。经旋压工具若干次进给，将板坯成形为杯形件的一种普通旋压方法。

03.207 扩径旋压 expanding bulging

简称"扩旋"。使坯料产生径向胀大的一种普通旋压方法。包含成形、翻边、扩孔、压波纹等。

03.208 缩径旋压 necking in spindown, reducing

简称"缩旋"。使坯料产生径向收缩的一种普通旋压方法。包含成形、收口、缩径、压波纹等。

03.209 往程旋压 spinning toward open end

又称"顺向旋压"。旋压工具向坯件敞口端进给的普通旋压方法。

03.210 返程旋压 spinning reverse

又称"逆向旋压"。旋压工具逆坯件敞口端进给的普通旋压方法。

03.211 卷边 curling, beading

使坯料的凸缘或口部边沿产生局部卷曲的一种普通旋压方法。

03.212 咬接 lock seaming

使工件坯料的凸缘借卷边而连接的一种普通旋压方法。

03.213 变薄旋压 power spinning, spinning with reduction

又称"强力旋压"。成形中在较高的接触压力下坯料壁厚逐点地有规律地减薄而直径无显著变化的一种旋压方法。

03.214 锥形变薄旋压 shear spinning, shear forming

又称"剪切旋压"。成形锥形和其他直径渐

增的空心回转体件的变薄旋压方法。

03.215 筒形变薄旋压 tube spinning, flow forming

又称"流动旋压"。成形筒形件的一种变薄旋压方法。成形中筒状坯料减薄、伸长。

03.216 正旋压 forward flow forming

成形中变形金属流动方向与旋轮纵向进给方向相同的一种变薄旋压方法。

03.217 反旋压 backward flow forming

成形中变形金属流动方向与旋轮纵向进给方向相反的一种变薄旋压方法。

03.218 滚珠旋压 ball spinning

又称"钢球旋压"。借滚珠盘与管坯相对旋转并轴向进给而由滚珠完成的一种管形件变薄旋压方法。

03.219 内旋压 internal spinning

在成形过程中，旋压模在坯料之外，旋压工具在坯料之内的旋压方法。

03.220 冷旋压 cold spinning

在常温条件下进行的旋压过程。

03.221 加热旋压 hot spinning

使金属坯料在加热状态下成形的旋压方法。

03.222 旋轮 spinning roller, spin roller

旋压时用于对坯料加压的轮状变形工具，包括圆弧旋轮、单锥面旋轮、双锥面旋轮、台阶旋轮等形式。

03.223 撵棒 pry bar

手工普通旋压时用于对坯料加压使之成形的金属或木质的棒式变形工具。

03.224 反压滚轮 counter-pressure roller

03.07 特种锻造

03.225 摆动辗压 rotary forging
上模的轴线与被辗压工件(放在下模)的轴线倾斜一个角度,模具一面绕轴心旋转,一面对坯料进行压缩(每一瞬时仅压缩坯料横截面的一部分)的工艺方法。

03.226 径向锻造 radial forging
又称"旋转锻造"。对轴向旋转送进的棒料或管料施加径向脉冲打击力,锻成沿轴向具有不同横截面制件的工艺方法。

03.227 粉末锻造 powder metal forging
用经压实金属粉末烧结体作为锻造毛坯的锻造方法。

03.228 液态模锻 melted metal squeezing
将定量的熔化金属倒入凹模型腔内,在金属即将凝固或半凝固状态下(即液、固两相共存)用冲头加压使其凝固以得到所需形状锻件的方法。

03.229 高能成形 high energy rate forming
利用高能率的冲击波,通过介质使金属板材产生塑性而获得所需形状的成形方法。

03.230 喷丸成形 cloud burst treatment forming
利用高速气流喷出细小钢(铁)丸,使板件拱曲而成形的方法。

03.231 超塑成形 superplastic forming
利用金属在特定条件(一定的温度、一定的变形速度、一定的组织)下所具有的超塑性来进行塑性加工的方法。

03.232 细晶超塑成形 fine-crystal super-plastic forming
利用某些超细晶粒金属材料,在一定的温度和变形速率下具有的超塑性,进行塑性加工的方法。

03.233 相变超塑成形 phase-changing su-perplastic forming
将金属材料在相变温度附近进行反复加热、冷却并使其在一定的速率下变形时,能呈现高塑性、低流动应力(变形抗力)和高扩散能力等相变超塑性或动态超塑性特点,进行塑性加工的方法。

03.234 蠕变成形 creep forming
利用金属的热蠕变现象,使材料在很小的外力作用下,以极慢的速度变形获得锻压件的特种加工方法。

03.235 超声成形 supersonic forming, ultra-sonic forming
在金属塑性成形的同时将超声振动施加于变形区或模具上的成形方法。

03.08 锻造加热与加热炉

03.236 火焰加热 flame heating
利用燃料燃烧产生的热能来加热坯料的方法。

03.237 电加热 electric heating
以电为能源的加热坯料的方法,包括间接

电加热和直接电加热两类。

03.238 感应加热 induction heating
利用电磁感应原理,把坯料放在交变磁场中,使其内部产生感应电流,从而产生焦耳热来加热坯料的方法。

03.239 电阻加热 resistance heating
利用电流通过电热体放出热量来加热坯料的加热方法。

03.240 少无氧化加热 scale-less or free heating
坯料在加热过程中不形成氧化皮（铁鳞），只有少量氧化膜或没有氧化膜的加热方法。

03.241 火次 heating number
整个锻造过程中所需的加热次数。

03.242 锻造加热炉 forging furnace
为了进行锻造加热而使用的加热炉。

03.243 火焰炉 flame furnace
又称"燃料炉"。利用燃料燃烧产生的热能直接加热坯料的炉子。

03.244 手锻炉 smith forging furnace
又称"明火炉"。把固体燃料放在炉膛中燃烧，坯料置于其中加热的炉子。

03.245 反射炉 reverberating furnace
燃料在燃烧室燃烧，生成的火焰靠炉顶反射到加热室加热坯料的炉子。

03.246 室式炉 batch-type furnace
又称"箱式炉"。炉膛是由耐火材料组成的六面体，一面有门的炉子。

03.247 推杆式炉 pusher furnace
又称"半连续炉"。炉膛呈长形，用推钢机把坯料由低温区推向高温区的炉子。

03.248 转底炉 rotary hearth furnace
炉顶、炉墙不动，炉底转动将被加热坯料送进的机械化加热炉。

03.249 振底炉 shock bottom furnace
通过炉底的振动，使被加热坯料在炉内连续送进的机械化加热炉。

03.250 电阻炉 electric furnace of resistance type
利用电流通过电热体放出热量以辐射方式加热坯料的加热炉。

03.251 无氧化加热炉 anti-oxidation heater
炉腔内具有惰性保护气氛，可使坯料或锻件在加热过程中不氧化的加热炉。

03.252 感应加热炉 induction heater
将锻造用坯料放入电磁线圈内，由感应电流产生的热能使坯料加热的装置。

03.09 锻压机械

03.09.01 技术参数和一般名词

03.253 打击 blow
锤头向下运动时所积蓄的动能在极短的时间内（一般只有千分之几秒）释放出来，使锻件获得塑性变形的过程。

03.254 打击效率 blow efficiency
在锤头打击锻件时，坯料塑性变形所吸收的能量与锻锤落下部分所具有的打击能量的比值。

03.255 打击能量 blow energy
当锤头进行打击时，落下部分所具有的动能。

03.256 打击速度 blow speed
锤头打击锻件时所具有的运动速度。

03.257　每分钟打击次数　blows per minute
每分钟锻锤锤头可能进行全程打击的最高次数。

03.258　落下部分重量　dropping weight
又称"锻锤吨位"。锻锤的活塞、锤杆、锤头和上砧或上模等为落下部分的重量。

03.259　锤头行程　hammer stroke
锤的落下部分或锤头运动所经过的距离。

03.260　顶出力　ejecting force
顶出器所能给出的作用力。

03.09.02　锻　　锤

03.261　锻锤　forging hammer
利用工作部分（落下部分或是活动部分）所积蓄的动能在下行程时对锻件进行打击，使锻件获得塑性变形的锻压机械。

03.262　单作用锤　drop hammer
又称"落锤"。锤头只靠自重落下进行打击的锻锤。

03.263　双作用锤　double action hammer
又称"动力锤"。利用工作介质（如蒸汽、空气或氮气等）既作用于工作缸上腔也作用于工作缸下腔，使锤头向上运动或向下运动进行打击的锻锤。

03.264　单柱式锤　single frame hammer
锤身只有一个立柱的锻锤。

03.265　双柱式锤　double frame hammer
又称"拱式锤"。锤身有两个立柱的锻锤。

03.266　桥式锤　bridge-type hammer
为便于锻造较大锻件，把两个立柱的跨度加大，构成一个桥状机架的锻锤。

03.267　空气锤　air hammer, pneumatic hammer
电机带动压缩缸活塞运动，将压缩空气经旋阀送入工作缸下腔或上腔，驱使锤头向上运动或向下运动并进行打击的锻锤。

03.268　蒸汽－空气自由锻锤　steam-air forging hammer
以蒸汽（或压缩空气）为工作介质，驱动锤头上、下运动进行打击，并适应自由锻工艺过程需要的锻锤。

03.269　蒸汽－空气模锻锤　steam-air die forging hammer
以蒸汽（或压缩空气）为工作介质，驱动锤头上、下运动进行打击，并适应模锻工艺过程需要的锻锤。

03.270　液压锤　hydraulic hammer
依靠封闭在汽缸上腔的氮气膨胀并推动锤头加速下降，同时借助于电－液系统的控制使下锤头上升以实现对击进行模锻的锻锤。

03.271　高速锤　high energy rate forging hammer
在短时间内释放高能量而使金属成形的一种锻锤。

03.272　夹板锤　board drop hammer
利用相对旋转的两个夹辊压紧锤头上的木板，并借摩擦力带动锤头上升，当放开夹辊时，锤头靠自重落下进行打击的锻锤。

03.273　模锻空气锤　die forging air hammer
可用于模锻的加装导轨的空气锤。

03.274　皮带锤　belt drop hammer
靠电机的转动通过带轮卷绕皮带并拉起锤头，当放开皮带后则锤头靠自重自由落下打击锻件的锻锤。

03.275 对击锤 counter-blow hammer
又称"无砧座锤"。用活动的下锤头代替砧座,当上锤头下降,下锤头同时上升,产生对击使锻件变形的锻锤。

03.276 内燃锤 petro-forge machine
利用内燃机的工作原理而推动活塞和锤头工作的锻锤。

03.277 弹簧锤 spring power hammer
在传动装置和锤头之间设有板簧的锤。

03.09.03 压 力 机

03.278 压力机 press
一种能使滑块作往复运动,并按所需方向给模具施加一定压力的机器。

03.279 机械压力机 mechanical press
采用机械传动作为工作机构的压力机。

03.280 螺旋压力机 screw press
靠主螺杆的旋转带动滑块上、下运动,向上实现回程,向下进行锻打的压力机。

03.281 开式压力机 C-frame press, gap frame press
具有开式机身,工作台的三个方向是敞开的机械压力机。

03.282 闭式压力机 straight side press
工作台仅前后敞开,左右有立柱的机械压力机。

03.283 上传动压力机 top-drive press
传动系统设置在滑块上方,即设置在机身上部的压力机。

03.284 下传动压力机 under-drive press
传动系统设置在工作台下面的压力机。

03.285 曲柄压力机 crank press
采用曲柄连杆作为工作机构的压力机。

03.286 单动压力机 single action press
通过传动系统仅带动一个滑块运动的压力机。

03.287 双动压力机 double action press
通过传动系统带动内、外两个滑块运动的压力机。

03.288 单点压力机 one point press
曲柄作用在滑块上的着力点仅有一个,即由一个连杆驱动滑块的压力机。

03.289 双点压力机 two point press
曲柄作用在滑块上的着力点有两个,即由两个连杆驱动滑块的压力机。

03.290 可倾斜压力机 inclinable press
机身后部开有通口并且可以倾斜的压力机。

03.291 多工位自动压力机 multi-station transfer press
在滑块一次行程中,可使工作的各道工序分别在压力机的各个工位同时完成的压力机。

03.292 锻造压力机 forging press
对热态金属进行锻造的液压机或机械压力机。

03.293 自动锻压机 automatic metal forming machine
能自动完成工作循环,自动送进坯料和输出制品的锻压机械。

03.294 多向模锻压机 multi-cored forging press
具有垂直方向和水平方向多滑块的压力机。

03.295 板料自动压力机 automatic feed press
带开卷、校平装置与送进装置,可在压力机

的一次冲程中,以多种模具同时对多个工件进行落料、冲孔、拉深、弯曲、切边等工序加工的压力机。

03.296 顶出器 ejector
为了从模具中取出工件或满足其他工艺要求而在底座滑块中间或一侧设置的顶出装置。

03.297 精压机 coining press, knuckle joint press
采用曲柄肘杆机构传动的立式压力机,其特点是滑块工作行程小,变形力大,适用于锻件的精压校平及压印等。

03.298 平锻机 horizontal forging machine, upsetter
具有镦锻滑块和夹紧滑块的卧式压力机。

03.299 液压机 hydraulic press
用液体作为介质传递能量的锻压机器。

03.300 单臂式液压机 C-frame hydraulic press
机身是单柱式结构的液压机。

03.301 四柱式液压机 four-column hydraulic press
由四个立柱与上梁及下梁组成框架的液压机。

03.302 单动液压机 single action hydraulic press
有一个滑块的液压机。

03.303 双动液压机 double action hydraulic press
具有两个分别驱动滑块的液压机。

03.304 多工位液压机 multiple hydraulic

transfer press
装有多工位连续自动送料装置的液压机。

03.305 多缸式液压机 multi-cylinder hydraulic press
具有两个以上工作缸的液压机。

03.306 锻造液压机 forging hydraulic press
对热态金属进行锻造的液压机。

03.307 快速锻造液压机 high speed forging hydraulic press
行程次数高(一般为 80~120 次/min)和工作行程速度快(一般达 60~120mm/s)的锻造液压机。

03.308 精密冲裁液压机 fine blanking hydraulic press
用于板料精密冲裁的液压机。

03.309 金属挤压液压机 metal extrusion hydraulic press
金属坯料挤压成形用的液压机。

03.310 模膛挤压液压机 hydraulic hobbing press
挤压模膛用的液压机。

03.311 金属屑压块液压机 metal scrap briquette hydraulic press
把金属屑压缩成块的液压机。

03.312 超高压液压机 superhigh pressure hydraulic press
把液压提高到 45MPa 甚至 100MPa 以上的液压机。

03.313 油压机 oil hydraulic press
用油压驱动滑块的液压机。

03.09.04 其他锻压机械

03.314 剪切机 shear, cut-off machine
将板材、型材剪断或剪切成所需尺寸的机器。

03.315 剪板机 plate shears, guillotine shear
剪切板料的剪切机。

03.316 液压剪板机 hydraulic plate shear,
hydraulic guillotine shear
液压驱动的剪板机。

03.317 摆式剪板机 pivot blade shear,
swing beam shear
上刀架绕支点摆动的剪板机。

03.318 滚剪机 plate rotary shears
以滚轮为上下剪刀的剪切机。

03.319 振动剪 nibbling shear
又称"冲型剪"。利用高速往复运动的冲头（每分钟行程次数量最高可达数千次）对被加工的坯料进行逐步冲切的剪切机。

03.320 钢坯剪切机 billet shear
剪切钢坯用的剪切机。

03.321 棒料剪切机 billet shearing machine
剪切棒料用的剪切机。

03.322 径向锻轴机 radial forging machine
用径向锻造的方法锻制旋转体的实心台阶轴,锥度轴类锻件的机器。

03.323 摆辗机 rotary forging press
用来进行摆动辗压的专用设备,安装在梁上作旋转运动的摆头是区别于其他锻压机的特有部件。

03.324 轧机 rolling mill
对金属进行轧制加工的机器。

03.325 旋压机 spinning machine, spinning
lathe
用于旋压加工的机器。

03.326 辊锻机 forging roll
用于辊锻加工的机器。

03.327 镦锻机 upset forging machine
用于局部镦锻的机械压力机。

03.328 拉形机 stretching machine, stretching former
实现拉形工艺过程的专用机床。

03.329 冷镦机 cold header
用作金属在常温下镦锻加工的机器。

03.330 高速热镦机 hot former
对热棒料进行切料、镦锻、成形、修边等多道工序的高速锻造用曲柄压力机。

03.331 电热镦机 electric upset forging machine
金属棒料在局部接触加热下进行镦锻加工的镦锻机。

03.332 自动镦锻机 automatic header
将坯料自动镦锻成形的锻压机械。

03.333 多工位自动镦锻机 multi-station automatic header
有三个以上工位的自动镦锻机。

03.334 自动切边机 automatic trimmer
对镦锻制品进行切形加工的机器。

03.335 自动滚丝机 automatic thread roller
用于圆柱毛坯滚制螺纹的机器。

03.336 自动搓丝机 automatic flat die thread-rolling machine

用一对搓丝板在零件杆部搓制螺纹或沟槽的自动锻压机。

03.337 自动弯曲机 automatic stamping and bending machine
将带材或线材冲切并弯曲成形的自动锻压机。

03.338 自动卷簧机 automatic spring winding machine
工作循环连续,能自动卷制弹簧的自动锻压机。

03.339 挤压机 extrusion press
用于挤压金属材料的压力机.

03.340 拉拔机 drawing machine
用于金属在常温下拉拔加工的机器,其能力以机器的最大拉拔力表示。

03.341 扩孔机 ring rolling machine
用于对环形毛坯进行辗扩的机器。

03.342 锻造自动线 automatic forging line
由自动操作的主机和辅机按锻造工艺流程用自动传送装置连接起来,无需人工操作的锻造生产线。

03.343 冲压自动线 automatic press line
若干台压力机和辅机,用传递装置按冲压工艺流程连接起来,无需人工操作的冲压生产线。

03.344 锻造翻钢机 forging manipulator
一种用于大钢锭锻造的翻料装置。

03.345 锻造操作机 manipulator for forging
用于夹持钢锭或坯料进行锻造操作及辅助操作的机械设备。

03.346 快锻操作机 quick forging manipulator
一种动作快,运动精度高的操作机,与快锻液压机配套使用,两者组成快锻机组,通过数控装置实现联动操作。

03.347 自动司锤装置 hammer automatic operating device
将气动或液压伺服机构安装在操作系统中,以代替人工司锤的装置。

04. 焊 接 与 切 割

04.01 一 般 名 词

04.001 焊接 welding
通过加热和(或)加压,使工件达到原子结合且不可拆卸连接的一种加工方法。包括熔焊、压焊、钎焊等。

04.002 母材 base material
被焊接材料的统称。

04.003 焊件 weldment
由焊接方法连接的组件。

04.004 热影响区 heat affected zone, HAZ
焊接或切割过程中,母材因受热(但未熔化)而发生金相组织和力学性能变化的区域。

04.005 熔合区 fusion zone
焊接接头中焊缝向热影响区过渡的区域。即熔合线微观显示的母材半熔化区。

04.006 熔合线 weld interface
焊接接头横截面上,宏观腐蚀所显示的焊缝轮廓线。

04.007 焊缝 weld
焊件经焊接后所形成的结合部分。

04.008 焊缝金属 weld metal
构成焊缝的金属。一般指熔化的母材和填充金属凝固后形成的那部分金属。

04.009 焊缝区 weld zone
焊缝及其邻近区域的总称。

04.010 纵向焊缝 longitudinal weld
沿焊件长度方向分布的焊缝。

04.011 横向焊缝 transverse weld
垂直于焊件长度方向的焊缝。

04.012 环缝 girth weld, circumferential weld
沿筒形焊件圆周分布的头尾相接的封闭焊缝。

04.013 螺旋形焊缝 spiral weld
用成卷板材按螺旋形方式卷成管形件后焊接所得到的焊缝。

04.014 密封焊缝 seal weld
焊件上主要用于防止流体渗漏的焊缝。

04.015 对接焊缝 butt weld
在焊件的坡口面间或一零件的坡口面与另一零件表面间焊接的焊缝。

04.016 角焊缝 fillet weld
沿两直交或近直交零件的交线所焊接的焊缝。

04.017 焊接接头 welded joint
两个或两个以上零件用焊接方法连接的接头,包括焊缝、熔合区和热影响区。

04.018 对接接头 butt joint
两个表面构成大于或等于135°,小于或等于180°夹角的接头。

04.019 角接接头 fillet joint
两焊件端部构成大于30°,小于135°夹角的接头。

04.020 端接接头 edge joint
两焊件重叠或两焊接表面之间夹角不大于30°构成的端部接头。

04.021 T形接头 T-joint
一焊件的端面与另一焊件表面构成直角或近似直角的接头。

04.022 搭接接头 lap joint
两焊件部分重叠构成的接头。

04.023 十字接头 cross shaped joint
三个焊件装配"十"字形的接头。

04.024 卷边接头 edge-flange joint
焊件端部预先卷边,且焊后卷边只部分熔化的接头。

04.025 套管接头 sleeve joint
将一根直径稍大的管子,套于待连接的另一根管子,用角焊缝连接起来的接头。

04.026 自动焊 automatic welding
用自动焊接装置完成全部焊接操作,无需人工调节设备的控制部分的焊接方法。

04.027 机械化焊接 mechanized welding
用机械装备夹持焊炬、焊枪或焊钳,并要求随时观察焊接过程,由人工调节设备控制部分的焊接方法。

04.028 定位焊 tack welding
为装配和固定焊件接头的位置而进行的焊接。

04.029 连续焊 continuous welding
为完成焊件上的连续焊缝而进行的焊接。

04.030 断续焊 intermittent welding
沿接头全长获得有一定间隔的焊缝所进行的焊接。

04.031 补焊 repair welding
为修补工件(铸件、锻件、机械加工件或焊接结构件)的缺陷而进行的焊接。

04.032 焊接循环 welding cycle
完成一个焊点或一条焊缝所包括的全部程序。

04.033 焊接热循环 welding thermal cycle
在焊接热源作用下,焊件上某点的温度随时间变化的过程。

04.034 焊接变形 welding distortion, welding deformation
焊接构件由于焊接而产生的变形。

04.035 焊接应力 welding stress
焊接构件由于焊接而产生的应力。

04.036 焊后热处理 postweld heat treatment
焊后为改善焊接接头的组织和性能或消除残余应力而进行的热处理。

04.037 焊接性 weldability
材料在规定的施焊条件下,焊接成设计要求所规定的构件并满足预定服役要求的能力。

04.038 焊接性试验 weldability test
评定母材焊接性的试验。

04.02 焊 接 材 料

04.039 焊接材料 welding consumables
焊接时所消耗材料(包括焊条、焊丝、金属粉末、焊剂、气体等)的通称。

04.040 焊条 covered electrode
涂有药皮的供手弧焊用的熔化电极。它由药皮和焊芯两部分组成。

04.041 焊芯 core wire
焊条中被药皮包覆的金属芯。

04.042 药皮 coating [of electrode]
压涂在焊芯表面上的涂料层。

04.043 稳弧剂 arc stabilizer
加入药皮和焊剂中的材料,它有助于引弧和使电弧稳定燃烧。

04.044 熔渣 slag
焊接过程中,焊(或钎)剂、药皮熔化后覆盖于焊(或钎)缝表面的非金属物质。

04.045 碱性渣 basic slag
化学性质呈碱性的熔渣。

04.046 酸性渣 acid slag
化学性质呈酸性的熔渣。

04.047 碱度 basicity
表征熔渣碱性强弱程度的量。

04.048 酸度 acidity
表征熔渣酸性强弱程度的量。

04.049 钛铁矿型焊条 ilmenite electrode
药皮中含有30%以上的钛铁矿的焊条。

04.050 钛钙型焊条 titania calcium electrode
药皮中以氧化钛和碳酸钙(或碳酸镁)为主的焊条。

04.051 高纤维钠型焊条 high cellulose sodium electrode
药皮中含有15%以上有机物并以钠水玻璃为黏结剂的焊条。

04.052 高纤维钾型焊条 high cellulose potassium electrode
药皮中含有15%以上有机物并以钾水玻璃为黏结剂的焊条。

04.053 高钛钠型焊条 high titania sodium electrode

以氧化钛为主要组分并以钠水玻璃为黏结剂的焊条。

04.054 高钛钾型焊条 high titania potassium electrode

以氧化钛为主要组分并以钾水玻璃为黏结剂的焊条。

04.055 低氢钠型焊条 low hydrogen sodium electrode

以碱性氧化物为主并以钠水玻璃为黏结剂的焊条。

04.056 低氢钾型焊条 low hydrogen potassium electrode

以碱性氧化物为主并以钾水玻璃为黏结剂的焊条。

04.057 氧化铁型焊条 high iron oxide electrode

药皮中含有多量氧化铁的焊条。

04.058 铁粉焊条 iron powder electrode

为提高熔敷效率,在药皮中加入一定量的铁粉的焊条。

04.059 重力焊条 gravity electrode

重力焊用的高效率焊条。

04.060 底层焊条 backing welding electrode

开坡口焊接时,焊接第一条焊道的单面焊双面成形的专用焊条。

04.061 立向下焊条 electrode for vertical down position welding

立焊时,由上向下操作的专用焊条。

04.062 低尘低毒焊条 low fume and toxic electrode

焊接发尘量低,对人体有害的可溶性氟化物及锰的化合物含量少的一种焊条。

04.063 电极 electrode

熔焊时用以传导电流,并使填充材料和母材熔化或本身亦作为填充材料而熔化的金属丝(焊丝,焊条)、棒(石墨棒,钨棒)。

04.064 熔化电极 consumable electrode

熔焊时不断熔化并作为填充金属的电极。

04.065 焊丝 welding wire

焊接时作为填充金属或同时作为导电体的金属丝。

04.066 药芯焊丝 flux cored wire, flux cored electrode

由薄钢带卷成或其他方法制成钢管,填入一定成分的粉剂,经拉(或轧)制而成的焊丝。

04.067 焊剂 flux

焊接时,能够熔化形成熔渣和(或)气体,对熔化金属起保护和冶金物理化学作用的一种物质。

04.068 熔炼焊剂 fused flux, sintered flux

将一定比例的各种配料放在炉内熔炼,然后经过水冷粒化、烘干、筛选而制成的焊剂。

04.069 烧结焊剂 agglomerated flux

将一定比例的各种粉状配料加入适量黏结剂,混合搅拌并形成颗粒,然后经高温烧结成的焊剂。

04.070 钎料 brazing alloy, soldering alloy

钎焊时用做钎缝的填充金属。

04.071 硬钎料 brazing filler metal

熔点高于450℃的钎料。

04.072 软钎料 solder

熔点低于450℃的钎料。

04.073 钎剂 brazing flux, soldering flux

钎焊时使用的焊剂。其作用是清除钎料和

母材表面的氧化物,保护焊件和液态钎料在钎焊过程中免于氧化,改善液态钎料对焊件的润湿性。

04.074　保护气体　shielding gas

焊接过程中用于保护金属熔滴、熔池及焊缝区的气体,它使高温金属免受外界气体的侵害。

04.03　熔　　焊

04.075　熔[化]焊　fusion welding
将待焊处的母材熔化以形成焊缝的焊接方法。

04.076　焊接电弧　welding arc
由焊接电源供给的,具有一定电压的两电极间或电极与母材间,在气体介质中产生的强烈而持久的放电现象。

04.077　电弧焊　arc welding
简称"弧焊"。利用电弧作为热源的熔焊方法。

04.078　手工焊　manual welding
手持焊炬、焊枪或焊钳进行操作的焊接方法。

04.079　焊条电弧焊　shielded metal arc welding
用手工操纵焊条进行焊接的电弧焊方法。

04.080　气体保护焊　gas metal arc welding, GMAW
全称"气体保护电弧焊"。用外加气体作为电弧介质并保护电弧焊接区的电弧焊。

04.081　二氧化碳气体保护焊　CO_2 shielded arc welding
简称"二氧化碳焊"。利用二氧化碳作为保护气体的气体保护焊。

04.082　药芯焊丝电弧焊　flux cored wire arc welding
借助药芯焊丝在高温时反应形成的熔渣和气体(也有另加保护气体的)保护焊接区的电弧焊方法。

04.083　气电立焊　electro-gas welding
厚板立焊时,在接头两侧使用成形器具(固定式或移动式冷却块)保持熔池形状,强制焊缝成形的一种电弧焊。

04.084　惰性气体保护焊　inert-gas arc welding, inert-gas shielded arc welding
使用惰性气体作为保护气体的气体保护焊。

04.085　钨极惰性气体保护焊　gas tungsten arc welding, GTAW
使用纯钨或活化钨(钍钨、铈钨等)电极的惰性气体保护焊。

04.086　熔化极惰性气体保护焊　metal inert-gas welding
使用熔化电极的惰性气体保护焊。

04.087　氩弧焊　argon shielded arc welding
使用氩气作为保护气体的气体保护焊。

04.088　脉冲氩弧焊　argon shielded arc welding-pulsed arc
利用基值电流保持主电弧的电离通道,并周期性地加一同极性高峰值脉冲电流产生脉冲电弧,以熔化金属并控制熔滴过渡的氩弧焊。

04.089　钨极脉冲氩弧焊　gas tungsten arc welding-pulsed arc
使用钨极的脉冲氩弧焊。

04.090 熔化极脉冲氩弧焊 gas metal arc welding-pulsed arc
使用熔化电极的脉冲氩弧焊。

04.091 氦弧焊 helium shielded arc welding
使用氦气作保护气体的气体保护焊。

04.092 混合气体保护焊 mixed gas arc welding
两种或两种以上气体按一定比例组成的混合气体作为保护气体的气体保护焊。

04.093 埋弧焊 submerged arc welding
电弧在焊剂层下燃烧进行焊接的方法。

04.094 多丝埋弧焊 multiple-wire sub-merged arc welding
使用两根或两根以上焊丝完成同一焊缝的埋弧焊。

04.095 窄间隙焊 narrow gap welding
采用厚板对接接头,焊前不开坡口或只开小角度坡口,并留有窄而深的间隙,气体保护焊或埋弧焊的多层焊完成整条焊缝的高效率焊接法。

04.096 重力焊 gravity feed welding
将重力焊条的引弧端对准焊件接缝,另一端夹持在可滑动夹具上,引燃电弧后,随着电弧的燃烧,焊条靠重力下降进行自动焊接的一种高效率焊接法。

04.097 堆焊 surfacing
为增大或恢复焊件尺寸,或使焊件表面获得具有特殊性能的熔敷金属而进行的焊接。

04.098 带极堆焊 strip surfacing
使用带状熔化电极进行堆焊的方法。

04.099 螺柱焊 stud welding
将螺柱一端与板件(或管件)表面接触并通电引弧,待接触面熔化后,给螺柱一定压力完成焊接的方法。

04.100 塞焊 plug weld
两零件相叠,其中一块开孔,然后在孔中焊接两板所形成的填满孔形的焊接方法。

04.101 水下焊 underwater welding
在水中进行焊接的方法。

04.102 电渣焊 electro-slag welding
利用电流通过液体熔渣所产生的电阻热进行焊接的方法。根据使用的电极形状,可分为丝极电渣焊、板极电渣焊、熔嘴电渣焊等。

04.103 高能束流焊接 high energy density beam welding
用能量密度很高的电子束、激光束、等离子束等作为热源的焊接。

04.104 电子束焊 electron beam welding
利用加速和聚焦的电子束轰击置于真空或非真空中的焊件所产生的热能进行焊接的方法。

04.105 激光焊 laser beam welding
以聚焦的激光束作为能源轰击焊件所产生的热量进行焊接的方法。

04.106 等离子弧焊 plasma arc welding, PAW
借助水冷喷嘴对电弧的约束作用,获得较高能量密度的等离子弧进行焊接的方法。

04.107 微束等离子弧焊 micro-plasma arc welding
利用小电流(通常小于30A)进行焊接的等离子弧焊。

04.108 脉冲等离子弧焊 pulsed-plasma arc welding
利用脉冲电流进行焊接的等离子弧焊。

04.109 等离子弧堆焊 plasma arc surfacing
利用等离子弧作热源的堆焊。

04.110　穿透型焊接法　keyhole welding
电弧在熔池前方穿透工件形成小孔,随着热源移动,在小孔后方又形成焊道的焊接方法。

04.111　熔透型焊接法　penetration welding
简称"熔透法"。焊接过程中只熔透焊件但不产生小孔效应的焊接方法。

04.112　气焊　oxyfuel gas welding
利用气体火焰作热源的焊接法。

04.113　氧乙炔焊　oxy-acetylene welding
利用氧乙炔焰进行焊接的方法。

04.114　氢氧焊　oxy-hydrogen welding
利用氢氧焰进行焊接的方法。

04.115　氧乙炔焰　oxy-acetylene flame
乙炔与氧混合燃烧所形成的火焰。

04.116　氢氧焰　oxy-hydrogen flame
氢与氧混合燃烧所形成的火焰。

04.117　热剂焊　thermit welding
将留有适当间隙的焊件接头装配在特制的铸型内,当接头预热到一定温度后,采用经热剂反应形成的高温液态金属注入铸型内,使接头金属熔化实现焊接的方法。

04.118　热剂反应　thermit reaction
热剂(如铝粉与氧化铁)之间放热的氧化 - 还原反应,它的主要产物为高温液态金属和铝的氧化物熔渣。

04.119　坡口　groove
根据设计或工艺需要,在焊件的待焊部位加工并装配成的一定几何形状的焊缝成形槽。

04.120　开坡口　beveling [of the edge]
用机械、火焰或电弧等加工坡口的过程。

04.121　单面坡口　single groove
形成单面焊缝(包括封底焊)的坡口。

04.122　双面坡口　double groove
形成双面焊缝的坡口。

04.123　坡口面　groove face
待焊件坡口的表面。

04.124　坡口角度　groove angle
两坡口面之间的夹角。

04.125　坡口面角度　bevel angle
待加工坡口端面与坡口面之间的夹角。

04.126　接头根部　root of joint
组成接头的两零件最接近的那一部分。

04.127　根部间隙　root opening
焊前,在接头根部之间预留的空隙。

04.128　根部半径　root radius
在 J 形,U 形坡口底部的圆角半径。

04.129　钝边　root face
焊件开坡口时,接头坡口根部的端面直边部分。

04.130　焊趾　weld toe
焊缝表面与母材的交界处。

04.131　焊脚　[fillet] weld leg
角焊缝的横截面中,从一个焊件上的焊趾到另一个焊件表面的最小距离。

04.132　熔深　depth of fusion
在焊接接头横截面上,母材或前道焊缝熔化的深度。

04.133　余高　weld reinforcement
超出母材表面连线上面的那部分焊缝金属的最大高度。

04.134　焊根　weld root
焊缝背面与母材的交界处。

04.135　飞溅　spatter
焊接过程中,熔化的金属颗粒或熔渣向周

围飞散的现象。

04.136　焊缝成形系数 form factor [of the weld]

熔焊时,在单道焊缝横截面上焊缝宽度(B)与焊缝计算厚度(H)的比值($\varphi = B/H$)。

04.137　合金过渡系数 transfer coefficient, recovery [of element]

焊接材料中的合金元素过渡到焊缝金属中的数量与其原始含量的百分比。

04.138　熔池 molten pool, puddle

熔焊时在焊接热源作用下,焊件上所形成的具有一定几何形状的液态金属部分。

04.139　送丝速度 wire feed rate

焊接时,单位时间内焊丝向焊接熔池送进的长度。

04.140　熔敷金属 deposited metal

完全由填充金属熔化后所形成的焊缝金属。

04.141　熔敷效率 deposition efficiency

熔敷金属量与熔化的填充金属(通常指焊芯、焊丝、金属粉末)量的百分比。

04.142　熔敷系数 deposition coefficient

熔焊过程中,单位电流、单位时间内,焊芯(或焊丝、金属粉末)熔敷在焊件上的金属量[g/(A·h)]。

04.143　熔敷速度 deposition rate

熔焊过程中,单位时间内熔敷在焊件上的金属量(kg/h)。

04.144　焊道 bead

每一次熔敷所形成的一条单道焊缝。

04.145　打底焊道 backing bead

单面坡口对接焊时形成背垫的焊道。

04.146　封底焊道 back weld

单面对接坡口焊完后,又在焊缝背面施焊的最终焊道。

04.147　焊波 ripple

焊缝表面上的鱼鳞状波纹。

04.148　焊层 layer

多层焊时的每一个分层。每个焊层可由一条焊道或几条并排相搭的焊道组成。

04.149　引弧 striking

弧焊时,引燃焊接电弧的过程。

04.150　电弧动特性 dynamic characteristic of arc

对于一定弧长的电弧,当焊接电流发生连续的快速变化时,电弧电压与电流瞬时值之间的关系。

04.151　电弧静特性 static characteristic of arc

在电极材料、气体介质和弧长一定的情况下,焊接稳定燃烧时,焊接电流与电压变化的关系。

04.152　电弧稳定性 arc stability

电弧保持稳定燃烧(不产生断弧,飘移和电弧偏吹等)的程度。

04.153　脉冲电弧 pulsed arc

以脉冲方式供给电流的电弧。

04.154　焊接位置 welding position

熔焊时,焊件接缝所处的空间位置,有平焊、横焊、立焊、仰焊等位置。

04.155　平焊 flat position welding

待焊表面处于近似水平位置,从接头上面进行的焊接。

04.156　横焊 horizontal position welding

在待焊表面处于近似垂直,焊缝轴线基本水平的位置进行的焊接。

04.157　立焊 vertical position welding

在待焊表面处于近似垂直,焊缝轴线基本垂直位置的焊接。

04.158 仰焊 overhead position welding
当待焊表面处于近似水平位置,从接头下面进行的焊接。

04.159 船形焊 fillet welding in the flat position
T 形、十字形和角接接头处于平焊位置进行的焊接。

04.160 倾斜焊 inclined position welding
焊件接缝置于倾斜位置(除平、横、立、仰焊位置以外)时进行的焊接。

04.161 深熔焊 deep penetration welding
采用一定的焊接工艺或专用焊条以获得大熔深焊道的焊接方法。

04.162 衬垫焊 welding with backing
在坡口背面放置焊接衬垫进行焊接的方法。

04.163 焊剂垫焊 welding with flux backing
用焊剂作衬垫的衬垫焊。

04.164 电弧点焊 arc spot welding
以电弧为热源将两块相叠焊件熔化形成点状焊缝的焊接方法。

04.165 左焊法 forehand welding
焊接热源从接头右端向左端移动施焊。

04.166 右焊法 backhand welding

焊接热源从接头左端向右端移动施焊。

04.167 分段退焊 backstep sequence
将焊件接缝划分成若干段,分段焊接,每段施焊方向与整条焊缝增长方向相反的焊接法。

04.168 跳焊 skip sequence
将焊件接缝分成若干段,按预定次序和方向分段间隔施焊,完成整条焊缝的焊接法。

04.169 单面焊 welding by one side
只在接头的一面(或侧)施焊的焊接。

04.170 双面焊 welding by both sides
在接头的两面(或侧)施焊的焊接。

04.171 单道焊 single-pass welding
只熔敷一条焊道完成整条焊缝所进行的焊接。

04.172 多道焊 multi-pass welding
由两条以上焊道完成整条焊缝所进行的焊接。

04.173 多层焊 multi-layer welding
熔敷两个以上焊层完成整条焊缝所进行的焊接。

04.174 分段多层焊 block sequence welding
将焊件接缝划分成若干段,按工艺规定的顺序对每段进行多层焊,最后完成整条焊缝所进行的焊接。

04.04 压 焊

04.175 压焊 pressure welding
焊接过程中,对焊件施加压力(加热或不加热),完成焊接的方法。

04.176 固态焊 solid-state welding, SSW
焊接温度低于母材和填充金属的熔化温

度,加压以进行原子相互扩散的焊接方法。

04.177 热压焊 hot pressure welding, HPW
加热并加压到足以使工件产生宏观变形的一种固态焊。

04.178 冷压焊 cold welding

在室温下对接合处加压使之产生显著变形而焊接的固态焊接方法。

04.179 电阻焊 resistance welding
焊件组合后通过电极施加压力,利用电流通过接头的接触面及邻近区域产生的电阻热进行焊接的方法。

04.180 摩擦焊 friction welding
利用焊件表面相互摩擦所产生的热,使端面达到热塑性状态,然后迅速顶锻,完成焊接的一种压焊方法。

04.181 扩散焊 diffusion welding,DFW
将工件在高温下加压,但不产生可见变形和相对移动的固态焊方法。

04.182 超声波焊 ultrasonic welding
利用超声波的高频振荡能对焊件接头进行局部加热和表面清理,然后施加压力实现焊接的一种压焊方法。

04.183 爆炸焊 explosion welding
利用炸药爆炸产生的冲击力造成焊件的迅速碰撞来连接焊件的一种压焊方法。

04.184 电阻对焊 upset welding
将焊件装配成对接接头,使其端面紧密接触,利用电阻热加热至塑性状态,然后迅速施加顶锻力完成焊接的方法。

04.185 闪光对焊 flash welding
电阻焊件装配成对接接头,接通电源,并使其端面逐渐移近达到局部接触,利用电阻热加热这些接触点(产生闪光),使端面金属熔化,直至端部在一定深度范围内达到预定温度时,迅速施加顶锻力完成焊接的方法。

04.186 高频电阻焊 high frequence upset welding
利用 10~500kHz 的高频电流,进行焊接的一种电阻焊方法。

04.187 电阻点焊 resistance spot welding
焊件装配成搭接接头,并压紧在两电极之间,利用电阻热熔化母材金属,形成焊点的电阻焊方法。

04.188 多点焊 multiple-spot welding
用两对或两对以上电极,同时或按自控程序焊接两个或两个以上焊点的点焊。

04.189 脉冲点焊 multiple-impulse welding
在一个焊接循环中,通过两个以上焊接电流脉冲的点焊。

04.190 胶接点焊 weld bonding
采用胶接加强电阻点焊强度的连接法。

04.191 缝焊 seam welding
焊件装配成搭接或对接接头并置于两滚轮电极之间,滚轮加压焊件并转动,连续或断续送电,形成一条连续焊缝的电阻焊方法。

04.192 滚点焊 roll spot welding
将焊件装配成搭接接头并置于两滚轮电极之间,滚轮电极连续滚动并加压断续通电,焊出有一定间距焊点的点焊方法。

04.193 步进缝焊 step-by-step seam welding
将焊件装配成搭接或对接接头并置于两滚轮电极之间,滚轮电极连续加压间歇滚动,当滚轮停止滚动时通电,滚动时断电,交替进行焊接的缝焊法。

04.194 凸焊 projection welding
在一焊件的贴合面上预先加工出一个或多个突起点,使其与另一焊件表面相接触并通电加热,然后压塌,使这些接触点形成焊点的电阻焊方法。

04.195 电容储能焊 capacitor discharge welding
利用电容储存电能,然后迅速释放进行加热完成焊接的方法。

04.196 电阻焊点 resistance spot weld
点焊后形成的连接焊件的点状焊缝。

04.197 焊透率 penetration rate
点焊、凸焊和缝焊时焊件的焊透程度,以熔

深与板厚的百分比表示。

04.198 焊点距 spot weld spacing
点焊时,两个相邻焊点间的中心距。

04.05 钎 焊

04.199 钎焊 brazing, soldering
采用比母材熔点低的金属材料作钎料,将焊件和钎料加热到高于钎料熔点,低于母材熔点的温度,利用液态钎料润湿母材,填充接头间隙实现连接焊件的方法,包括硬钎焊和软钎焊。

04.200 硬钎焊 brazing
使用硬钎料(一般熔点高于450℃,但低于母材固相线)进行的钎焊。

04.201 软钎焊 soldering
使用软钎料(一般熔点低于450℃)进行的钎焊。

04.202 钎焊性 brazability, solderability
材料对钎焊加工的适应性。指在一定的钎焊条件下,获得优质接头的难易程度。

04.203 烙铁软钎焊 iron soldering
用烙铁加热的软钎焊。

04.204 火焰软钎焊 torch soldering
使用可燃气体与氧气(或压缩空气)混合燃烧的火焰进行加热的软钎焊。

04.205 火焰硬钎焊 torch brazing
使用可燃气体与氧气(或压缩空气)混合燃烧的火焰进行加热的硬钎焊。

04.206 炉中钎焊 furnace brazing, furnace soldering
将装配好钎料的焊件放在炉中加热所进行的钎焊。

04.207 浸渍钎焊 dip brazing, dip soldering

将焊件浸沉在加热浴槽(盐浴或金属浴)中所进行的钎焊。分浸渍硬钎焊和浸渍软钎焊。

04.208 浸渍硬钎焊 dip brazing
用盐浴或金属浴进行的硬钎焊方法,在用盐浴时盐可起到钎剂的作用,在用金属浴时金属本身作为硬钎料。

04.209 浸渍软钎焊 dip soldering
用金属浴进行的软钎焊方法,金属本身作为软钎料。

04.210 感应硬钎焊 induction brazing
利用高频、中频或工频交流电感应加热所进行的硬钎焊。

04.211 感应软钎焊 induction soldering
利用高频、中频或工频交流电感应加热所进行的软钎焊。

04.212 真空硬钎焊 vacuum brazing
将装配好钎料的焊件置于真空环境中加热所进行的硬钎焊。

04.213 电阻钎焊 resistance brazing, resistance soldering
将焊件直接通以电流或将焊件放在通电的加热板上,利用电阻热进行钎焊的方法。

04.214 电弧硬钎焊 arc brazing
利用电弧加热焊件所进行的硬钎焊。

04.215 超声波软钎焊 ultrasonic soldering
利用超声波的振动使液体钎料产生空蚀过程破坏焊件表面的氧化膜,从而改善钎料对母材的润湿作用而进行的钎焊。

04.216 扩散钎焊 diffusion brazing

在钎焊过程中,钎料向母材扩散,接头的性能变化接近母材性能。

04.06 焊接缺陷与检验

04.217 焊接缺陷 weld defects
由焊接引起的在焊接接头中的金属不连续、不致密或连接不良的现象。

04.218 未焊透 incomplete joint penetration
焊接时接头根部未完全熔透的现象,对于对接焊缝也指焊缝深度未达要求的现象。

04.219 未钎透 incomplete penetration in brazed joint
熔化的钎料未能填满钎焊间隙所形成的一种钎焊缺陷。

04.220 熔蚀 erosion
母材表面被熔化的钎料过度熔解而形成的凹陷。

04.221 未熔合 incomplete fusion, lack of fusion
(1)熔焊时,焊道与母材间或焊道与焊道之间,未完全熔化结合的部分。(2)电阻点焊时母材与母材之间未完全熔化结合的部分。

04.222 焊瘤 overlap
焊接过程中,熔化金属流淌到焊缝之外未熔化的母材上所形成的金属瘤。

04.223 白点 fish eye
在焊缝金属拉断后,断面上出现的如鱼目状的一种白色圆形斑点。

04.224 烧穿 burn-through
焊接过程中,熔化金属自坡口背面流出,形成穿孔的缺陷。

04.225 凹坑 pit
焊后在焊缝表面或焊缝背面形成的低于母材表面的局部低凹部分。

04.226 弧坑 crater
弧焊时,由于断弧或收弧不当,在焊道末端形成的低凹部分。

04.227 未焊满 incompletely filled groove
由于填充金属不足,在焊缝表面形成的连续或断续的沟槽。

04.228 焊接裂纹 weld crack
在焊接应力及其他致脆因素共同作用下,焊接接头中局部地区的金属原子结合力遭到破坏而形成的新界面所产生的缝隙。

04.229 热裂纹 hot crack
焊接过程中,焊缝和热影响区金属冷却到固相线附近的高温区产生的焊接裂纹。

04.230 冷裂纹 cold crack
焊接接头冷却到较低温度下(对于钢来说在 Ms 温度以下)时产生的焊接裂纹。

04.231 延迟裂纹 delayed crack
钢的焊接接头冷却到室温后的一定时间内(几小时甚至几十天)才出现的焊接冷裂纹。

04.232 焊根裂纹 root crack
沿应力集中的焊缝根部所形成的焊接冷裂纹。

04.233 焊趾裂纹 toe crack
沿应力集中的焊趾处所形成的焊接冷裂纹。

04.234 焊道下裂纹 under bead crack
在靠近堆焊焊道的热影响区内所形成的焊

接冷裂纹。

04.235 消除应力裂缝 stress relief crack
焊后焊件在一定温度范围再次加热时,由于高温及残余应力的共同作用而产生的晶间裂纹。

04.236 层状撕裂 lamellar tearing
焊接时,在焊接构件中沿钢板轧层形成的呈阶梯状的一种裂纹。

04.237 裂纹敏感性 crack sensitivity
金属材料在焊接时产生裂纹的敏感程度。

04.238 裂纹试验 cracking test
检验焊接裂纹敏感性的试验。

04.239 无损检验 non-destructive testing
不损坏被检查材料或成品的性能和完整性而检测其缺陷的方法。

04.240 焊接检验 welding inspection
对焊接接头和焊接件质量,按有关规程和标准所进行的检验。包括无损检验和破坏检验。

04.241 外观检查 visual examination
用肉眼或借助样板,或用低倍放大镜观察表面缺陷的方法。

04.242 超声波探伤 ultrasonic flaw detec-

tion, ultrasonic inspection
利用超声波探测材料内部缺陷的无损检验法。

04.243 射线探伤 radiographic inspection
采用 X 射线或 γ 射线照射工件检查内部缺陷的无损检验法。

04.244 涡流探伤 eddy current testing
利用涡流效应,检测焊接缺陷的方法。

04.245 密封性检验 leak test
检查有无漏水、漏气和渗油、漏油等现象的试验。

04.246 气密性检验 air tight test
将压缩空气(或氨、氟利昂、氮、卤素气体等)压入容器,利用容器内外气体的压力差检查有无泄漏的试验法。

04.247 破坏检验 destructive test
从工件上切取试样,或以产品(或模拟件)的整体做破坏性试验,以检查其各种力学性能的试验法。

04.248 耐压检验 pressure test
将水、油、气等充入容器内徐徐加压,以检查其泄漏、耐压破坏等的试验。

04.07 热 切 割

04.249 热切割 thermal cutting
利用集中热源使材料分离的方法。

04.250 气割 oxygen cutting
利用气体火焰的热能将工件切割处预热到一定温度后,喷出高速切割氧流,使材料燃烧并放出热量实现切割的方法。

04.251 火焰表面清理 scarfing
利用气割火焰铲除钢锭表面缺陷的方法。

04.252 氧熔剂切割 metal-powder cutting
在切割氧流中加入纯铁粉或其他熔剂,利用它们的燃烧热和造渣作用实现气割的方法。

04.253 氧矛切割 oxygen lance cutting
利用在钢管中通入氧气流对金属进行切割的方法。

04.254 电弧切割 arc cutting

利用电弧热能熔化切割处的金属,实现切割的方法。

04.255 等离子弧切割 plasma arc cutting
利用等离子弧的热能实现切割的方法。

04.256 气刨 gouging
利用切割原理在金属表面上加工沟槽的方法。

04.257 仿形切割 shape cutting
气割炬跟随磁头沿一定形状的钢质靠模移动进行的机械化切割。

04.258 数控切割 numerical control cutting
按照数字指令规定的程序进行的热切割。

04.259 水下切割 underwater cutting
在水下进行的热切割。

04.260 预热火焰 preheat flame
气割开始或气割过程中用于预热切口附近

金属使其达到燃点的火焰。

04.261 预热氧 preheat oxygen
形成预热火焰所用的氧。

04.262 切割氧 cutting oxygen
切割时具有一定压力的氧射流,它使切割金属燃烧,排除熔渣,并形成切口。

04.263 切割速度 cutting speed
切割过程中割炬与工件间的相对移动速度,即切口增长速度。

04.264 切口 kerf
热切割中金属被切除所留下的空隙。

04.265 切口宽度 kerf width
由切割束流造成的两个切割面在切口上缘的距离,在上缘熔化的情况下,指紧靠熔化层下两切割面的距离。

04.08 工艺装备与设备

04.266 焊接变位机 positioner
将焊件回转或倾斜,使接头处于最有利于焊接位置的装置。

04.267 焊接翻转机 tilter
将焊件绕水平轴翻转的装置。

04.268 焊接滚轮架 turning roller
借助焊件与主动滚轮间的摩擦力来带动圆筒形(或圆锥形)焊件旋转的装置。

04.269 焊接操作机 manipulator
将焊接机头或焊枪送到并保持在待焊位置,或以选定的焊接速度沿规定的轨迹移动焊接机头或焊枪的装置。

04.270 焊接机器人 welding robot
具有三个或三个以上可自由编程的轴,并能将焊接工具按要求送到预定空间位置,

按要求轨迹及速度移动焊接工具的机器。包括弧焊机器人、激光焊接机器人、点焊机器人等。

04.271 弧焊机器人 arc welding robot

04.272 激光焊接机器人 laser welding robot

04.273 点焊机器人 spot welding robot

04.274 焊接夹具 welding fixture
为保证焊件尺寸,提高装配精度和效率,防止焊接变形所采用的夹具。

04.275 焊接工作台 welding bench
为焊接小型焊件而设置的工作台。

04.276 焊工升降台 welder's lifting platform
焊接高大焊件时,带动焊工升降的装置。

04.277 焊条保温筒 thermostat-container for electrode

在施工现场供焊工携带的可储存少量焊条的一种保温容器。

04.278 引弧板 starting weld tab

为在焊接接头始端获得正常尺寸的焊缝截面,焊前装配的一块金属板。焊接在这块板上开始,焊后割掉。

04.279 引出板 runoff weld tab

为在接头末端获得正常尺寸的焊缝截面,焊前装配的一块金属板,焊接在这块板上结束,焊后割掉。

04.280 引弧装置 arc initiation device

用以引燃钨极及工件间电弧的装置。

04.281 焊接衬垫 backing

为保证接头根部焊透和焊缝背面成形,沿接头背面预置的一种衬托装置。

04.282 焊剂垫 flux backing

利用一定厚度的焊剂层作接头背面衬托装置的焊接衬垫。

04.283 头罩 helmet, head shield

为防止焊接时的飞溅、弧光及其他辐射对焊工面部及颈部损伤的一种遮盖工具,有手持和头盔式两种。

04.284 焊机 welding machine

能为完成焊接过程提供所需能源和运动,包括焊丝和(或)焊炬运动及控制系统的设备。

04.285 电焊机 electric welding machine

将电能转换为焊接能量的焊机。

04.286 电弧焊机 arc welding machine

用电弧供给焊接能量的焊机。

04.287 埋弧焊机 submerged arc welding machine

利用电弧的热量进行焊接的焊机。

04.288 气体保护弧焊机 gas shielded arc welding machine

利用气体(如惰性气体、二氧化碳气体或混合气体)作保护进行焊接的电弧焊机。

04.289 等离子弧焊机 plasma arc welding machine

利用等离子弧熔化金属进行非熔化极或熔化极焊接的焊机。

04.290 微束等离子弧焊机 micro-plasma arc welding machine

焊接电流通常小于30A的等离子弧焊机。

04.291 带极堆焊机 strip surfacing machine

用带状熔化电极,在焊剂或气体保护下以电弧或电渣过程作自动堆焊的焊机。

04.292 电渣焊机 electro-slag welding machine

带有电极送进系统并用水冷铜滑块控制渣池深度和焊缝成形的电渣焊设备。

04.293 电子束焊机 electron beam welding machine

供给和控制电子束焊接能量,带有操纵系统,进行电子束焊接的焊机。

04.294 激光焊机 laser beam welding machine

由激光器、光束传输系统和聚焦系统及工件相对光源焦点移动系统组成的用于激光焊接的焊机。

04.295 电阻焊机 resistance welding machine

利用电流通过工件及焊接接触面间的电阻产生热量,同时对焊接处加压进行焊接的焊机。包括点焊机、凸焊机、缝焊机、电阻对焊机、闪光对焊机、电容储能点火焊机、高频电阻焊机等。

04.296 点焊机 spot welding machine

04.297 凸焊机 projection welding machine

04.298 缝焊机 seam welding machine

04.299 电阻对焊机 resistance butt welding machine

04.300 闪光对焊机 flash welding machine

04.301 电容储能点焊机 capacitor discharge spot welding machine

04.302 高频电阻焊机 high frequency resistance welding machine

04.303 移动式点焊机 portable spot welding machine
工件固定,焊机随焊点要求而移动的点焊机。

04.304 螺柱焊机 stud welding machine
把金属螺柱或类似零件的整个端面焊于工件上的焊机。

04.305 焊接电源 welding power source
为焊接提供电流、电压并具有适合该焊接方法所要求的输出特性的设备。

04.306 直流弧焊发电机 direct current arc welding generator
由原动机驱动,从换向器输出直流电的旋转发电机,其电压电流特性符合焊接过程的要求。

04.307 交流弧焊发电机 alternating current arc welding generator
由原动机驱动,输出选定频率交流电的旋转发电机,其电压电流特性符合焊接过程的要求。

04.308 焊接变压器电源 welding transformer power source
在主电网与焊接回路之间设有变压器的交流焊接电源。

04.309 焊接整流器电源 welding rectifier power source
由变压器、整流器组件和主控制装置等组成的用以把交流电转换成直流电的焊接电源。

04.310 焊接逆变电源 welding inverter power source
利用逆变技术的焊接电源。

04.311 电弧焊枪 arc welding gun, arc welding torch
具有导送焊丝,馈送电源,给送保护气体或储送焊剂等功能的焊接器具。

04.312 气焊炬 oxyfuel gas welding torch
气焊及软、硬钎焊时,用于控制火焰进行焊接的工具。

04.313 焊钳 electrode holder
用以夹持焊条(或碳棒)、传导电流并进行焊接的工具。

04.314 送丝机构 wire feeder
焊接设备中用以输送焊丝的装置。

04.315 钨极惰性气体保护焊炬 GTAW torch
由电极夹头及气体喷嘴等组成,用来传送焊接电流至钨极及传送保护气体的装置。

04.316 等离子焊炬 plasma torch
由电极夹头和压缩喷嘴等组成,用来产生等离子弧。

04.317 割炬 oxygen gas cutting torch
气割的主要工具,可以安装或更换割嘴,调节预热火焰气体流量和控制切割氧流量。

04.318 割嘴 cutting tip
割炬上的嘴头部分,由此喷出切割氧流及预热火焰的混合气流。

04.319 快速割嘴 high speed cutting nozzle
能够喷射超音速切割氧流的割嘴。

04.320 数控切割机 numerical control cutting machine, NC cutting machine
按照预先编制的数字指令程序移动割炬进行自动热切割的设备。

04.321 等离子切割机 plasma cutting machine
用等离子为热源进行切割的设备。

04.322 火焰切割机 flame cutting machine
用火焰为热源进行切割的设备。

04.323 仿形切割机 copying cutting machine
用靠模或光电系统进行仿形切割的设备。

05. 热 处 理

05.01 一 般 名 词

05.001 热处理 heat treatment
对固态金属或合金采用适当方式加热、保温和冷却，以获得所需要的组织结构与性能的加工方法。

05.002 共析组织 eutectoid structure
一定成分的固溶体冷却时转变为两种或更多紧密混合的固体的恒温可逆反应所形成的组织。

05.003 共晶组织 eutectic structure
一定成分的合金液体冷却时，由转变成两种或两种以上紧密混合的固体的恒温可逆反应所形成的组织。

05.004 包晶组织 peritectic structure
一个液相和一个固相冷却时形成一个固相的恒温可逆反应所形成的组织。

05.005 树枝状组织 dendritic structure
又称"枝晶组织"。由于不平衡凝固而形成的树枝状晶体所组成的组织。

05.006 层状组织 lamellar structure
由共存的诸相的薄层交替重叠形成的复相组织。

05.007 针状组织 acicular structure
在金相试样磨面上观察到的呈针状的单相或复相物所形成的组织。

05.008 球状组织 globular structure
又称"粒状组织"。其中的一相是以大致呈球形的颗粒弥散分布于另一相（基体）之内所形成的复相组织。

05.009 带状组织 banded structure
金属材料内与热形变加工方向大致平行的诸条带所组成的偏析组织。

05.010 柱状组织 columnar structure
由相互平行的、细长的柱状晶粒——"柱晶"所组成的组织。

05.011 单相组织 single-phase structure, homogeneous structure
只由一种相组成的组织。

05.012 两相组织 two-phase structure
由两种相组成的组织。

05.013 多相组织 polyphase structure, multiphase structure
由几种相组成的组织。

05.014 维氏组织 Widmanstätten structure
全称"维德曼施泰滕组织"，曾称"魏氏组织"。沿着过饱和固溶体的特定晶面析出并在母相内呈一定规律的片状或针状分布的第二相形成的复相组织。

05.015　亚组织　substructure

又称"亚结构"。单个晶体或晶粒内部呈网络状的晶界－亚晶界的组织。

05.016　组织组分　structural constituent

又称"组织组成物"。以金相方法可以鉴别出来的合金的显微组织内具有同样特征的部分。

05.017　相　phase

一合金系中的这样一种物质部分,它具有相同的物理和化学性能并与该系统的其余部分以界面分开。

05.018　上马氏体点　martensite start temper-ature,Ms-point

又称"Ms 点","马氏体转变起始点"。具有马氏体转变的铁基合金经奥氏体化后以大于或等于马氏体临界冷却速度淬火冷却时,奥氏体开始向马氏体转变的温度。

05.019　相变点　transformation temperature, critical point

又称"临界点"。金属或合金在加热或冷却过程中,发生相变的温度。

05.020　下马氏体点　martensite finish tem-perature,Mf-point

又称"Mf 点","马氏体转变终止点"。具有马氏体转变的铁基合金淬火冷却到上马氏体点后,继续冷却时,马氏体量不断增多,当达到某一温度,奥氏体停止向马氏体转变的温度。

05.021　Md 点　martensite deformation tem-perature,Md-point

塑性形变能够诱发奥氏体向马氏体转变的上限温度。

05.022　奥氏体　austenite

γ铁内固溶有碳和(或)其他元素的、晶体结构为面心立方的固溶体。

05.023　过冷奥氏体　undercooled austenite

又称"亚稳奥氏体"。在共析温度以下存在的奥氏体。

05.024　残余奥氏体　retained austenite

又称"残留奥氏体"。奥氏体在冷却过程中发生相变后在环境温度下残存的奥氏体。

05.025　贝氏体　bainite

钢在奥氏体化后被过冷到珠光体转变温度区间以下,马氏体转变温度区间以上这一中温度区间(所谓"贝氏体转变温度区间")转变而成的由铁素体及其内分布着弥散的碳化物所形成的亚稳组织,即贝氏体转变的产物。

05.026　上贝氏体　upper bainite

在贝氏体转变温度区间内的上半部由过冷奥氏体转变而成的贝氏体。

05.027　下贝氏体　lower bainite

在贝氏体转变温度区间的下半部由过冷奥氏体转变而成的贝氏体。

05.028　粒状贝氏体　granular bainite

又称"颗粒状贝氏体"。奥氏体被过冷到贝氏体转变温度区间的最上部转变而成的大块状或条状铁素体(其内有较高密度的位错)内分布着众多小岛的复相组织。

05.029　莱氏体　ledeburite

高碳的铁基合金在凝固过程中发生共晶转变所形成的奥氏体和碳化物(或渗碳体)所组成的共晶体。

05.030　马氏体　martensite

对固态的铁基合金(钢铁及其他铁基合金)以及非铁金属及合金而言,是无扩散的共格切变型相转变,即马氏体转变的产物。就铁基合金而言,是过冷奥氏体发生无扩散的共格切变型相转变即马氏体转变所形成的产物。铁基合金中常见的马氏体,就其本质而言,是碳和(或)合金元素在α铁中的过饱和固溶体。就铁－碳二元合金而言,是碳在α铁中的过饱和固溶体。

05.031　板条马氏体　lath martensite
又称"块状马氏体","位错马氏体"。其单元的立体形状为板条状类型的马氏体。

05.032　片状马氏体　plate martensite, twinned martensite
又称"孪晶马氏体","针状马氏体"。单个晶体的立体形状呈双凸透镜状,每个马氏体晶体的厚度与径向尺寸相比是很小的,所以粗略地说是片状。

05.033　粗针马氏体　coarse martensite
以光学显微镜观察经过侵蚀的金相磨面时所看到的粗针形状的[片状]马氏体。

05.034　细针马氏体　fine martensite
以光学显微镜观察经过蚀刻的金相磨面时所看到的细针形状的[片状]马氏体。

05.035　隐针马氏体　cryptocrystalline martensite
又称"隐晶马氏体"。在光学显微镜下利用高倍观察也看不出其形态特征的马氏体。

05.036　二次马氏体　secondary martensite
淬火钢在回火加热完了后的冷却过程中由残余奥氏体转变成的马氏体。

05.037　回火马氏体　β-martensite
淬火马氏体回火时,碳已经部分地从固溶体中析出并形成了过渡碳化物的基体组织。

05.038　形变马氏体　strain-induced martensite
又称"形变诱发马氏体"。奥氏体在塑性形变过程中转变成的马氏体。

05.039　应力马氏体　stress-assisted martensite
又称"应力协助马氏体"。由于对奥氏体施加应力(弹性形变)的作用而形成的马氏体。

05.040　先共析相　proeutectoid phase
固溶体冷却时在达到共析温度以前析出的一个固相。广义则包括过饱和固溶体在发生共析型转变前析出的一种固相。

05.041　渗碳体　cementite
晶体点阵为正交点阵,化学式近似于碳化三铁的一种间隙式化合物。

05.042　一次渗碳体　proeutectic cementite
又称"先共晶渗碳体"。过共晶成分的铁基合金的熔体在发生共晶转变之前结晶出来的渗碳体。

05.043　二次渗碳体　proeutectoid cementite
又称"先共析渗碳体"。高于共析成分的奥氏体,从高温慢冷下来之际,在发生共析转变之前析出的渗碳体。广义则包括过冷奥氏体在形成珠光体(广义的珠光体)之前析出的渗碳体。

05.044　三次渗碳体　tertiary cementite
由α铁素体中析出的渗碳体。

05.045　球状渗碳体　spheroidized cementite
又称"粒状渗碳体"。球化体内的大致呈圆形颗粒的渗碳体。

05.046　合金渗碳体　alloyed cementite
含有合金元素的渗碳体,即渗碳体内一部分铁原子被代位式合金元素所代替,但晶体结构并未改变。

05.047　渗碳体网　cementite network
又称"先共析渗碳体网"。沿原始奥氏体晶界析出并且诸晶体呈网状分布,从而勾划出奥氏体晶界,故成网状的二次渗碳体。

05.048 渗碳体层 cementite lamella
又称"渗碳体片"。层状珠光体内的诸渗碳体层。

05.049 脱溶物 precipitate
又称"析出物"。过饱和固溶体中形成的溶质原子偏聚区(如:铝铜合金中的 GP 区)或化学成分及晶体结构与之不同的析出的相(如:铝铜合金人工时效时形成的 $CuAl_2$)。

05.050 晶界脱溶物 grain boundary precipitate
又称"晶界析出物"。沿着晶粒间界析出的第二相粒子。

05.051 弥散相 dispersed phase
从固溶体内析出的,以众多超显微细小粒子的形态存在的相。

05.052 亚显微脱溶物 submicroscopic precipitate
又称"亚显微析出物"。由于弥散度很大,借助于光学显微镜鉴别不清晰的脱溶物。

05.053 石墨 graphite
碳的一种同素异构体——六方晶系的晶体。它是铸铁内常出现的以及石墨化钢内含有的一种组织组分。

05.054 片状石墨 flake graphite
立体形状为片状的石墨。灰口铸铁内含有这种形状的石墨。

05.055 球状石墨 spheroidal graphite
立体形状为球状的石墨。球墨铸铁内含有这种形状的石墨。

05.056 团絮状石墨 temper carbon
又称"退火碳"。白口铸铁进行可锻化退火或石墨化钢进行石墨化退火时,渗碳体发生分解所形成的石墨,形态类似团絮。

05.057 石墨球 graphite spherule, graphite spheroid
球状石墨的单个颗粒。

05.058 碳化物 carbide
碳与一种或数种金属元素所构成的化合物。

05.059 ε 碳化物 ε-carbide
密排六方点阵的化学式为 $Fe_{[2,4]}C$ 的一种过渡碳化物。

05.060 χ 碳化物 χ-carbide, Hagg carbide
又称"黑格碳化物"。高碳钢中形成的片状马氏体,于回火过程中形成的一种过渡碳化物。

05.061 二次碳化物 proeutectoid carbide
又称"先共析碳化物"。高于共析成分的奥氏体,在高温冷却之际,发生共析转变之前析出的碳化物。广义则包括过冷奥氏体在形成珠光体(广义的珠光体)之前析出的碳化物。

05.062 球状碳化物 spheroidized carbide
又称"粒状碳化物"。球化体内的大致呈球状颗粒的碳化物。

05.063 三元碳化物 double carbide
两种金属元素与碳形成的碳化物。

05.064 复合碳化物 complex carbide
两种或两种以上的金属元素与碳构成的碳化物。

05.065 碳化物网 carbide network
又称"二次碳化物网","先共析碳化物网"。过共析钢中沿原始奥氏体晶界析出并呈网状的碳化物。

05.066 碳化物层 carbide lamella
又称"碳化物片"。合金钢中层状珠光体之内与铁素体层交替重叠的非渗碳体型碳化物层。

05.067 铁素体 ferrite

铁或其内固溶有一种或数种其他元素所形成的晶体点阵为体心立方的固溶体。

05.068 α铁素体 α-ferrite

铁基合金系中从 A_3 点至室温区间存在的固溶有碳和(或)其他元素的晶体点阵为体心立方的固溶体。

05.069 δ铁素体 δ-ferrite

铁基合金系中从 A_4 点至液相线温度区间存在的固溶有碳和(或)其他元素的晶体点阵为体心立方的固溶体。

05.070 块状铁素体 granular ferrite

又称"多边形铁素体"。在显微镜下观察到的诸晶体的外形呈块状或呈多边形状的铁素体。

05.071 铁素体网 ferrite network

又称"网状铁素体"。亚共析钢中沿原始奥氏体晶界析出并呈网状的铁素体。

05.072 铁素体层 ferrite lamellae

层状珠光体内的诸铁素体层。

05.073 珠光体 pearlite

又称"片层状珠光体"。奥氏体从高温缓慢冷却时发生共析转变所形成的,其立体形态为铁素体薄层和碳化物(包括渗碳体)薄层交替重叠的层状复相物。广义则包括过冷奥氏体发生珠光体转变所形成的层状复相物。

05.074 索氏体 sorbite, tempered martensite

又称"回火索氏体"。马氏体于回火时形成的,在光学金相显微镜下放大五六百倍才能分辨出为铁素体内分布着碳化物(包括渗碳体)球粒的复相组织。

05.075 托氏体 troostite, tempered martensite

又称"回火托氏体"。马氏体在回火时形成

的,实际上是铁素体基体内分布着极其细小的碳化物(或渗碳体)球状颗粒,在光学显微镜下高倍放大也分辨不出其内部构造,只看到其总体是一片黑的复相组织。

05.076 球化体 spheroidite

又称"球状珠光体"。在铁素体内分布着碳化物(或渗碳体)球粒的复相组织。

05.077 氮化物 nitride

氮与金属元素形成的化合物。

05.078 晶粒 grain

多晶体材料内以晶界分开的晶体学位向相同的晶体。

05.079 晶粒度 grain size

又称"晶粒尺寸"。多晶体内的晶粒大小。

05.080 亚晶粒 subgrain

在晶粒内相互间晶体学位向差很小(<2° ~3°)的小晶块。

05.081 重结晶 recrystallization

固态金属及合金在加热(或冷却)通过相变点时,从一种晶体结构转变为另一种晶体结构的过程。

05.082 再结晶 recrystallization

指经冷塑性变形的金属超过一定温度加热时,通过形核长大形成等轴无畸变新晶粒的过程。

05.083 晶界 grain boundary

又称"晶粒间界"。将任何两个晶体学位向不同的晶粒隔开的内界面。

05.084 亚晶界 subgrain boundary

将任何两个亚晶粒隔开的界面。

05.085 共格界面 coherent boundary

界面两侧的点阵在跨越界面处是一对一地相互匹配,就是说,在跨越界面的方向上,界面两侧的点阵列和点阵面都完全具有连续性的界面。

05.086 相界面 interphase boundary
将两种相分开的界面。

05.087 枝晶间空间 interdendritic space

介于各个树枝状晶体之间的区域。

05.088 织构 texture
多晶体金属或合金内诸晶粒的晶体学位向趋于一致的组织。

05.02 整体热处理

05.089 整体热处理 bulk heat treatment
对工件整体进行穿透加热的热处理工艺。

05.090 奥氏体化 austenitizing
将钢铁加热至 Ac_3 或 Ac_1 点以上,以获得完全或部分奥氏体组织的操作。

05.091 保温时间 holding time, soaking time
工件在恒定温度下保持的时间。

05.092 保温 holding, soaking
工件在规定温度下,恒温保持一定时间的操作。

05.093 热处理工艺周期 thermal cycle
工件或加热炉在热处理时温度随时间的变化过程。

05.094 退火 annealing
将金属或合金加热到适当温度,保持一定时间,然后缓慢冷却的热处理工艺。

05.095 等温退火 isothermal annealing
钢件或毛坯加热到高于 Ac_3(或 Ac_1)温度,保持适当时间后,较快地冷却到珠光体温度区间的某一温度并等温保持使奥氏体转变为珠光体型组织,然后在空气中冷却的退火工艺。

05.096 球化退火 spheroidizing annealing
使钢中碳化物球状化而进行的退火工艺。

05.097 消除白点退火 hydrogen-relief annealing

又称"去氢退火"。为了防止钢在热形变加工后,从高温冷却下来时,由于溶解在钢中的氢析出而导致形成内部发裂——白点,在热形变加工完结后直接进行的退火。

05.098 完全退火 full annealing
将铁碳合金完全奥氏体化,随之缓慢冷却,获得接近平衡状态组织的退火工艺。

05.099 不完全退火 partial annealing
将铁碳合金加热到 $Ac_1 \sim Ac_3$ 之间温度,达到不完全奥氏体化,随之缓慢冷却的退火工艺。

05.100 均匀化退火 homogenizing, diffusion annealing
又称"扩散退火"。为了减少金属铸锭、铸件或锻坯化学成分的偏析和组织的不均匀性,将其加热到高温,长时间保持,然后进行缓慢冷却,以达到化学成分和组织均匀化为目的的退火工艺。

05.101 中间退火 process annealing
为了消除形变强化、改善塑性,便于施行下道工序而采用的工序间的退火。

05.102 去应力退火 stress relief annealing
为了去除由于塑性形变加工、焊接等造成的以及铸件内存在的残余应力而进行的退火。

05.103 再结晶退火 recrystallization annealing
经冷形变后的金属加热到再结晶温度以

上,保持适当时间,使形变晶粒重新结晶为均匀的等轴晶粒,以消除形变强化和残余应力的退火工艺。

05.104 稳定化退火 stabilizing annealing
使微细的显微组成物沉淀或球化的退火工艺。

05.105 真空退火 vacuum annealing
在低于一个大气压的环境中进行退火的工艺。

05.106 光亮退火 bright annealing
金属材料或工件在保护气氛或真空中进行退火,以防止氧化,保持表面光亮的退火工艺。

05.107 装箱退火 pack annealing
将工件装在有保护介质的密封容器中进行的退火,以使表面氧化程度最低。

05.108 可锻化退火 malleablizing
又称"黑心可锻化退火"。将一定成分的白口铸铁中的碳化物分解成团絮状石墨的退火工艺。

05.109 细化晶粒热处理 structural grain refining
目的在于减小铁基合金晶粒尺寸或改善晶粒组织均匀性的热处理。

05.110 正火 normalizing
将钢材或钢件加热到 Ac_3(或 Ac_{cm})以上 $30 \sim 50℃$,保温适当的时间,在静止的空气中冷却的热处理工艺。把钢件加热到 Ac_3 以上 $100 \sim 150℃$ 的正火则称为高温正火。

05.111 淬火 quench hardening, quenching
将钢件加热到 Ac_3 或 Ac_1 点以上某一温度,保持一定时间,然后以适当速度冷却获得马氏体和(或)贝氏体组织的热处理工艺。

05.112 局部淬火 localized quench harden-ing
仅对零件需要硬化的局部进行加热淬火冷却的淬火工艺。

05.113 表面淬火 surface hardening
仅对工件表层进行淬火的工艺。一般包括感应淬火、火焰淬火等。

05.114 光亮淬火 bright quenching
(1)工件在可控气氛或真空中加热、淬火冷却,得到光亮金属表面的淬火工艺。(2)工件在盐浴中加热,碱浴中淬火冷却,能得到光亮金属表面的淬火工艺。

05.115 淬硬[有效]深度 effective depth of hardening
从淬硬的工件表面至规定硬度值处的垂直距离。

05.116 淬硬层 quench-hardened case
钢件从奥氏体状态急冷的硬化层。一般以淬硬有效深度来定义。

05.117 淬透性 hardenability
在规定条件下,决定钢材淬硬深度和硬度分布的特性。

05.118 淬硬性 hardening capacity
又称"硬化能力"。以钢在理想条件下淬火所能达到的最高硬度来表征的材料特性。

05.119 欠速淬火 slack quenching
钢材或钢件加热奥氏体化,随之以低于马氏体临界冷却速度淬火冷却,形成除马氏体外,还有一种或多种奥氏体转变产物。

05.120 透淬 through-hardening
又称"透热淬火"。淬硬工件横截面上的硬度无显著差别的淬火。

05.121 亚温淬火 intercritical hardening
又称"临界区淬火"。亚共析钢从 $Ac_1 \sim Ac_3$ 温度区间进行淬火冷却,获得马氏体和铁素体混合组织的淬火工艺。

05.122 双介质淬火 interrupted quenching
又称"双液淬火"。工件加热奥氏体化后，先浸入冷却能力强的介质,在组织将发生马氏体转变时,立即转入冷却能力弱的介质中冷却。

05.123 [马氏体]分级淬火 martempering
钢材奥氏体化,随之浸入温度稍高或稍低于钢的上马氏点的液态介质(盐浴或碱浴)中,保持适当时间,待钢件的内、外层都达到介质温度后取出空冷,以获得马氏体组织的淬火工艺。

05.124 [贝氏体]等温淬火 austempering
钢材或钢件加热奥氏体化,随之快冷到贝氏体转变温度区间(260～400℃)等温保持,使奥氏体转变成贝氏体的淬火工艺。

05.125 空冷淬火 air hardening
将合金加热到相变点以上某一温度,保温适当时间,随之在空气中冷却。

05.126 水冷淬火 water hardening
将合金加热到相变点以上某一温度,保温适当时间,随之在水中急冷。

05.127 油冷淬火 oil hardening
将合金加热到相变点以上某一温度,保温适当时间,随之在油中急冷。

05.128 盐水淬火 brine hardening
钢材或钢件加热奥氏体化后,浸入盐水中快冷。

05.129 喷液淬火 spray hardening
钢材或钢件奥氏体化后,在喷射的液体流中淬火冷却的方法。

05.130 喷雾淬火 fog hardening
钢材或钢件奥氏体化后,在水和空气混合喷射的雾[气溶胶]中冷却。

05.131 模压淬火 press hardening
钢件加热奥氏体化后,置于特定夹具中夹紧随之淬火冷却的方法。

05.132 风冷淬火 forced-air hardening
钢材或钢件奥氏体化后,用压缩空气进行冷却。

05.133 铅浴淬火 lead bath hardening
钢材或钢件在加热奥氏体化后,在熔融铅浴中冷却。

05.134 盐浴淬火 salt bath hardening
钢材或钢件加热奥氏体化后,浸入熔盐浴中快冷。

05.135 自冷淬火 self-quench hardening
工件局部加热后经奥氏体化部分的热量被迅速传至未加热部分的体积中而淬火冷却的淬火工艺。

05.136 冲击淬火 impulse hardening
又称"脉冲加热淬火"。输入高能量以极大的加热速度使钢件表层加热至奥氏体状态,随之热量在极短时间内被钢件未加热部分吸收而淬火冷却的工艺。

05.137 冷处理 cryogenic treatment, subzero treatment
钢件淬火冷却到室温后,继续在0℃以下的介质中冷却的热处理工艺。冷却到液氮温度(-196℃)的冷处理称为深冷处理。

05.138 端淬试验 end-quenching test
标准尺寸的端淬试样(Φ25mm×100mm)奥氏体化后,在专用设备上对其一端面喷水冷却,后沿轴线方向的测出硬度-距水冷端距离的关系曲线的试验方法,是测定钢的淬透性的方法之一。

05.139 淬透性曲线 hardenability curve
用钢试样进行端淬试验测得的硬度-距水冷端距离的关系曲线。

05.140 淬透性带 hardenability band
又称"H带"。同一牌号的钢因化学成分或

晶粒度的波动引起的淬透性曲线的波动范围。

05.141 索氏体化处理 patenting
又称"派登脱处理"。高强度钢丝或钢带制造中的特殊热处理方法。其工艺过程是将中碳钢或高碳钢奥氏体化后,先在 Ar_1 点以下适当温度(一般为500℃左右)的热浴中等温或空气中冷却以获得索氏体(或主要是索氏体)组织。

05.142 回火 tempering
钢件淬硬后,再加热到 Ac_1 点以下的某一温度,保温一定时间,然后冷却到室温的热处理工艺。

05.143 自发回火 auto-tempering
又称"自发回火效应"。在形成马氏体的快冷进程中因 Ms 点高而自发地发生回火的现象。

05.144 自热回火 self-tempering
又称"自回火"。利用局部或表层被淬硬的工件内部的余热使淬硬部分回火的工艺。

05.145 低温回火 low-temperature tempering
淬火钢件在250℃以下回火。

05.146 中温回火 medium-temperature tempering
淬火钢件在250~500℃之间的回火。

05.147 高温回火 high-temperature tempering
淬火钢件在高于500℃条件下的回火。

05.148 多次回火 multiple tempering
对淬火钢件在同一温度进行二次或多次的完全重复的回火。

05.149 真空回火 vacuum tempering
钢件在预先抽到低于一个大气压的炉中进行的充惰性气体回火。

05.150 加压回火 press tempering
淬硬件进行回火的同时施加压力以校正淬火冷却畸变。

05.151 耐回火性 temper resistance
又称"抗回火性"。淬火钢件在回火时,抵抗软化的能力。

05.152 二次硬化 secondary hardening
铁碳合金在一次或多次回火后提高了硬度的现象。

05.153 回火色 temper color
回火时在钢件表面所形成的氧化膜的颜色。

05.154 调质 quenching and tempering
钢件淬火及高温回火的复合热处理工艺。

05.155 沉淀硬化 precipitation hardening
又称"析出硬化","析出强化"。在金属的过饱和固溶体中形成溶质原子偏聚区和(或)由之脱溶出微粒,弥散分布于基体中而导致硬化。

05.156 固溶热处理 solution heat treatment
将合金加热至高温单相区恒温保持,使过剩相充分溶解到固溶体中后快速冷却,以得到过饱和固溶体的工艺。

05.157 时效 ageing
合金经固溶热处理或冷塑性形变后,在室温放置或稍高于室温保温时,其性能随时间而变化的现象。

05.158 时效处理 ageing treatment
合金工件经固溶热处理后在室温或稍高于室温保温,以达到沉淀硬化目的。

05.159 自然时效处理 natural ageing treatment
合金工件经固溶热处理后在室温进行的时效处理。

05.160 人工时效处理 artificial ageing treatment

合金工件经固溶热处理后在室温以上的温度进行的时效处理。

05.161 形变时效 strain ageing

金属在塑性变形后出现的时效现象。

05.162 分级时效处理 interrupted ageing treatment

合金工件经固溶热处理后进行二次或多次增高温度加热,每次加热后都冷到室温的人工时效处理。

05.163 过时效热处理 over ageing treatment

合金工件经固溶热处理后用比能获得最佳力学性能高得多的温度或长得多的时间进行的时效处理。

05.164 马氏体时效处理 maraging

含碳极低的铁基合金马氏体的脱溶硬化处理。

05.165 水韧处理 water toughening

为了改善某些奥氏体钢的组织以提高韧性,将钢件加热到高温使过剩相溶解,然后水冷的热处理工艺。

05.166 回归 reversion

经固溶热处理的合金时效硬化后,在稍高于时效(低于固溶热处理)温度,进行短时间加热而引起的性能复原的现象。

05.167 稳定化处理 stabilizing treatment

稳定组织,消除残余应力,以使工件形状和尺寸保持在规定范围内的任何一种热处理工艺。

05.168 形变热处理 thermomechanical treatment

又称"热机械处理"。将塑性变形和热处理有机结合,以提高材料力学性能的复合工

艺。

05.169 磁场热处理 magnetic heat treatment

在磁场中进行热处理的工艺。

05.170 预备热处理 conditioning heat treatment

为达到工件最终热处理的要求而取得需要的预备组织所进行的预先热处理。

05.171 真空热处理 vacuum heat treatment

在低于一个大气压的环境中进行加热的热处理工艺。

05.172 可控气氛热处理 controlled atmosphere heat treatment

又称"控制气氛热处理"。在防止工件表面发生化学反应的可控气氛或单一惰性气体的炉内进行的热处理。

05.173 等离子[轰击]热处理 plasma heat treatment

又称"辉光放电热处理"。在低于一个大气压的特定气氛中利用工件(阴极)和阳极之间产生的辉光放电进行热处理的工艺。

05.174 光亮热处理 bright heat treatment

工件在加热过程中基本不氧化,使表面保持光亮的热处理工艺。

05.175 相变应力 transformation stress

又称"组织应力"。热处理过程中由于工件各部位相转变的不同时性所引起的应力。

05.176 淬火冷却畸变 quenching distortion

又称"淬火变形"。工件的原始尺寸或形状在淬火冷却时发生人们所不希望的变化。

05.177 σ 相脆性 σ-embrittlement

高铬合金钢因析出 σ 相而引起的脆化现象。

05.178 回火脆性 temper brittleness

淬火钢在某些温度区间回火或从回火温度缓慢冷却通过该温度区间的脆化现象,回火脆性可分为第一类回火脆性和第二类回火脆性。

05.179　第一类回火脆性　type Ⅰ temper brittleness

又称"不可逆回火脆性","低温回火脆性"。钢淬火后在300℃左右回火时所产生的回火脆性。

05.180　第二类回火脆性　type Ⅱ temper brittleness

又称"可逆回火脆性","高温回火脆性"。含有铬、锰、钨、镍等元素的合金钢淬火后,在脆化温度(400～550℃)区回火,或经更高温度回火后缓慢冷却通过脆化温度区所产生的脆性。

05.181　脱碳　decarburization

加热时由于气体介质和钢铁表层中碳的作用,使表层含碳量降低的现象。

05.182　软点　soft spots

钢材或钢件淬火硬化后,表面硬度偏低的局部小区域。

05.03　表面热处理

05.183　表面热处理　surface heat treatment

仅对工件表层进行热处理以改变其组织和性能的工艺。

05.184　感应加热淬火　induction hardening

又称"感应淬火"。利用感应电流通过工件所产生的热效应,使工件表面、局部或整体加热并进行快速冷却的淬火工艺。

05.185　火焰淬火　flame hardening

应用氧 - 乙炔(或其他可燃气)火焰对零件表面进行加热,随之淬火冷却的工艺。

05.186　激光淬火　laser hardening

以高密度能量激光作为能源,迅速加热工件并使其自冷硬化的淬火工艺。

05.187　电子束淬火　electron beam hardening

以电子束作为热源,以极快速度加热工件并自冷硬化的淬火工艺。

05.188　接触电阻加热淬火　contact resistant hardening

又称"电接触淬火"。借助与工件接触的电极(高导电材料的滚轮)通电后,因接触电阻而加热工件表面随之快速冷却的淬火工艺。

05.189　电解[液]淬火　electrolytic hardening

将工件欲淬硬的部位浸入电解液中,零件接阴极,电解液槽接阳极,通电后由于阴极效应而将工件表面加热,到一定温度后断电,工件表面随后被电解液冷却硬化的淬火工艺。

05.04　化学热处理

05.190　化学热处理　thermo-chemical treatment

将金属或合金工件置于一定温度的活性介质中保温,使一种或几种元素渗入它的表层,以改变其化学成分、组织和性能的热处理工艺。

05.191　渗碳　carburizing

为增加钢件表层的含碳量和形成一定的碳

浓度梯度,将钢件在渗碳介质中加热并保温使碳原子渗入表层的化学热处理工艺。

05.192 固体渗碳 pack carburizing
将工件放在填充粒状渗碳剂的密封箱中进行渗碳的工艺。

05.193 膏剂渗碳 paste carburizing
工件表面以膏状渗碳剂涂覆进行渗碳的工艺。

05.194 盐浴渗碳 salt bath carburizing
又称"液体渗碳"。在熔融盐浴渗碳剂中进行渗碳的工艺。

05.195 气体渗碳 gas carburizing
工件在气体渗碳剂中进行渗碳的工艺。

05.196 滴注式渗碳 drip feed carburizing
又称"滴液式渗碳"。将苯、醇、煤油等液体渗碳剂直接滴入炉内裂解,进行气体渗碳的工艺。

05.197 真空渗碳 vacuum carburizing
在低于一个大气压的条件下进行气体渗碳的工艺。

05.198 流态床渗碳 fluidized bed carburizing
在悬浮于气流中形成流态化的固体颗粒渗碳介质中进行渗碳的工艺。

05.199 电解渗碳 electrolytic carburizing
在被处理件(阴极)和熔盐浴中的石墨(阳极)之间通以电流进行渗碳的工艺。

05.200 离子渗碳 ion carburizing, glow-discharge carburizing
又称"辉光放电渗碳"。在低于一个大气压的渗碳气氛中,利用工件(阴极)和阳极之间产生的辉光放电进行渗碳的工艺。

05.201 高温渗碳 high-temperature carburizing
在950℃以上进行渗碳的工艺。

05.202 局部渗碳 localized carburizing
仅对工件表面某一部分或某些区域进行渗碳的工艺。

05.203 复碳 carbon restoration
由于热处理或其他工序引起钢件表面脱碳后,为恢复初始碳含量而进行的渗碳处理。

05.204 碳势 carbon potential
又称"碳位"。表征含碳气氛在一定温度下改变钢件表面含碳量的能力的参数。通常可用低碳钢箔在含碳气氛中的平衡含碳量来表示。

05.205 渗碳层 carburized case
渗碳件中含碳量高于原材料的表层。

05.206 直接淬火冷却 direct hardening
渗碳后的工件从渗碳温度降至淬火冷却起始温度后直接进行淬火冷却。

05.207 空白渗碳 blank carburizing
又称"伪渗碳"。为了预测钢件在渗碳后心部可能达到的力学性能及组织特征,将试样以与渗碳淬火件完全相同的热处理周期,在既不渗碳也不脱碳的中性介质中进行的处理。

05.208 渗氮 nitriding
又称"氮化"。在一定温度下(一般在 Ac_1 温度下)使活性氮原子渗入工件表面的化学热处理工艺。

05.209 液体渗氮 liquid nitriding
在熔盐渗氮剂中进行渗氮的工艺。

05.210 气体渗氮 gas nitriding
在气体介质中进行渗氮的工艺。

05.211 离子渗氮 plasma nitriding, ion nitriding, glow-discharge nitriding
又称"离子氮化"。在低于一个大气压的渗

氮气氛中,利用工件(阴极)和阳极之间产生的辉光放电进行渗氮的工艺。

05.212 一段渗氮 single-stage nitriding
在一个温度下进行渗氮的工艺。

05.213 多段渗氮 multiple-stage nitriding
又称"多段氮化"。将渗氮过程分在两个或三个温度阶段保温渗氮的工艺。

05.214 退氮 denitriding
又称"脱氮"。从渗氮件表层去除过剩氮的化学热处理工艺。

05.215 [渗氮]白亮层 nitride layer, white layer
又称"化合物层"。渗氮工件表层以 ε - $Fe_{(2-3)}N$ 为主的白亮层。

05.216 氮势 nitrogen potential
表征含氮介质在给定温度对工件渗氮或退氮到某一给定表面氮含量的能力的参数。

05.217 渗硼 boriding
将硼元素渗入工件表层的化学热处理工艺。

05.218 固体渗硼 pack boriding
用粉末或颗粒介质进行渗硼的化学热处理工艺。

05.219 液体渗硼 liquid boriding
用熔融的含硼介质进行渗硼的化学热处理工艺。

05.220 气体渗硼 gas boriding
用气体介质进行渗硼的化学热处理工艺。

05.221 电解渗硼 electrolytic boriding
用电解法在熔融含硼介质中进行渗硼的化学热处理工艺。

05.222 离子渗硼 ion boriding
又称"辉光放电渗硼"。在低于一个大气压的渗硼气体中,利用辉光放电原理进行渗硼的工艺。

05.223 硼化物层 boride layer
渗硼过程中,在工件表面形成的化合物层。

05.224 渗硅 siliconizing
将硅元素渗入工件表层的化学热处理工艺。

05.225 固体渗硅 pack siliconizing
用粉末介质进行渗硅的化学热处理工艺。

05.226 气体渗硅 gas siliconizing
用气体介质进行渗硅的化学热处理工艺。

05.227 渗硫 sulphurizing
硫渗入工件表层的化学热处理工艺。

05.228 渗金属 diffusion metallizing
钢及合金工件加热到适当的温度,使金属元素(铝、铬、钒等)扩散渗入表层的化学热处理工艺。

05.229 渗铝 aluminizing
将铝渗入工件表层的化学热处理工艺。

05.230 渗铬 chromizing
将铬渗入工件表层的化学热处理工艺。

05.231 渗锌 sherardizing
将锌渗入工件表层的化学热处理工艺。

05.232 渗钛 titanizing
将钛渗入工件表层的化学热处理工艺。

05.233 渗钒 vanadizing
将钒渗入工件表层的化学热处理工艺。

05.234 渗钨 tungstenizing
将钨渗入工件表层的化学热处理工艺。

05.235 渗锰 manganizing
将锰渗入工件表层的化学热处理工艺。

05.236 渗锑 antimonizing
将锑渗入工件表层的化学热处理工艺。

05.237 渗铍 berylliumizing
将铍渗入工件表层的化学热处理工艺。

05.238 渗镍 nickelizing
将镍渗入工件表层的化学热处理工艺。

05.239 多元共渗 multicomponent thermo-chemical treatment
将两种以上元素渗入工件表面的化学热处理工艺。

05.240 碳氮共渗 carbonitriding
在一定温度下同时将碳、氮渗入工件表层奥氏体中并以渗碳为主的化学热处理工艺。

05.241 气体碳氮共渗 gas carbonitriding
在气体介质中将碳和氮同时渗入工件表层并以渗碳为主的化学热处理工艺。

05.242 液体碳氮共渗 cyaniding
又称"氰化"。在一定温度下的含氰化物盐浴中，使碳、氮原子同时渗入工件表层，并以渗碳为主的化学热处理工艺。

05.243 离子碳氮共渗 ion carbonitriding
在低于一个大气压的含碳、氮气体中，利用工件(阴极)和阳极之间产生的辉光放电同时渗入碳和氮，并以渗碳为主的化学热处理工艺。

05.244 氮碳共渗 nitrocarburizing
又称"低温碳氮共渗"。工件表层渗入氮和碳，并以渗氮为主的化学热处理工艺。

05.245 液体氮碳共渗 salt bath nitrocarburizing
又称"软氮化"。在盐浴中同时渗入氮和碳，并以渗氮为主的化学热处理工艺。

05.246 气体氮碳共渗 gas nitrocarburizing
用气体介质对工件同时渗入氮和碳，并以渗氮为主的化学热处理工艺。

05.247 硫氮共渗 sulphonitriding
工件表层同时渗入硫和氮的化学热处理工艺。

05.248 硫氮碳共渗 sulphonitrocarburizing
又称"硫氧共渗"。工件在含有氰盐和硫化物的介质中同时渗入硫、碳和氮的化学热处理工艺。

05.249 氧氮共渗 oxynitriding
又称"氧氮化"。同时渗入氧和氮的化学热处理工艺。

05.250 氧氮碳共渗 oxynitrocarburizing
添加氧到渗层中的氮碳共渗工艺。

05.251 铬硼共渗 chromboridizing
将铬与硼渗入工件表层的化学热处理工艺。

05.252 铬铝共渗 chromaluminizing
将铬与铝渗入工件表层的化学热处理工艺。

05.253 铬硅共渗 chromsiliconizing
将铬和硅渗入工件表层的化学热处理工艺。

05.254 铬铝硅共渗 chromaluminosiliconizing
将铬、铝和硅渗入钢铁或合金表层，形成共渗层的化学热处理工艺。

05.255 铬钒共渗 chromvanadizing
将铬和钒渗入工件表层的化学热处理工艺。

05.256 铝硼共渗 aluminoboriding
将铝和硼渗入工件表层的化学热处理工艺。

05.257 钒硼共渗 vanadoboriding
将钒和硼渗入工件表层的化学热处理工艺。

05.258 发蓝处理 bluing

又称"发黑"。将钢材或钢件在空气-水蒸气或化学药物中加热到适当温度使其表面形成一层蓝色或黑色氧化膜的工艺。

05.259 蒸汽处理 steam treatment

钢件在 500~560℃ 的过热蒸汽中加热,保持一定时间使表面形成一层致密的氧化膜的工艺。

05.260 磷化 phosphatizing

又称"磷酸盐处理"。把工件浸入磷酸盐溶液中,使工件表面获得一层不溶于水的磷酸盐薄膜的工艺。

05.261 渗碳剂 carburizer

在给定温度下能产生活性碳原子使钢件渗碳的介质。

05.262 固体渗碳剂 pack carburizer

由供碳剂及催渗剂等物质组成,在渗碳过程中能产生活性碳原子的固体介质。

05.263 膏体渗碳剂 carburizing paste

又称"膏状渗碳剂"。由供碳剂、催渗剂及黏结剂组成,在渗碳过程中能产生活性碳原子的膏体介质。

05.264 盐浴渗碳剂 salt bath carburizer

又称"液体渗碳剂"。由含有能产生活性碳原子组分组成的渗碳混合盐。

05.265 气体渗碳剂 gas carburizer

含有富碳组分,具有渗碳功能的气体渗碳介质。

05.266 滴注渗碳剂 drip feed carburizer

直接滴入高温炉中,能裂解产生渗碳气氛的有机化合物。

05.267 渗氮剂 nitriding medium

在给定条件下,能产生活性氮原子使钢件渗氮的介质。

05.268 固体渗氮剂 pack nitriding medium

以含氮固体物质为主要组分,在渗氮过程中能产生活性氮原子的固体介质。

05.269 盐浴渗氮剂 salt bath nitriding medium

又称"液体渗氮剂"。由含有能产生活性氮原子组分组成的渗氮混合盐。

05.270 气体渗氮剂 gas nitriding medium

能产生活性氮原子的渗氮气体。

05.271 碳氮共渗剂 carbonitriding medium

含有富碳、氮组分,能在碳氮共渗温度下产生活性碳、氮原子的介质。

05.272 盐浴碳氮共渗剂 carbonitriding salt medium

又称"液体碳氮共渗剂"。在碳氮共渗温度下,含有能产生活性碳、氮原子组分的混合盐。

05.273 气体碳氮共渗剂 gas carbonitriding medium

在碳氮共渗温度下,组分中含有能产生活性碳、氮原子的气体介质。

05.274 氮碳共渗剂 nitrocarburizing medium

含有富氮、碳组分,能在氮碳共渗温度下产生活性氮碳原子的介质。

05.275 盐浴氮碳共渗剂 salt bath nitrocarburizing medium

又称"液体氮碳共渗剂"。在氮碳共渗温度下,含有能产生活性氮、碳原子组分的氮碳共渗混合盐。

05.276 气体氮碳共渗剂 gas nitrocarburizing medium

在氮碳共渗温度下,组分中含有能产生活性氮、碳原子的气体介质。

05.277 硫氮碳共渗盐 sulphonitrocarburiz-

ing salt

能在给定温度下提供活性硫、氮、碳原子的共渗盐。

05.278　气体硫氮碳共渗剂　sulphonitrocar-
　　　　burizing gas

在给定温度下,含有能产生活性硫、氮、碳原子组分的混合气氛。

05.279　渗硼剂　boriding medium

在给定温度下能产生活性硼原子的渗硼介质。

05.280　固体渗硼剂　pack boronizing medi-
　　　　um

由供硼剂、催渗剂及填充剂组成,在渗硼过程中能产生活性硼原子的固体(粉末状及粒状)介质。

05.281　膏体渗硼剂　boronizing paste

又称"膏状渗硼剂"。由供硼剂、催渗剂及黏结剂等组成,在渗硼过程中能产生活性硼原子的膏体介质。

05.282　熔盐渗硼剂　bath boronizing medi-
　　　　um

又称"液体渗硼剂"。由供硼剂、中性盐及催渗剂或以硼砂为基,添加其他成分所组成的渗硼混合盐。

05.283　渗铝剂　aluminizing medium

在给定温度下,渗铝过程中能产生活性铝原子的介质。

05.284　固体渗铝剂　pack aluminizing medi-
　　　　um

在渗铝过程中,由供铝剂、催渗剂及填充剂所组成,能产生活性铝原子的固体介质。

05.285　气体渗铝剂　gas aluminizing medi-
　　　　um

在渗铝过程中,由气体及其他组分组成,能产生活性铝原子的气体介质。

05.286　固体渗铬剂　pack chromizing medi-
　　　　um

在渗铬过程中,由供铬剂、催渗剂与填充剂所组成,能产生活性铬原子的固体(粉末状及粒状)介质。

05.287　气体渗铬剂　gas chromizing medium

在渗铬过程中,由气体及其他组分组成,能产生活性铬原子的气体介质。

05.288　渗硅剂　siliconizing medium

由供硅剂、催渗剂与填充剂(或载气)所组成,并能在加热时产生活性硅原子的介质。

05.289　固体渗锌剂　sherardizing medium

由能产生活性锌原子的锌粉或添加催渗剂与填充剂所组成的介质。

05.290　硼砂盐浴渗金属剂　borax bath met-
　　　　allizing medium

以硼砂为主要成分,分别加入含铬、钒、铌、钛等金属粉末及其化合物与还原剂所组成的混合盐。

05.291　多元共渗剂　multicomponent diffu-
　　　　sion medium

对钢件进行两种以上元素共渗时所用的介质。

05.292　铬铝共渗剂　chromaluminizing me-
　　　　dium

由含铬、铝的物质组成,在加热时能产生活性铬、铝原子的介质。

05.293　硼铝共渗剂　boroaluminizing medi-
　　　　um

由含硼和铝的物质所组成,并能在加热时产生活性硼、铝原子的介质。

05.294　铬铝硅共渗剂　chromaluminosili-
　　　　conizing medium

由含铬、铝、硅的物质所组成,并能在加热时产生活性铬、铝、硅原子的介质。

05.295 可控气氛 controlled atmosphere
成分可控制在预定范围内的混合气。

05.296 渗碳气氛 carburizing atmosphere
在给定温度下使钢件表面增加碳浓度的工作气氛。

05.297 渗氮气氛 nitriding atmosphere
在给定温度下，能使钢件表面进行渗氮的工作气氛。

05.298 淬火介质 quenching medium, quenchant
又称"淬火冷却介质"，"淬火剂"。工件进行淬火冷却所使用的介质。

05.299 合成淬火剂 polymer solution quenchant
由有机高分子聚合物水溶液加少量防腐剂、防锈剂及消泡剂而制成的淬火介质。

05.300 [贝氏体]等温淬火介质 austempering medium
贝氏体等温淬火处理时用的淬火介质。

05.301 马氏体分级淬火介质 martempering medium
马氏体分级淬火处理时用的淬火介质。

05.302 普通淬火油 conventional quenching oil
冷却能力低于水，常用于合金钢淬火的矿物油。

05.303 快速淬火油 fast quenching oil
加有添加剂的淬火油，冷却速度比普通淬火油快。

05.304 马氏体分级淬火油 martempering quenching oil
马氏体分级淬火处理时用的淬火油。

05.305 真空淬火油 vacuum quenching oil
真空热处理使用的饱和蒸汽压极低的特种矿物油。

05.306 光亮淬火油 bright quenching oil
加有光亮剂及抗氧化剂的淬火油。

05.307 回火油 tempering oil
加有抗氧化剂并具有高闪点的矿物油。

05.308 淬火碱浴 alkali bath
由氢氧化钾、氢氧化钠和少量水分按一定比例组成的用于淬火冷却的一种碱浴。

05.05 热处理设备

05.309 热处理设备 heat treatment installation
用于实现炉料各项热处理工艺的加热、冷却或各种辅助作业的设备。

05.310 热处理炉 heat treatment furnace
供炉料热处理加热用的电炉或燃料炉。

05.311 间歇式炉 batch furnace
又称"非连续式炉"。周期性装卸炉料的炉子。

05.312 井式炉 pit-type furnace
炉膛呈井式、炉料从炉子顶部装卸的间歇式炉。

05.313 台车式炉 bogie hearth furnace, car bottom furnace
炉底做成活动台车，在台车拉出炉外后装卸炉料的间歇式炉。

05.314 底开式炉 drop bottom furnace
炉口向下，炉门侧向开闭，炉料在炉内悬挂加热的间歇式炉。通常炉口下方装有淬火槽，以便炉料迅速下降淬火。

05.315 罩式炉 bell-type furnace
炉座固定,加热炉罩可移动或加热炉罩固定,炉座可升降的间歇式炉。

05.316 转筒式炉 rotary retort furnace
具有耐热钢炉罐,加热时炉罐绕中心轴线旋转,加热后炉体倾斜倒出炉料的间歇式炉。

05.317 连续式炉 continuous furnace
加热过程中,炉料在炉内连续地或步进地输送的炉子。

05.318 链条输送式炉 chain conveyer furnace
炉料由链条输送装置输送的连续式炉。

05.319 辊底式炉 roller hearth furnace
炉料由辊子输送的连续式炉。

05.320 车底式炉 bogie furnace
炉底由多个小车组成,炉料放置在小车上输送前进的连续式炉。

05.321 步进式炉 walking beam furnace
炉料由机械装置沿炉床交替抬升和放落,从而逐步向前输送的连续式炉。

05.322 滚筒式炉 rotary retort furnace with internal screw
又称"鼓形炉"。具有带内螺旋的炉罐,炉料随炉罐旋转输送的连续式炉。

05.323 传送带式炉 conveyer furnace
炉料由传送带输送装置输送的连续式炉。

05.324 牵引式炉 drawing furnace
炉料由卷绕系统牵引通过炉膛的卧式连续式炉,主要用于处理线材或带材。

05.325 重力输送式炉 gravity feed furnace
炉料靠自身重力运动前进的连续式炉。

05.326 隧道式炉 tunnel furnace
炉膛呈隧道型的卧式连续式炉。

05.327 可控气氛炉 controlled atmosphere furnace
炉料在控制气氛中进行加热的炉子。

05.328 箱式淬火炉 sealed box type quenching furnace
具有箱形加热室、前室和淬火油槽,炉料在炉内完成淬火工艺的热处理炉。

05.329 浴炉 bath furnace
炉料浸没在处于工作温度下的液体加热介质中进行加热的炉子。

05.330 流态床炉 fluidized bed furnace
炉膛中具有处于流动状态的粒子的炉子。热或冷的气体(可能是反应气体)通过炉膛,由于粒子的运动而使传热得到加速。

05.331 红外炉 infra-red furnace
由红外辐射元件作为热源的炉子。

05.332 真空离子渗碳炉 ion carburizing vacuum furnace
在真空容器中,利用辉光放电使渗碳气体电离,所产生的碳离子在电场作用下轰击炉料表面进行渗碳的热处理炉。

05.333 真空离子渗氮炉 ion nitriding [vacuum] furnace
又称"离子氮化炉"。在真空容器内,炉料接阴极,容器接阳极,渗氮气体在电场作用下电离,并轰击炉料表面,进行渗氮的热处理炉。

05.334 油淬真空电阻炉 oil-quenching vacuum resistance furnace
真空炉壳内装有淬火油槽,炉料加热后由转移机构浸入油中淬火的真空电阻炉。

05.335 气淬真空电阻炉 gas-quenching vacuum resistance furnace
加热后炉内充入惰性气体,使炉料进行强迫冷却淬火的真空电阻炉。

05.336　内热式浴炉　internally heated bath furnace

电极或加热元件位于浴槽内的浴炉。

05.337　电极盐浴炉　salt bath electrode furnace

盐浴中具有两根或多根电极的内热式盐浴炉。电流流过电极间的盐浴,在盐浴中产生热能。

05.338　淬火变压器　induction hardening transformer

把电源设备的输出电压降低到淬火感应器所需电压的可调变压器。

05.339　感应加热淬火机床　induction hardening machine

卡装炉料并能根据工艺要求,使淬火用感应器(或炉料)移动或(和)转动的机械装置。

05.340　感应加热淬火装置　induction hardening equipment

供炉料淬火用的感应加热装置。

05.341　感应透热装置　induction through-heating equipment

供炉料透热用的感应加热装置。

05.342　电子束热处理装置　electron beam heat treatment equipment

利用电子束的能量对炉料进行热处理的电热装置。

05.343　激光热处理装置　laser heat treatment equipment

利用激光加热对炉料进行热处理的装置。

05.344　淬火冷却槽　quenching tank

供炉料淬火冷却用的盛装淬冷液的槽形容器。

05.345　淬冷水槽　water quenching tank

盛淬火冷却用水或水溶液的淬火冷却槽。

05.346　淬冷油槽　oil-quenching tank

盛淬火冷却用油的淬火冷却槽。

05.347　双液冷却槽　dual-liquid quenching tank

又称"双液淬火槽"。盛有上下分界的密度不同的两种淬冷液(如油和水)的淬火冷却槽。

05.348　双联冷却槽　duplex quenching tank

将盛有不同淬冷液的淬冷槽连接成整体的淬火冷却槽。

05.349　淬火压床　quenching press

炉料加热到给定温度后在特制夹具中加压淬火以减少畸变的装置。

05.350　成形淬火压力机　forming and quenching press

炉料加热后在压力机上的特制夹具中同时成形并淬火冷却的装置。

06.　表面工程

06.01　一般名词

06.001　表面工程　surface engineering

经表面预处理后,通过表面涂覆、表面改性或表面复合处理,改变固体金属表面或非金属表面的化学成分,组织结构,形态和

(或)应力状态,以获得所需要表面性能的系统工程。

06.002　表面改性　surface modification

改善工件表面层的机械、物理或化学性能的处理方法。

06.003 表面分析 surface analysis
利用分析手段,揭示材料及其制品的表面形貌、成分、结构或状态的技术。

06.004 覆盖层 coating
覆盖于基体表面的具有装饰、防护或特定功能的薄层。

06.005 耐热性 heat resistance
材料和覆盖层抗热的能力。

06.006 防霉性 mildew resistance, fungus resistance
材料和覆盖层防霉菌在其上生长的能力。

06.007 耐老化性 ageing resistance
材料及其制品耐老化作用的能力。

06.008 耐冲击性 impact resistance
材料及其制品抗冲击作用的能力。

06.009 表面预处理 surface pretreatment
又称"表面制备"。表面加工前,对材料及其制品进行的机械、化学或电化学处理,使表面呈净化、粗化或钝化状,以便进行后续表面处理的过程。

06.010 机械预处理 mechanical pretreatment
表面处理前,使用手工工具、动力工具或喷砂、丸等方法进行的表面预处理。

06.011 化学预处理 chemical pretreatment
利用化学方法进行的表面预处理。

06.012 电化学预处理 electrochemical pretreatment
利用电化学方法进行的表面预处理。

06.013 清洗 cleaning
除去金属工件表面污物,例如油脂、机械杂质、锈、氧化皮等的过程。

06.014 酸洗 pickling
用酸液洗去基体表面锈蚀物和轧皮的过程。

06.015 化学清洗 chemical cleaning
用化学试剂清除金属及其制品表面的油污或附着物的过程。

06.016 超声清洗 ultrasonic cleaning
用超声波作用于清洗溶液,以更有效地除去工件表面油污及其他杂质的过程。

06.017 脱脂 degreasing
除去基体表面油污的过程。

06.018 化学脱脂 chemical degreasing
又称"化学除油"。利用化学方法进行的脱脂。

06.019 电化学脱脂 electrochemical degreasing
利用电化学方法进行的脱脂。

06.020 浸泡脱脂 soak degreasing
将工件浸入清洗剂不加外电流进行的脱脂。

06.021 超声脱脂 ultrasonic degreasing
借助于超声振动加速方法进行的脱脂。

06.022 喷淋脱脂 spray degreasing
将脱脂剂喷淋于工件上进行的脱脂。

06.023 有机溶剂脱脂 solvent degreasing
利用有机溶剂进行的脱脂。

06.024 化学除锈 chemical rust removal
利用适当浓度酸或碱溶液等化学方法除去工件表面锈迹的过程。

06.025 喷砂 sand blasting
利用高速砂流的冲击作用清理和粗化基体表面的过程。

06.026 喷丸 shot blasting

利用高速丸流的冲击作用清理和强化基体表面的过程。

06.027 表面调整 surface condition
把表面转化为能在以后的工序中得到成功

处理的适当状态的过程。

06.028 表面活性剂 surface active agent
在添加量很低的情况下,也能显著降低界面张力的物质。

06.02 电镀与化学镀

06.029 电镀 electroplating
利用电解在制件表面形成均匀、致密、结合良好的金属或合金沉积层的过程。

06.030 金属电沉积 metal electrodeposition
借助于电解使溶液中金属离子在电极上还原并形成金属相的过程。包括电镀、电铸、电解精炼等。

06.031 电化学 electrochemistry
研究化学能和电能相互转变及与此过程有关的现象的科学。

06.032 电泳 electrophoresis
液体介质中带电的胶体微粒在外电场作用下相对液体的迁移现象。

06.033 电化学极化 activation polarization
又称"活化极化"。由于电极上电荷转移步骤进行缓慢而引起的极化。

06.034 电解液 electrolytic solution
具有离子导电性的溶液。

06.035 静态电极电位 static electrode potential
又称"静态电极电势"。无外电流通过时,金属电极在电解液中的电极电势。

06.036 极化曲线 polarization curve
描述电极电势与通过电极的电流密度之间关系的曲线。

06.037 阳极 anode
发生氧化反应的电极,即能接受反应物所给出电子的电极。

06.038 阴极 cathode
发生还原反应的电极,即反应物于其上获得电子的电极。

06.039 辅助阳极 auxiliary anode
为了改善被镀制件表面上的电流分布而使用的附加阳极。

06.040 辅助阴极 auxiliary cathode
制件上某些电流过于集中的部位附加某种形状的阴极,以避免毛刺和烧焦等缺陷。

06.041 移动阴极 swap cathode
被镀制件与极杠连在一起作周期性往复运动的阴极。

06.042 极化 polarization
电极上有电流通过时,电极电势偏离其平衡值的现象。

06.043 阴极极化 cathode polarization
当有电流通过时,阴极的电极电势向负的方向偏移的现象。

06.044 阳极极化 anode polarization
当有电流通过时,阳极的电极电势向正的方向偏移的现象。

06.045 去极化 depolarization
在电解质溶液或电极中加入某种去极剂而使电极极化降低的现象。

06.046 电解质 electrolyte
本身具有离子导电性或在一定条件下(例如高温熔融或溶于溶剂形成溶液)能够呈现离子导电性的物质。

06.047 电化当量 electrochemical equivalent

在电极上通过单位电量时,电极反应形成产物之理论重量。

06.048 双极性电极 bipolar electrode

不与外电源连接而置于阴极和阳极之间电解液中的导体,其面对着阳极的一侧起着阴极作用,面对着阴极的另一侧起着阳极作用的一种电极。

06.049 双电层 electric double layer

电极与电解质溶液界面上存在的大小相等符号相反的电荷层。

06.050 沉积速率 deposition rate

单位时间内镀件表面沉积出金属的厚度。通常以 $\mu m/h$ 表示。

06.051 溶解度 solubility

在一定的温度和压力下,在 100g 溶剂中所能溶解溶质最大的克数。

06.052 乳化 emulsification

一种液体以极微小液滴均匀地分散在互不相溶的另一种液体中的作用。

06.053 溶度积 solubility product

在一定温度下难溶电解质饱和溶液中相应的离子之浓度的乘积,其中各离子浓度的幂次与它在该电解质电离方程式中的系数相同。

06.054 浓差极化 concentration polarization

电极上有电流通过时,电极表面附近的反应物或产物浓度变化引起的极化。

06.055 活度 activity

在标准状态下,溶液中组分的热力学浓度,即校正真实溶液与理想溶液性质的偏差。

06.056 阳极泥 anode slime

在电流作用下,阳极溶解过程中产生的不溶性残渣。

06.057 合金电镀 alloy plating

电流作用下,使两种或两种以上金属(也包括非金属元素)共沉积的过程。

06.058 多层电镀 multi-layer plating

在同一基体上先后沉积上几层性质或材料不同的金属层的电镀。

06.059 复合电镀 composite plating

又称"弥散电镀"。用电化学法或化学法使金属离子与均匀悬浮在溶液中的不溶性非金属或其他金属微粒同时沉积而获得复合镀层的过程。

06.060 塑料电镀 plating on plastics

在塑料制件上电沉积金属镀层的过程。

06.061 挂镀 rack plating

利用挂具吊挂制件进行的电镀。

06.062 滚镀 barrel plating

制件在回转容器中进行的电镀。适用于小型零件。

06.063 热浸镀 hot dipping

将金属制件浸入熔融金属中,得到牢固的保护层的过程。

06.064 浸镀 immersion plating

由一种金属从溶液中置换另一种金属的置换反应而在金属表面产生牢固金属沉积层的过程。

06.065 闪镀 flash

通电时间极短产生薄镀层的电镀。

06.066 高速电镀 high speed electrodeposition

采用特殊的措施,在极高的阴极电流密度下进行高速沉积,获得高质量镀层的过程。

06.067 脉冲电镀 pulse plating

使用脉冲电源代替直流电源的电镀。

06.068 周期转向电镀 periodic reverse

plating

电流方向周期性变化的电镀。

06.069 光亮电镀 bright plating
在适当的条件下,从镀槽中直接得到具有光泽镀层的电镀。

06.070 机械镀 mechanical plating
在细金属粉和合适的化学试剂存在的条件下,用坚硬的小圆球撞击金属表面,以使细金属粉覆盖该表面的过程。

06.071 预镀 preplating
在一定组成的溶液中或一定操作条件下沉积出金属薄膜,用以改善随后的镀层与基体结合力的方法。

06.072 电铸 electroforming
通过电解使金属沉积在铸模上制造或复制金属制品(能将铸模和金属沉积物分开)的过程。

06.073 叠加电流电镀 superimposed current electroplating
在直流电流上叠加脉冲电流或交流电流的电镀。

06.074 冲击镀 strike plating
在特定的溶液中以高的电流密度短时间电沉积出金属薄层,以改善随后沉积镀层与基体间结合力的方法。

06.075 阳极电镀 anode coating
比基体金属的电极电势更负的金属镀。

06.076 退镀 platy stripping
退除制件表面镀层的过程。

06.077 光亮剂 brightening agent
加于镀液中可获得光亮镀层的添加剂。

06.078 助滤剂 filter-aid
为防止滤渣堆积过于密实,使过滤顺利进,

而使用的细碎程度不同的不溶性惰性材料。

06.079 整平剂 leveling agent
在电镀过程中能够改善基体表面微观不平整性,以获得平整光滑镀层的添加剂。

06.080 乳化剂 emulsifying agent
能降低互不相溶的液体间的界面张力,使之形成乳浊液的物质。

06.081 缓冲剂 buffer agent
能使溶液 pH 值在一定范围内维持基本恒定的物质。

06.082 螯合剂 chelating agent
能与金属离子结合形成螯合物的物质。

06.083 玻璃电极 glass electrode
利用薄玻璃膜将两种溶液隔离而产生电势差的电极,常用于测量溶液 pH 值。

06.084 刷镀 brush plating
用一个同阳极连接并能提供电镀需要的电解液的专用镀笔,在作为阴极的制件表面上移动进行刷拭的电镀方法。

06.085 化学镀 electroless plating
又称"自催化镀"。在经活化处理的基体表面上,镀液中金属离子液催化还原形成金属镀层的过程。

06.086 哈林槽 Haring cell
用绝缘材料制成的矩形槽,槽中阳极分别对应远近两个阴极,用以估计镀液分散能力及电极极化程度的装置。

06.087 霍尔槽 Hull cell
一定尺寸比例的梯形槽,用它进行电镀试验,可观察不同电流密度下镀层的质量,并研究多种因素对电镀的影响。

06.03 金属转化膜

06.088 转化膜 conversion coating
金属经化学或电化学处理所形成的含有该金属化合物的表面膜层。

06.089 转化处理 conversion treatment
在金属上形成转化膜的过程。

06.090 化学氧化 chemical oxidation
通过化学处理使金属表面形成氧化膜的过程。

06.091 阳极氧化 anodic oxidation
金属制件作为阳极在一定的电解液中进行电解,使其表面形成一层具有某种功能(如防护性,装饰性或其他功能)的氧化膜的过程。

06.092 化学转化膜 chemical conversion coating
金属或其腐蚀产物与被选定的环境中的组分反应而形成的保护性膜层。

06.093 着色 coloring
让有机或无机染料吸附在多孔的阳极氧化膜上使之呈现各种颜色的过程。

06.094 电解着色 electrolytic coloring

06.095 钝化 passivating
在一定溶液中使金属阳极氧化超过一定数值后,金属溶解速率不但不增大,反而剧烈减小,这种使金属表面由活化态转变为钝态的过程。

06.096 化学钝化 chemical passivating
用含有氧化剂的溶液处理金属制件,使其表面形成很薄的钝态保护膜的过程。

06.097 脱膜 stripping
退去制件表面转化膜的过程。

06.098 钝化剂 passivator
为形成钝态所必需的化学试剂。

06.099 着色剂 colorant
能使制件表面着色的有机或无机染料。

06.04 热 喷 涂

06.100 喷涂 spray
用喷或(和)涂的方法把涂料覆盖在制品上的过程。

06.101 热喷涂 thermal spraying
利用热源将金属或非金属材料熔化、半熔化或软化,并以一定速度喷射到基体表面,形成涂层的方法。

06.102 金属喷涂 metal spraying
喷涂材料为金属的热喷涂。

06.103 火焰喷涂 flame spraying
利用可燃气体与助燃气体混合后燃烧的火焰为热源的热喷涂方法。

06.104 电弧喷涂 arc spraying
利用两根形成涂层材料的消耗性电极丝之间产生的电弧为热源,加热熔化消耗性电极丝,并用压缩气体将其雾化和喷射到基体上,形成涂层的热喷涂方法。

06.105 等离子喷涂 plasma spraying
利用非转移型电弧等离子体(等离子弧)为

热源的热喷涂方法。

06.106 高频喷涂 high frequency induction spraying
利用高频磁场在金属丝里产生感应电流为热源使材料熔化,被压缩气体雾化并喷射到基体上,形成涂层的热喷涂方法。

06.107 线爆喷涂 wire explosion spraying
利用电熔放电形成强的冲击电流使金属线材过热熔化并爆炸成微粒,高速喷射到基体表面形成涂层的热喷涂方法。

06.108 高频等离子喷涂 high frequency induction plasma spraying
利用高频等离子体为热源的热喷涂方法。

06.109 爆炸喷涂 detonation flame spraying
利用可燃气体和氧气混合物的爆炸作热源的热喷涂方法。

06.110 超声速火焰喷涂 supersonic flame spraying
燃烧火焰流速度超过声速的粉末火焰喷涂方法。

06.111 喷熔 spray remolten
以气体火焰为热源,将喷涂材料(自熔性合金粉末)通过特殊工艺喷涂在母材上的方法。

06.112 火焰喷熔 flame spray remolten
利用气体燃烧火焰为热源的喷熔方法。

06.113 等离子堆焊 plasma surfacing
又称"粉末等离子弧堆焊"。利用转移型等离子弧为主要热源的堆焊方法。

06.114 重熔 remolten
利用热源对热喷涂涂层加热熔化的工艺过程。

06.115 火焰重熔 flame remolten
采用气体燃烧火焰作热源的重熔方法。

06.116 感应重熔 inducting remolten
采用感应加热使涂层重熔的方法。

06.117 [热喷涂]涂层 thermal spraying coating
简称"喷涂层"。用热喷涂方法在基体表面制备的覆盖层。

06.118 金属涂层 metallic coating
涂层材料为金属的喷涂层。

06.119 陶瓷涂层 ceramic coating
涂层材料为陶瓷的喷涂层。

06.120 塑料涂层 plastic coating
涂层材料为塑料的喷涂层。

06.121 复合涂层 composite coating
由两种或两种以上不同材料所组成的喷涂层。

06.122 金属陶瓷涂层 ceramet coating
由金属和陶瓷所组成的喷涂层。

06.123 热喷涂材料 thermal spraying material
热喷涂工艺所采用的材料。

06.124 自黏结材料 self-bonding material
喷涂时无需黏结底层就能与基体表面产生良好黏结,能产生微区冶金结合特性的喷涂材料。

06.125 [热喷涂]弥散强化材料 diversion strengthened coating material
含有不熔于母体金属或非金属的弥散强化组分所组成的涂层材料。

06.126 自润滑涂层材料 self-lubrication coating material
含有固体润滑组分的涂层材料。

06.127 送粉速度 powder feed rate
喷涂材料为粉末时,单位时间内送入喷枪的粉末的质量。

06.128 雾化 atomization
用高速射流将熔化的金属击碎成微细熔滴的过程。

06.129 等离子气 plasma gas
产生等离子体的气体。

06.130 [热喷涂]保护气体 shielding gas
又称"屏蔽气体"。为减少或防止大气污染所使用的保护气体。

06.131 稳定气体 stabilizing gas
在等离子喷枪中,使电弧产生热收缩效应,稳定等离子射流的气体。

06.132 热喷涂枪 thermal spraying gun
简称"喷枪"。加热热喷涂材料,能喷射熔

化、半熔化或软化微粒的器具。

06.133 送粉器 powder feeder
输送热喷涂粉末的装置。

06.134 线材输送装置 wire feeder device
输送热喷涂线材的装置。

06.135 热喷涂机床 machine tool for thermal spraying
为热喷涂操作提供机械动作的专用机械装置。

06.136 工件冷却器 workpiece cooler
又称"辅助冷却器"。在喷涂过程中,为防止喷涂层和基体过热,使用冷却介质对涂层和基体进行冷却的装置。

06.05 涂 料 涂 装

06.137 涂料 coating products
涂于物体表面能形成具有保护装饰或特殊性能(如绝缘、防腐、标志等)的固态涂膜的一类液体或固体材料之总称。

06.138 涂装 painting
将涂料涂覆于基底表面形成具有防护、装饰或特定功能涂层的过程。

06.139 油漆 paint
以植物油为主要原料的涂料。

06.140 溶剂型涂料 solvent coating
完全以有机物为溶剂的涂料。

06.141 水性涂料 water-borne coating
完全或主要以水为介质的涂料。

06.142 高固分涂料 high solid coating
主要以高固分为介质的涂料。

06.143 粉末涂料 powder coating
不含溶剂的粉末状涂料。

06.144 自沉积 auto-deposition

又称"化学沉积"。借化学作用使某种物质沉积在物件上的过程。

06.145 涂底漆 priming
施涂底漆的过程。

06.146 涂面漆 topcoating
在底层或中间层上涂面层的过程。

06.147 除旧漆 depainting
去除旧的损坏的涂膜,以准备再涂装的过程。

06.148 调漆 paint mixing
涂装前将涂料原液调配到符合施工要求的黏度或颜色的过程。

06.149 罩光 glazing
在面层上涂一道或几道清漆增加或改善涂面光泽的过程。

06.150 换色 color changing
喷涂过程中从喷涂一种颜色的涂料变换为喷涂另一种颜色涂料的过程。

06.151 手工刷涂 manual brushing

利用漆刷蘸涂料进行涂装的方法。

06.152 搓涂 tompoming

利用蘸涂料的纱团反复划圈进行擦涂的方法。

06.153 辊涂 roller painting

利用蘸涂料的辊子在工件表面上辊动的涂装方法。

06.154 滚筒涂装 barrel enamelling

将工件装于盛有烘漆的锥形滚筒中,使滚筒转动到所有涂件都涂上后,让滚筒在受热中继续转动到涂膜干燥的涂装方法。

06.155 机器人涂装 robot painting

利用机器人或机械手取代人工进行的自动涂装。

06.156 浸涂 dipping

将工件浸没于涂料中,取出,除去过量涂料的涂装方法。

06.157 离心涂装 centrifugal enamelling

将工件装于锥形筛网状套中,浸于涂料槽,提起滴干后,高速转动筛套甩去工件上过量涂料的涂装方法。

06.158 幕帘涂装 curtain painting

使工件连续通过不断下流的涂料液幕的涂装方法。

06.159 空气喷涂 air spraying

利用压缩空气将涂料雾化并射向基底表面进行涂装的方法。

06.160 热熔敷涂装 hot melt painting

先将工件预热到超过粉末涂料熔点,再喷涂的涂装方法。

06.161 高压无气喷涂 airless spraying

利用动力使涂料增压,迅速膨胀而达到雾化和涂装的方法。

06.162 自动喷涂 automatic spraying

利用电器或机械原理(机械手或机器人)自动控制进行的一种喷涂方法。

06.163 静电喷涂 electrostatic spraying

利用电晕放电原理使雾化涂料在高压直流电场作用下荷负电,并吸附于荷正电基底表面放电的涂装方法。

06.164 流化床涂装 fluidized bed painting

又称"沸腾床涂装"。将粉末涂料置于装有多孔隔板的圆筒或长方形容器中,压缩空气从底部通过隔板将隔板上的涂料粒子悬浮翻腾成液体沸腾状的涂装方法。

06.165 粉末静电喷涂 electrostatic powder spraying

利用电晕放电原理使雾化的粉末涂料在高压电场的作用下荷负电,并吸附于荷正电基底表面放电的涂装方法。

06.166 电泳涂装 electro-coating

利用外加电场使悬浮于电泳液中的颜料和树脂等微粒定向迁移并沉积于电极的基底表层的涂装方法。

06.167 自泳涂装 autophoresis coating

利用化学反应使涂料自动沉积在基底表面的涂装方法。

06.168 粉末电泳涂装 powder electro-deposit

将一定粒度的粉末涂料分散于含有电泳树脂的水溶液中,在直流电场的作用下,通过电泳树脂的载体作用将粉末涂料一起沉积于基底表面的电泳涂装法。

06.169 阴极电泳涂装 cathode electro-coating

利用外加电场使悬浮于电泳液中的颜料和树脂等微粒定向迁移并沉积于阴极基底表面的涂装方法。

06.170 卷材涂装 coil painting
工件成卷状进入涂装过程,开卷后完成前处理涂装和固化,最后又成卷材的涂装方法。

06.171 阳极电泳涂装 anode electro-coating
利用外加电场使悬浮于电泳液中的颜料和树脂等微粒定向迁移并沉积于阳极基底表面的涂装方法。

06.172 固化 curing
由于热作用、化学作用或光作用,在涂料上形成所需性能连续涂层的缩合、聚合或自氧化过程。

06.173 干燥 drying
涂层从液态向固态变化的过程。

06.174 烘干 stoving
加热使湿涂层发生干燥固化的过程。

06.175 自干 air drying
湿涂层暴露于常温空气中,自然发生干燥固化的过程。

06.176 对流干燥 convection drying
利用热空气进行对流干燥和固化湿涂层的过程。

06.177 凉干 flash off
使湿涂层大部分易挥发溶剂挥发,以便再涂或进行烘烤的过程。

06.178 紫外固化 ultra-violet curing
利用紫外线干燥和固化湿涂层的过程。

06.179 红外干燥 infra-red drying
利用红外辐射源干燥和固化湿涂层的过程。

06.180 混合干燥 combination drying
利用对流－热辐射等组合作用干燥和固化湿涂层的过程。

06.181 热聚合干燥 hot polymerization drying
又称"热固化"。湿涂层树脂加热聚合进行干燥和固化的过程。

06.182 催化聚合干燥 catalysis polymerization drying
又称"催化固化"。利用催化剂使湿涂层的树脂聚合进行干燥和固化的过程。

06.183 涂层 coat
一道涂覆所得到的一层连续膜。

06.184 涂膜 film
涂覆一道或多道涂层所形成的连续膜。

06.185 底层 priming coat
涂层系统中处于中间层或面层之下的涂层,或直接涂于基底表面的涂层。

06.186 中间层 intermediate coat
涂层系统中处于底层和面层之间的涂层。

06.187 面层 topcoat
涂层系统中处于中间层和底层上的涂层。

06.188 附着力 adhesion
涂层与基底间联结力的总称。

06.189 涂膜硬度 hardness of film
涂膜抗变形或破断的能力。

06.190 干膜厚度 thickness of dry film
干涂膜的厚度。

06.191 湿膜厚度 thickness of wet film
湿涂膜的厚度。

06.192 涂装环境 painting environment
涂装温度、湿度、采光、空气清洁度,防火防爆等环境条件的总称。

06.193 喷漆室 spray booth
进行喷漆操作时能防止漆雾飞散或能捕集漆雾的封闭或半封闭装置。

06.194 卷材涂装机 coil coater
涂覆卷材的装置。

06.06 防　锈

06.195 锈 rust
金属在大气中因腐蚀而产生的以氢氧化物和氧化物为主的腐蚀产物。

06.196 [暂时]防锈 temporary rust prevention
防止金属制品在储运过程中锈蚀的技术或措施。

06.197 工序间防锈 rust prevention during manufacture
金属制品的制造过程,包括加工、运送、检查、保管、装配等过程的防锈。

06.198 中间库防锈 rust prevention in interstore
金属制品在加工过程中,在制品储存时的防锈。

06.199 油封防锈 slushing
涂防锈油脂对金属制品的防锈。

06.200 气相防锈 volatile rust prevention
用挥发性气体对金属制品的防锈。

06.201 干燥空气封存 preserved in dry atmosphere
用降低包装空间内相对湿度的方法,以保护金属制品。

06.202 充氮封存 preserved in nitrogen
用干燥纯净的氮气充于包装空间内,以保护金属制品。

06.203 环境封存 preserved in controlled atmosphere
除去包装空间内致锈的因素,以保证金属制品不锈蚀。

06.204 防锈期 rust-proof life
在一定储运条件下,防锈包装或防锈材料对金属制品有效防锈的保证期。

06.205 封存期 preservation life
在一定储运条件下,防锈包装件的有效防锈的保证期。

06.206 缓蚀性 rust inhibition
防锈材料的防锈性能。

06.207 启封 unpackaging
开启封存包装,使金属制品投入使用,包括拆去包装器材,去除防锈材料等。

06.208 缓蚀剂 corrosion inhibitor
又称"防锈剂"。在基体材料中添加少量即能减缓或抑制金属腐蚀的添加剂。

06.209 油溶性缓蚀剂 oil soluble rust inhibitor
能溶于油的防锈缓蚀剂。

06.210 水溶性缓蚀剂 water soluble rust inhibitor
能溶于水的防锈缓蚀剂。

06.211 气相缓蚀剂 vapor phase inhibitor
又称"气相防锈剂","挥发性缓蚀剂"。在常温下具有挥发性,且挥发出的气体能抑制或减缓金属大气腐蚀的物质。

06.212 防锈材料 rust preventive
用于防锈的材料,常常是使用某种载体加有防锈作用的缓蚀剂制成,有时直接使用缓蚀剂。

06.213 防锈水 aqueous rust preventive
具有防锈作用的水溶液。

06.214 防锈油 rust preventive oil

用于金属制品防锈或封存的油品。

06.215 防锈脂 rust preventive grease
以矿物脂为基体的防锈油料。

06.216 热涂型防锈脂 rust preventive grease for hot application
以矿物脂为基体的防锈油料,需加热使用。

06.217 溶剂稀释型防锈油 solvent cut back rust preventive oil
用溶剂稀释以便于涂覆的防锈油料。

06.218 乳化型防锈油 rust preventive emulsion
用于防锈的水乳化液。

06.219 置换型防锈油 displacing type rust preventive oil
防止因手汗而使金属锈蚀的油料。

06.220 防锈润滑油 rust preventive lubricating oil
具有防锈性的润滑油。

06.221 防锈润滑脂 rust preventive grease
具有防锈性的润滑脂。

06.222 中性蜡纸 neutral waxed paper
无腐蚀性的,一面涂有蜡的防水纸。

06.223 防锈切削液 rust preventive cutting fluid
具有防锈性的切削液体。

06.224 防锈切削乳化液 rust preventive cutting emulsion
具有防锈性的乳化切削液。

06.225 防锈极压乳化液 rust preventive extreme pressure cutting emulsion, rust preventive EP cutting emulsion
具有防锈性的极压乳化液。

06.226 防锈极压切削油 rust preventive extreme pressure cutting oil, rust preventive EP cutting oil
具有防锈性的极压切削油。

06.227 防锈切削油 rust preventive cutting oil
具有防锈性的切削油。

06.228 可剥性塑料 strippable plastic coating
在金属制品表面涂覆形成的塑料膜,具有防锈及防机械损伤的性能,启封时简易,剥下即可。

06.229 气相防锈材料 volatile rust preventive material
具有气相防锈性能的防锈材料。

06.230 气相防锈粉剂 volatile rust preventive powder
粉状的气相防锈材料,常常即是气相缓蚀剂本身。

06.231 气相防锈片剂 volatile rust preventive pill
以气相缓蚀剂为主的配料压制成片状的一种气相防锈材料。

06.232 气相防锈水剂 aqueous volatile rust preventive
具有气相防锈性的水溶液。

06.233 气相防锈油 volatile rust preventive oil
具有气相防锈性的防锈油。

06.234 气相防锈纸 volatile rust preventive paper
含浸或涂覆气相缓蚀剂的纸。

06.235 浸涂防锈 applying preventive by dipping
制品在防锈油或防锈液中浸入后取出。

06.236 浸泡防锈 immersion in liquid pre-
ventives

制品浸泡在防锈油或防锈水中以防锈。

06.237 喷涂防锈 rust prevention by apply-
ing liquid material

将具有流动性的防锈材料,喷涂到金属制
品需防锈面上的防锈。

06.238 喷淋防锈 protection by spraying
aqueous preventives

将防锈水喷淋到金属制品上的防锈。

06.239 内包装 interior package

直接或间接接触产品的内层包装,在流通
过程中主要起保护产品、方便使用、促进销
售的作用。

06.240 外包装 exterior package

产品的外部包装,在流通过程中主要起保
护产品、方便运输的作用。

06.07 气 相 沉 积

06.241 气相沉积 vapor deposition

利用气相中发生的物理化学过程,在材料
表面形成具有特种性能的金属或化合物涂
层的过程。

06.242 物理气相沉积 physical vapor depo-
sition,PVD

又称"PVD 法"。用物理方法(如蒸发、溅
射等),使镀膜材料汽化在基体表面,沉积
成覆盖层的方法。

06.243 化学气相沉积 chemical vapor dep-
osition,CVD

又称"CVD 法"。用化学方法使气体在基
体材料表面发生化学反应并形成覆盖层的
方法。

06.244 等离子体化学气相沉积 plasma
chemical vapor deposition,PCVD

又称"PCVD 法"。将等离子体技术引入化
学气相沉积,形成覆盖层的方法。

06.245 磁控溅射镀 magnetron sputtering

采用磁场束缚靶面附近电子运动的溅射
镀。

06.246 离子镀 ion plating

在基体上施加偏压,产生离子对基体和覆
盖层的持续轰击作用的真空镀膜方法。

06.247 反应离子镀 reactive ion plating

引入化学反应的离子镀。

06.248 活性反应离子镀 activated reactive
evaporation,ARE

利用电子束蒸发并通过活化极活化的反应
离子镀。

06.249 空心阴极离子镀 hallow cathode
deposition,HCD

利用空心阴极蒸发的离子镀。

06.250 电弧离子镀 arc ion plating

利用电弧蒸发的离子镀。

06.08 高能射束表面改性

06.251 激光表面合金化 laser surface allo-
ying

采用激光加热,使金属表面合金化,以改变
其化学成分、组织和性能的方法。

06.252 激光电镀 laser electroplating
在激光作用下的电镀。

06.253 激光重熔 laser remolten
采用激光加热使涂层重熔的方法。

06.254 激光釉化 laser glazing
又称"激光上釉"。利用激光扫描金属表面使其被激化具有特殊性质的过程。

06.255 电子束表面合金化 electron beam surface alloying
采用电子束加热,使金属表面合金化,以改变其化学成分、组织和性能的方法。

06.256 电子束重熔 electron beam remolten
采用电子束加热使涂层重熔的方法。

06.257 电子束固化 electron beam curing
又称"电子束聚合干燥"。利用电子束辐射使湿涂层的树脂聚合,进行干燥固化的过程。

06.258 离子注入 ion implantation
通过离子束把某种离子强制注入金属表面的方法。

07. 粉 末 冶 金

07.01 一 般 名 词

07.001 粉末冶金 powder metallurgy
制取金属粉末(添加或不添加非金属粉末),实施成形和烧结,制成材料或制品的加工方法。

07.002 [粉末冶金]黏结剂 binder
为了提高压坯强度或防止粉末混合料离析而添加的物质。在烧结前或烧结时该物质被除掉。

07.003 黏结相 binder phase
在多相烧结材料中,黏结其他相的相。

07.004 黏结金属 binder metal
一种起黏结相作用的金属,其熔点低于多相烧结材料中的其他相。

07.005 掺杂 dope
为了防止或控制烧结体在烧结或使用时的再结晶或晶粒长大而加入金属粉末中的少量物质。

07.006 孔隙 pore
颗粒内或物体内的孔洞。

07.007 开孔 open pore
与表面相通的孔隙。

07.008 闭孔 closed pore
与表面不相通的孔隙。

07.009 连通孔 communicating pore
相互连通的孔隙,可以是开孔或闭孔。

07.010 坯件 blank
压坯或没有达到最终尺寸和形状的预烧体或烧结体。

07.011 预成形坯 preform
需经受热或冷的机械成形和致密化的坯件。

07.012 熔浸 infiltration
用熔点比压坯或烧结体低的金属或合金熔化后填充压坯或烧结体孔隙的方法。

07.02 粉 末

07.013 粉末 powder
通常指尺寸小于 1mm 的颗粒的集合体。

07.014 颗粒 particle
用一般分离方法不容易再分的构成粉末体的单体。

07.015 团粒 agglomerate
粘在一起的若干个颗粒。

07.016 粉块 cake
金属粉末未经成形而黏结在一起的块状物。

07.017 粉碎粉 comminuted powder
机械粉碎固态金属制成的粉末。

07.018 雾化粉 atomized powder
利用高速气流或液流及其他方法,使熔融金属或合金机械地分散成颗粒而制成的粉末。

07.019 羰基粉 carbonyl powder
热离解金属羰基化合物而制成的粉末。

07.020 电解粉 electrolytic powder
用电解沉积法制成的粉末。

07.021 沉淀粉 precipitated powder
由溶液通过化学沉淀而制成的粉末。

07.022 还原粉 reduced powder
用化学还原法还原固态金属化合物而制成的粉末。

07.023 球磨粉 ball milled powder
用球磨机研磨制成的粉末。

07.024 旋涡研磨粉 eddy mill powder
用旋涡研磨机使物料相互冲击而制成的粉末。

07.025 快速冷凝粉 rapid solidified powder
直接或间接以高冷凝速率制取的粉末,颗粒具有亚微观结构。

07.026 海绵粉 sponge powder
将还原法制得的高度多孔金属海绵体粉碎而制成的多孔还原粉末。

07.027 复合粉 composite powder
每一颗粒由两种或多种不同材料组成的粉末。

07.028 混合粉 mixed powder
将两种或多种化学成分不同的粉末尽可能均匀混合而制成的粉末。

07.029 合金粉 alloyed powder
由两种或多种组元相互部分或完全合金化的金属粉末。

07.030 完全合金化粉 completely alloyed powder
每一粉末颗粒具有与整体粉末相同而均匀的化学成分的合金粉末。

07.031 部分合金化粉 partially alloyed powder
粉末颗粒成分已部分合金化但尚未达到完全合金化状态的合金粉末。

07.032 预合金粉 pre-alloyed powder
粉末颗粒已经合金化的合金粉末。

07.033 中间合金粉 master alloyed powder
又称"母合金粉末"。含有一种或多种浓度较高的元素的合金粉末,与基体粉末混合烧结后达到所要求的最终成分。

07.034 自熔性合金粉末 self-fluxing alloyed powder

含有硼和(或)硅元素的助熔剂,当加热到熔点时,合金本身就具有脱氧、造渣、除气和良好的润滑性等性能的合金粉末。

07.035 针状粉 acicular powder
由针状或长条形颗粒组成的粉末。

07.036 角状粉 angular powder
由具有棱角或近似多面体的颗粒组成的粉末。

07.037 树枝状粉 dendritic powder
由树枝状颗粒组成的粉末。

07.038 纤维状粉 fibrous powder
由规则或不规则纤维状颗粒组成的粉末。

07.039 片状粉 flaky powder
由扁平状颗粒组成的粉末。

07.040 粒状粉 granular powder
由近似等轴但形状不规则的颗粒组成的粉末。

07.041 不规则状粉 irregular powder
由形状完全不对称的颗粒组成的粉末。

07.042 瘤状粉 nodular powder
由表面圆滑的形状不规则的颗粒组成的粉末。

07.043 球状粉 spheroidal powder
由近似球形颗粒组成的粉末。

07.044 粉末比表面 specific surface area
单位质量(或体积)粉末的颗粒总表面面积。

07.045 松装密度 apparent density
在规定条件下自由装填容器所测得的粉末密度。

07.046 散装密度 bulk density
在非规定条件下所测得的粉末密度,如装运时的密度。

07.047 振实密度 tap density
在规定条件下容器中的粉末经振实所测得的密度。

07.048 自然坡度角 angle of repose
在规定条件下粉末自由堆积在水平面上所形成的粉末堆的底角。

07.049 [粉末]流动性 flowability
粉末在规定的条件下通过小孔的难易程度,用标准量(通常为50g)的粉末由标准漏斗流出所需的时间来表示。

07.050 压缩性 compressibility, compactivity
在规定条件下粉末被压缩的程度。

07.051 成形性 formability
粉末压制后能保持一定形状的能力。

07.052 压缩性曲线 compactibility curve
压坯密度与压制压力之间的关系曲线。

07.053 压缩比 compression ratio
加压前粉末的体积与脱模后压坯的体积之比。

07.054 氢损 hydrogen loss
在规定条件下金属粉末在纯氢中加热造成的质量的相对损失。

07.055 氢还原氧 hydrogen-reducible oxygen
在规定条件下,金属粉末被氢还原的金属氧化物中的氧。

07.056 全氧 total oxygen by reduction-extraction
金属粉末中全部氧化物中的氧。

07.057 粉末粒度 particle size
单个粉末颗粒的指定线性尺寸。

07.058 分级 classification
将粉末按粒度分成若干级别。

07.059 粒度级 cut
介于两种名义粒度界限内的粉末的粒度等级。

07.060 筛分析 sieve analysis
在规定条件下，用一套标准筛测定粉末粒度分布的方法。

07.061 筛孔径 mesh size
筛网中网眼的名义尺寸。

07.062 目数 mesh number
筛网每英寸(25.4mm)长度上所具有的网眼数。

07.063 筛上粉 plus sieve
粉末经筛分后留在某一号数的筛上面的那部分粉末。

07.064 筛下粉 minus sieve
粉末经筛分后通过某一号数筛的那部分粉末。

07.065 合批 blending
名义成分相同的粉末的均匀掺合。

07.066 混合 mixing
两种或多种不同材料的粉末的均匀掺合。

07.067 制粒 granulation
为改善粉末流动性使较小颗粒团聚的工艺。

07.03 粉末冶金工艺与装备

07.068 [粉末]成形 forming
将粉末制成具有预定形状和尺寸的物体的工艺。

07.069 压制 pressing
将型腔内粉末加压制成具有预定形状和尺寸压坯的过程。

07.070 压坯 compact, green compact
又称"生坯"。由粉末压制而未烧结的坯件。

07.071 多层压坯 composite compact
由不同成分的粉末压成的两层或多层的压坯,而且每层都具有原来成分的性质。

07.072 棱角强度 edge strength
压坯棱角抗破损的能力。

07.073 弹性后效 spring back
压坯脱模后尺寸增大的现象。

07.074 装粉量 fill
装入阴模所需要的粉末量。

07.075 容积装粉法 volume filling
通过控制装粉深度来计量装入阴模中粉末量的方法。

07.076 重量装粉法 weight filling
通过称取粉末的重量来计量装入阴模中粉末量的方法。

07.077 过装法 overfill system
用超过规定数量的粉末充填阴模型腔的装粉方法。

07.078 欠装法 underfill system
用少于规定数量的粉末充填阴模型腔的装粉方法。

07.079 装套 encapsulation
将粉末或压坯封装在薄壁密闭容器内。

07.080 单轴压制 uniaxial pressing
沿着一个轴向施力压制粉末的方法。

07.081 单向压制 single action pressing
模腔中的粉末一端与模壁有相对运动,另一端与模壁无相对运动的压制方法。

07.082 双向压制 double action pressing

模腔中的粉末两端均与模壁有相对运动的压制方法。

07.083　多工件压制　multiple-pressing
在分隔的模腔中同时压制两个或多个压坯的方法。

07.084　脱模　ejection
压制后从阴模中脱出压坯的操作。

07.085　压模　tool set
利用压制或复压生产特定粉末制品的整套模具。

07.086　阴模　die
形成压件外侧形状的压模零件。

07.087　模套　die bolster
箍在阴模外的紧固套。

07.088　浮动阴模　floating die
由非刚性力（如气压、液压、弹簧力）支承的,在粉末与模壁摩擦力作用下,压制时可下浮的阴模。

07.089　冲头　punch
形成压件端面形状的压模零件。

07.090　芯棒　core rod
形成压件内孔侧面形状的压模零件。

07.091　多腔压模　multiple die set
每次压制可制得两个或多个压坯的压模。

07.092　拉下脱模法　withdrawal process
下冲头被限位,通过拉下阴模取出压坯的操作。

07.093　搭桥　bridging
粉末体形成拱形孔穴的现象。

07.094　烧结　sintering
粉末或压坯在低于主要组分熔点温度下加热,使颗粒间产生连接,以提高制品性能的方法。

07.095　烧结气氛　sintering atmosphere
烧结时所用的气氛,如还原气氛,可控气氛,中性气氛及真空等。

07.096　还原气氛　reducing atmosphere
与被处理物发生还原反应的气氛。

07.097　中性气氛　neutral atmosphere
不与被处理物发生化学反应的气氛。

07.098　预烧　presintering
压坯在低于正常烧结温度下加热,以消除内应力和增加强度,而便于复压,切削加工或搬运。

07.099　复烧　re-sintering
通常为了提高性能,将烧结过或复压过的半成品再烧结。

07.100　一次烧结法　single-sinter process
仅进行一次烧结的工艺。

07.101　两次烧结法　double-sinter process
进行两次烧结的工艺。

07.102　液相烧结　liquid-phase sintering
具有两种或多种组分的粉末或压坯在液相与固相同时存在的状态下烧结。

07.103　固相烧结　solid-phase sintering
粉末或压坯在无液相形成的状态下烧结。

07.104　活化烧结　activated sintering
通过增加烧结活性来提高烧结速率的一种烧结过程。

07.105　加压烧结　pressure sintering
烧结的同时施加压力的工艺。

07.106　松装烧结　loose powder sintering, gravity sintering
粉末未经压制直接进行的烧结。

07.107　反应烧结　reactive sintering
粉末混合料中至少有两种组分相互发生反

应的烧结。

07.108 过烧 oversintering
烧结温度过高或烧结时间过长使产品最终性能变坏的烧结。

07.109 欠烧 undersintering
烧结温度过低或烧结时间过短使产品未达到所要求的性能的烧结。

07.110 扩散孔隙 diffusion porosity
由于柯肯德尔效应,一种组元物质向另一组元扩散而形成的孔隙。

07.111 烧结颈形成 neck formation
烧结时在颗粒间形成颈状的联结。

07.112 烧结后处理 post-sintering treatment
为了一定目的,对烧结体进行的补充处理。

07.113 复压 re-pressing
对烧结体再加压,以提高制品密度和尺寸精度。

07.114 热复压 hot re-pressing
在加热状态下,对压坯、预烧体或烧结体再加压使之致密化。

07.115 整形 sizing
为了达到所要求的尺寸精度而进行的复压。

07.116 精整 coining
为了获得特定的表面形貌而进行的复压。

07.117 浸渍 impregnation
用非金属流体(例如润滑油、熔融的石蜡或树脂)填充烧结体孔隙的方法。

07.118 烧结锻造 sinter forging
用烧结过的预成形坯进行锻造。

07.119 热压 hot-pressing
粉末或压坯在高温下的压制。

07.120 挤压成形 extrusion
将粉末、压坯或烧结体通过挤压模成形的方法。

07.121 等静压制 isostatic pressing
将粉末或压坯施以各向大致相等压力的压制。

07.122 热等静压制 hot isostatic pressing
将粉末、压坯或烧结体在高温下施以各向大致相等压力的压制。

07.123 冷等静压制 cold isostatic pressing
在室温或低于室温条件下,使被处理物在各方向上受到大致相等压力的处理方法。

07.124 湿袋压制 wet bag pressing
装有粉末或压坯的柔性袋浸没在传递压力的液体介质中的一种冷等静压制的方法。

07.125 干袋压制 dry bag pressing
装粉末或压坯的柔性袋长久固定在压力容器内的一种冷等静压制方法。

07.126 粉末轧制 powder rolling
将粉末引入一对旋转轧辊之间使其压实成有黏合强度的连续带坯的方法。

07.127 金属注射成形 metal injection moulding
与热塑性物质(如塑料或石蜡等)混合的金属粉末,在注塑机上塑压成形的工艺。

07.04 粉末冶金材料与制品

07.128 烧结铁 sintered iron
由不添加碳和其他合金元素的铁粉制成的

烧结非合金铁。

07.129 烧结钢 sintered steel
添加碳或合金元素的铁基烧结材料。

07.130 烧结结构零件 sintered structural part
用粉末冶金方法制造的金属结构零件。

07.131 烧结减摩材料 sintered antifriction material
用粉末冶金方法制造的含有润滑组分的金属材料。

07.132 多孔轴承 porous bearing
以金属粉末为主要成分制成具有一定孔隙度的材料,通常用润滑油、树脂等浸渍而制成的有很多孔隙的轴承。

07.133 烧结摩擦材料 sintered friction material
用粉末冶金方法制造的含有润滑组分和可提高摩擦系数的非金属材料(如二氧化硅等)混合物制成的烧结材料。

07.134 烧结金属过滤器 sintered metal filter
用粉末冶金方法制成的含有一定连通孔的多孔金属零件。

07.135 烧结软磁材料 sintered soft magnetic material
用粉末冶金方法制造的软磁材料。

07.136 烧结硬磁材料 sintered hard magnetic material
用粉末冶金方法制造的硬磁材料。

07.137 烧结电触头材料 sintered electrical contact material
用粉末冶金方法制造的具有高导电性、高耐电弧腐蚀能力的电触头材料。

07.138 重合金 heavy metal
密度不低于 $16.5g/cm^3$ 的烧结材料,例如含镍和铜的钨合金。

07.139 硬质合金 hardmetal, cemented carbide
由作为主要组元的难熔金属碳化物和起黏结相作用的金属组成的烧结材料,具有高强度和高耐磨性。

07.140 金属陶瓷 ceramet
由金属相黏结陶瓷颗粒组成的烧结材料。

07.141 [烧结]弥散强化材料 dispersion strengthened material
由金属作为基体相与微细弥散的、不溶于基体相的金属或非金属相所组成的材料。

07.05 粉末冶金材料性能与试验

07.142 相对密度 relative density
多孔体的密度与无孔状态下的同成分材料的密度之比,通常以百分率表示。

07.143 理论密度 solid density
多孔材料中固相的密度,即同种材料在无孔状态下的密度。

07.144 预烧密度 presintered density
预烧状态下物体的密度。

07.145 烧结密度 sintered density
烧结状态下物体的密度。

07.146 孔隙度 porosity
多孔体中所有孔隙的体积与多孔体总体积之比。

07.147 开孔孔隙度 open porosity
多孔体中开孔的体积与总体积之比。

07.148 闭孔孔隙度 closed porosity
多孔体中闭孔的体积与总体积之比。

07.149 径向压溃强度 radial crushing strength
通过施加径向压力而测定的未烧结的或烧结的环形试样的破裂强度。

07.150 含油量 oil content
浸油后的多孔体(例如含油轴承)中油的含量。

07.151 表观硬度 apparent hardness
在规定的条件下测得的烧结体(包括孔隙效应)的硬度。

08. 切削加工工艺与设备

08.01 一般名词

08.001 工步 step
在加工表面(或装配时的连接面)和加工(或装配)工具、主轴转速及进给量不变的情况下,所连续完成的那一部分作业。

08.002 工位 position
为了完成一定的工序,一次装夹工件后,工件(或装配单元)与夹具或设备的可动部分一起相对刀具或设备的固定部分所占据的每一个位置。

08.003 安装 setup
又称"装夹"。为完成一道或多道加工工序,在加工之前对工件进行的定位、夹紧和调整的作业。

08.004 工作行程 working stroke
加工工具或工件以加工进给速度完成一次进给运动工步的行程。

08.005 空行程 idle stroke
加工工具以非加工进给速度相对工件所完成一次非加工进给运动工步的行程。

08.006 工艺孔 auxiliary hole
为满足工艺(加工、测量、装配)的需要而在工件上增设的孔。

08.007 中心孔 center hole
打在工件两端中心处,承受顶针尖的锥孔。

08.008 工艺凸台 false boss
为满足工艺的需要而在工件上增设的凸台。

08.009 加工余量 machining allowance
为保证加工精度和工件尺寸,在工艺设计时预先增加而在加工时去除的一部分工件尺寸量。

08.010 工序余量 operation allowance
相邻两工序之间的工序尺寸之差。

08.011 切入量 approach
为完成切入过程所必须附加的行程长度。

08.012 切出量 overtravel, overrun
为完成切出过程必须附加的行程长度。

08.013 切削用量 cutting condition, cutting parameter
在切削加工过程中的切削速度、进给量和切削深度的总称。

08.014 切削速度 cutting speed
在进行切削加工时,工具切削刃上的某一点相对于待加工表面在主运动方向上的瞬时速度。

08.015 主轴转速 spindle speed
机床主轴在单位时间内的转数。

08.016 切削深度 depth of cut
指加工中工件已加工表面和待加工表面间的垂直距离。

08.017 进给量 feed rate
工件或工具每旋转一周或往复一次，或刀具每转过一齿时，工件与工具在进给运动方向上的相对位移。

08.018 进给速度 feed speed
单位时间内工件与工具在进给运动方向的相对位移。

08.019 切削力 cutting force
在切削过程中，为使被切削材料变形、分离

所需要的力。

08.020 切削热 heat in cutting
在切削加工过程中，由于被切削材料层的变形、分离及刀具和被切削材料间的摩擦而产生的热量。

08.021 切削温度 cutting temperature
切削过程中切削区域的温度。

08.022 切削液 cutting fluid
为了提高切削加工效果（增加切削润滑，降低切削区温度）而使用的液体。

08.023 易切削钢 free-cutting steel, free-machining steel
加入某些元素使其切削性能改善的钢。

08.02 切削加工工艺

08.02.01 加 工 方 法

08.024 切削 cutting
用工具将工件上多余材料切除的过程。

08.025 切削加工工艺 cutting technology
用工具将工件上多余材料切除，以获得所要求的几何形状、尺寸精度和表面质量的方法和过程。

08.026 车削 turning
工件旋转作主运动，车刀作进给运动的切削加工方法。

08.027 铣削 milling
铣刀旋转作主运动，工件或铣刀作进给运动的切削加工方法。

08.028 顺铣 down milling
铣刀的旋转方向与工件的进给方向一致。

08.029 逆铣 up milling
铣刀的旋转方向与工件的进给方向相反。

08.030 刨削 planing, planing and shaping
刨刀与工件作水平方向相对直线往复运动的切削加工方法。

08.031 插削 slotting
用插刀对工件作上下相对直线往复运动的切削加工方法。

08.032 拉削 broaching
用拉刀在拉力作用下作轴向运动，加工工件内、外表面的方法。

08.033 推削 push broaching
用推刀在推力作用下作轴向运动，加工工件内、外表面的方法。

08.034 锯削 sawing
锯切工具旋转或往复运动，把工件、半成品切断或把板材加工成所需形状的切削加工方法。

08.035　铲削　relieving
加工带齿刀具的切削齿背以获得后角的加工方法。

08.036　刮削　scraping
用刮刀刮除工件表面薄层的加工方法。

08.037　磨削　grinding
磨具以较高的线速度旋转,对工件表面进行加工的方法。

08.038　研磨　lapping
用研磨工具和研磨剂,从工件上去掉一层极薄表面层的精加工方法。

08.039　珩磨　honing
用镶嵌在珩磨头上的油石对工件表面施加一定压力,珩磨工具或工件同时作相对旋转和轴向直线往复运动,切除工件上极小余量的精加工方法。

08.040　光整加工　finishing cut
精加工后,从工件上不切除或切出极薄金属层,用以改善工件表面粗糙度或强化其表面的加工过程。

08.041　超精加工　superfinishing
用细粒度的磨具(油石)对工件施加很小的压力,并作短行程往复振动和慢速相对进给运动,以实现微量磨削的一种光整加工方法。

08.042　抛光　polishing
利用机械、化学或电化学的作用,使工件表面粗糙度降低,以获得光亮、平整表面的加工方法。

08.043　滚压　rolling
用滚压工具对金属坯料或工件施加压力,使其表面产生塑性变形,从而将坯料成形或使工件表面变光滑的加工方法。

08.044　成形加工　forming
用与工件的最终表面轮廓相匹配的成形加工工具使工件成形的加工方法。

08.045　仿形加工　copying
仿照模型轮廓或依据有关轮廓的数据,通过随动系统控制加工工具或工件的运动轨迹,加工出有同样轮廓形状的工件的加工方法。

08.046　连续切削　continuous cutting
在切削过程中,切削刃始终与工件接触的切削。

08.047　断续切削　interrupted cutting
在切削过程中,切削刃间断地与工件接触的切削。

08.048　旋风切削　whirling
装在高速旋转刀盘上的刀头围绕与其不同轴低速旋转的工件,进行断续切削的加工方法。

08.049　复合切削　combined machining
将两种或两种以上的刀具组合起来,依次或同时对工件进行切削的方法。

08.050　拉削方式　broaching layout
拉刀逐齿把加工余量从工件表面切下来的方式。

08.051　分层式拉削　layer-stepping
将每层加工余量各用一个刀齿切除的拉削方式。

08.052　分块式拉削　skip-stepping
将每层加工余量各用一组刀齿分块切除的拉削方式。

08.053　同廓式拉削　profile broaching
按分层式切除加工余量,刀齿廓形与被加工表面最终廓形相似,仅最后一个切削齿和校准齿参与工件最终表面的形成。

08.054　渐成式拉削　generating broaching
按分层式切削加工余量,但各刀齿的部分切削刃均参与工件最终表面的形成。

08.055 轮切式拉削 alternate broaching
分块拉削方式之一种。

08.056 组合式拉削 combined broaching
一支拉刀可进行两种或两种以上拉削方式者。

08.02.02 典型表面加工

08.02.02.01 孔 加 工

08.057 钻削 drilling
又称"钻孔"。钻削刀具与工件作相对运动并作轴向进给运动,在工件上加工孔的方法。

08.058 铰削 reaming
又称"铰孔"。用铰刀从工件预制的底孔上切除微量金属层,以提高其尺寸精度和降低表面粗糙度的切削加工方法。

08.059 锪削 countersinking
又称"锪孔"。用锪钻或锪刀刮平孔的端面或切出沉孔的方法。

08.060 镗削 boring
又称"镗孔"。镗刀旋转作主运动,工件或镗刀作进给运动的切削加工方法。

08.061 扩孔 counterboring
用扩孔工具扩大工件孔径的加工方法。

08.062 车孔 hole turning
用车削方法扩大工件的孔或加工空心工件的内表面。

08.063 铣孔 hole milling
用铣削方法加工工件的孔。

08.064 拉孔 hole broaching
用拉削方法加工工件的孔。

08.065 推孔 hole push broaching
用推削方法加工工件的孔。

08.066 插孔 hole slotting
用插削方法加工工件的孔。

08.067 磨孔 hole grinding
用磨削方法加工工件的孔。

08.068 珩孔 hole honing
用珩磨方法加工工件的孔。

08.069 研孔 hole lapping
用研磨方法加工工件的孔。

08.070 刮孔 hole scraping
用刮削方法加工工件的孔。

08.071 挤孔 hole burnishing
用挤压方法加工工件的孔。

08.072 滚压孔 hole rolling
用滚压方法加工工件的孔。

08.073 阶梯钻削 drilling with step drill
利用阶梯钻头,一次走刀在工件上钻出不同直径、同轴孔的方法。

08.074 阶梯扩孔 counterboring with step core drill
利用阶梯扩孔钻,一次走刀将工件孔扩大成不同直径同轴孔或分级完成扩孔的方法。

08.075 阶梯铰孔 reaming with step reamer
利用阶梯铰刀,一次走刀铰出不同直径同轴孔或分级完成铰孔的方法。

08.076 复合钻孔 combined drilling and counterboring
利用钻扩复合刀具,一次走刀在工件上钻孔

和扩孔(或锪孔)的方法。

08.077 复合钻铰 combined drilling and reaming

利用钻铰复合刀具,一次走刀在工件上钻孔并进行铰削的方法。

08.078 镗削切端面 boring and facing

利用镗孔切端面头、平旋盘或其他装置,在一个工位上实现镗孔及切削端面的方法。

08.079 激光穿孔 laser beam perforation

用激光加工原理加工工件的孔。

08.080 电火花穿孔 spark-erosion perforation

用电火花加工原理加工工件的孔。

08.081 超声波穿孔 ultrasonic perforation

用超声波加工原理加工工件的孔。

08.082 电子束穿孔 electron beam perforation

用电子束加工原理加工工件的孔。

08.02.02.02 外 圆 加 工

08.083 车外圆 cylindrical turning

用车削方法加工工件的外圆表面。

08.084 铣外圆 cylindrical milling

用铣削方法加工工件的外圆表面。

08.085 磨外圆 cylindrical grinding

用磨削方法加工工件的外圆表面。

08.086 超精加工外圆 cylindrical superfinishing

用超精加工方法加工工件的外圆表面。

08.087 研磨外圆 cylindrical lapping

用研磨的方法加工工件的外圆表面。

08.088 抛光外圆 cylindrical polishing

用抛光方法加工工件的外圆表面。

08.089 滚压外圆 cylindrical rolling

用滚压方法加工工件的外圆表面。

08.02.02.03 平 面 加 工

08.090 车平面 surface turning

用车削方法加工工件的平面。

08.091 铣平面 plain milling

用铣削方法加工工件的平面。

08.092 刨平面 surface planing

用刨削方法加工工件的平面。

08.093 磨平面 surface grinding

用磨削方法加工工件的平面。

08.094 珩磨平面 surface honing

用珩磨的方法加工工件的平面。

08.095 刮平面 surface scraping

用刮削方法加工工件的平面。

08.096 拉平面 surface broaching

用拉削方法加工工件的平面。

08.097 锪平面 spot facing

用锪削方法将工件的孔口周围切削成垂直于轴线孔的平面。

08.098 研平面 flat lapping

用研磨方法加工工件的平面。

08.099 抛光平面 surface polishing

用抛光方法加工工件的平面。

08.100 平面超精加工 surface superfinishing

用超精加工方法加工工件的平面。

08.02.02.04 槽 加 工

08.101 车槽 slot turning
用车削方法加工工件的槽。

08.102 铣槽 slot milling
用铣削方法加工工件的槽。

08.103 刨槽 slot shaping, slot planing
用刨削方法加工工件的槽。

08.104 插槽 keyway slotting
用插削方法加工工件的槽。

08.105 拉槽 slot broaching
用拉削方法加工工件的槽。

08.106 推槽 slot push broaching
用推削方法加工工件的槽。

08.107 镗槽 slot boring

用镗削方法加工工件的槽。

08.108 磨槽 slot grinding
用磨削方法加工工件的槽。

08.109 研槽 slot lapping
用研磨方法加工工件的槽。

08.110 滚槽 slot rolling
用滚压工具,对工件上的槽进行光整或强化加工的方法。

08.111 刮槽 slot scraping
用刮削方法加工工件的槽。

08.112 径向进给切槽 recessing with radial feed
使刀具径向进给,在孔内切出沟槽的方法。

08.02.02.05 螺 纹 加 工

08.113 螺纹加工 thread machining
用螺纹加工工具加工各种内、外螺纹的方法。

08.114 车螺纹 thread turning
用螺纹车刀切出工件的螺纹。

08.115 梳螺纹 thread chasing
用螺纹梳刀切出工件的螺纹。

08.116 铣螺纹 thread milling
用螺纹铣刀切出工件的螺纹。

08.117 旋风切螺纹 thread whirling
用旋风头切出工件的螺纹。

08.118 滚压螺纹 thread rolling
用一副螺纹滚轮,滚轧出工件的螺纹。

08.119 搓螺纹 flat die thread rolling
用一对搓丝板轧制出工件的螺纹。

08.120 拉螺纹 internal thread broaching
用螺纹拉刀加工工件的内螺纹。

08.121 攻螺纹 tapping
用丝锥加工工件的内螺纹。

08.122 套螺纹 thread die cutting
用板牙或螺纹切头加工工件的螺纹。

08.123 磨螺纹 thread grinding
用单线或多线砂轮磨削工件的螺纹。

08.124 研螺纹 thread lapping
用螺纹研磨工具研磨工件的螺纹。

08.125 分度法 indexing method
切齿和分度交替进行,每循环一次可切削一个或几个齿距。

08.126 成形法 forming method
用成形加工法进行齿轮齿面加工的方法。

08.127 展成法 generating method
又称"滚切法"。一种表面形成方法。加工时切削工具与工件作相对展成运动,即刀具(或砂轮)和工件的瞬心线相互作纯滚动,两者之间保持确定的速比关系,所获得加工表面就是刀刃在这种运动中的包络面。

08.128 铣齿 gear milling
用铣刀或铣刀盘按成形法或展成法加工齿轮或齿条的齿面。

08.129 刨齿 gear planing
用刨齿刀加工直齿圆柱齿轮、锥齿轮或齿条等的齿面。

08.130 插齿 gear shaping
用插齿刀按展成法或成形法加工内、外齿轮或齿条等的齿面。

08.131 滚齿 gear hobbing
用齿轮滚刀或蜗轮滚刀按展成法加工齿轮或蜗轮等的齿面。

08.132 剃齿 gear shaving
用剃齿刀对齿轮或蜗轮等的齿面进行精加工。

08.133 轴向剃齿 axial feed shaving
刀具沿工件轴向进给进行剃齿的方法。

08.134 切向剃齿 underpass shaving, right angle feed shaving
刀具沿垂直于工件轴线的方向进给,进行剃齿的方法。

08.135 对角剃齿 diagonal shaving
刀具沿工件轴向和切向同时进给进行剃齿的方法。

08.136 径向剃齿 plunge shaving, radial feed shaving
刀具沿工件径向进给进行剃齿的方法。

08.137 珩齿 gear honing
用珩磨轮对齿轮或蜗轮等的齿面进行精加工。

08.138 磨齿 gear grinding
用砂轮按展成法或成形法磨削齿轮或齿条等的齿面。

08.139 研齿 gear lapping
用具有齿形的研轮与被研齿轮或一对配对齿轮加研磨剂对滚研磨,以进行齿面的精加工。

08.140 拉齿 gear broaching
用拉刀或拉刀盘加工内、外齿轮等齿面。

08.141 轧齿 gear rolling
用具有齿形的轮或齿条作为工具,轧制出齿轮的齿形。

08.142 挤齿 gear burnishing
用挤轮与齿轮按无侧隙啮合的方式对滚,以精加工齿轮的齿面。

08.143 冲齿轮 gear stamping
用齿轮冲模冲制齿轮。

08.02.02.07 成形面加工

08.144 车成形面 form turning
用车刀车削工件的成形面。

08.145 铣成形面 form milling
用铣刀铣削工件的成形面。

08.146 刨成形面 form shaping
用刨刀刨削工件的成形面。

08.147 磨成形面 form grinding

用砂轮磨削工件的成形面。

08.148 抛光成形面 form polishing
用抛光方法加工工件的成形面。

08.149 电加工成形面 form electro-discharge machining
用电火花成形、电解成形等方法加工工件的成形面。

08.02.02.08 其 他

08.150 滚花 knurling
用滚花工具在工件表面上滚压出花纹的加工。

08.151 倒角 chamfering
把工件的棱角切削成一定斜面的加工。

08.152 去毛刺 deburring
清除工件已加工部位周围所形成的刺状物或飞边。

08.153 倒圆角 rounding
把工件的棱角切削成圆弧面的加工。

08.154 钻中心孔 centering

用中心钻在工件的端面加工中心孔。

08.155 磨中心孔 center grinding
用锥形砂轮磨削工件的中心孔。

08.156 研中心孔 center lapping
用研磨方法精加工工件的中心孔。

08.157 挤压中心孔 center squeezing
用硬质合金多棱顶尖,挤光工件的中心孔。

08.158 切断 cutting off
把坯料或工件切成两段(或数段)的加工方法。

08.03 金属切削机床

08.03.01 各 种 机 床

08.159 金属切削机床 metal-cutting machine tool
用切削、磨削或特种加工方法加工各种金属工件,使之获得所要求的几何形状、尺寸精度和表面质量的机床(手携式的除外)。

08.160 通用机床 general purpose machine tool
使用范围较广的可加工多种工件,完成多种工序的机床。

08.161 专用机床 special purpose machine

tool

用于加工特定工件的、特定工序的机床。

08.162 专门化机床 specialized machine
tool

用于加工形状相似而尺寸不同的工件的、特定工序的机床。

08.163 组合机床 modular machine tool

以通用部件为基础,配以少量专用部件,对一种或若干种工件按预先确定的工序进行加工的机床。

08.164 普通机床 general accuracy machine
tool

精度、性能等符合有关标准中规定的普通精度级要求的机床。

08.165 精密机床 precision machine tool

精度、性能等符合有关标准中规定的精密级要求的机床。

08.166 高精度机床 high precision machine
tool

精度、性能等符合有关标准中规定的高精度级要求的机床。

08.167 超高精度机床 ultra precision machine tool

精度、性能等符合有关标准中规定的超高精度级要求的机床。

08.168 半自动机床 semi-automatic machine
tool

能半自动完成工作循环的机床(不具备自动上下料)。

08.169 自动机床 automatic machine tool

能完成自动工作循环的机床(包括上下料)。

08.170 仿形机床 copying machine tool

对工件进行仿形加工的机床。

08.171 数控机床 numerical control machine
tool,NC machine tool

全称"数值控制机床"。按加工要求预先编制程序,由控制系统发出数值信息指令进行加工的机床。

08.172 适应控制机床 adaptive control machine tool

能根据加工过程中加工条件的变化,自动调整加工用量,适应规定条件实现加工过程最优化的机床。

08.173 车床 lathe,turning machine

主要用车刀在工件上加工旋转表面的机床。

08.174 立式车床 vertical lathe

主轴竖直布置,工作台在水平面内旋转,刀架作垂直或斜向进给的车床。

08.175 卧式车床 center lathe

主轴水平布置,作旋转主运动,大刀架沿床身作纵向运动,可车削各种旋转体和内外螺纹等,是使用范围较广的车床。

08.176 单轴自动车床 single spindle automatic lathe

只有一根主轴,能完成自动循环,主要用于对棒料或盘状线材进行加工的车床。

08.177 多轴自动车床 multi-spindle automatic lathe

具有若干根水平布置的主轴,能完成自动循环,主要用于对棒料或盘形工件进行加工的车床。

08.178 多轴半自动车床 multi-spindle
semi-automatic lathe

具有若干根垂直布置的主轴,能完成半自动循环,主要用于加工盘形工件的车床。

08.179 回轮车床 drum lathe

具有回转轴线与主轴轴线平行的回轮转塔刀架,并可顺序转位车削工件的车床。

08.180　转塔车床　turret lathe
具有回转轴线与主轴轴线垂直的转塔刀架，并可顺序转位切削工件的车床。

08.181　落地车床　heavy duty face lathe
主轴箱直接安装在地基上，主要用于车削大型工件端面的卧式车床。

08.182　仿形车床　copying lathe
对工件进行仿形车削的车床。

08.183　多刀车床　multi-tool lathe
具有多组刀架，可对工件进行多刀车削的车床。

08.184　铲齿车床　relieving lathe
用铲削方法加工铣刀、滚刀等刀齿后背面的车床。

08.185　台式车床　bench lathe
可安装在工作台上的小型车床。

08.186　多用车床　versatile lathe
主要用于车削并具有钻、铣、磨等切削功能的车床。

08.187　钻床　drilling machine
主要用钻头在工件上加工孔的机床。

08.188　台式钻床　bench-type drilling machine
可安放在作业台上，主轴竖直布置的小型钻床。

08.189　立式钻床　vertical drilling machine
主轴箱和工件台安置在立柱上，主轴竖直布置的钻床。

08.190　摇臂钻床　radial drilling machine
摇臂可绕立柱回转和升降，通常主轴箱在摇臂上作水平移动的钻床。

08.191　卧式钻床　horizontal drilling machine
主轴水平布置的钻床。

08.192　深孔钻床　deep-hole drilling machine
用特制的深孔钻头，钻头作直线进给运动，工件旋转钻削深孔的钻床。

08.193　铣钻床　milling and drilling machine
工作台可纵、横向移动，钻轴竖直布置，能进行铣削的钻床。

08.194　镗床　boring machine
主要用镗刀在工件上加工已有预制孔的机床。

08.195　坐标镗床　coordinate boring machine, jig boring machine
具有精密坐标定位装置的镗床。

08.196　立式镗床　vertical boring machine
镗轴竖直布置的镗床。

08.197　卧式铣镗床　horizontal milling and boring machine
镗轴水平布置并可轴向进给，主轴箱沿前立柱导轨竖直移动，工作台可纵、横向移动，能进行铣削的镗床。

08.198　精镗床　fine boring machine
用金刚石或硬质合金等刀具，进行精镗孔的镗床。

08.199　深孔镗床　deep-hole drilling and boring machine
用于镗削深孔的镗床。

08.200　磨床　grinding machine
用磨具或磨料加工工件各种表面的机床。

08.201　外圆磨床　external cylindrical grinding machine
主要用于磨削圆柱形和圆锥形外表面的磨床。

08.202　内圆磨床　internal grinding machine
主要用于磨削圆柱形和圆锥形内表面的磨

床。

08.203 无心磨床 centerless grinding machine
工件采用无心夹持,一般支承在导轮和托架之间,由导轮驱动工件旋转,进行磨削的磨床。

08.204 坐标磨床 jig grinding machine
具有精密坐标定位装置的内圆磨床,可磨削各种内外轮廓表面。

08.205 平面磨床 surface grinding machine, plain grinding machine
主要用于磨削工件平面的磨床。

08.206 导轨磨床 surface grinding machine for slideway, slideway grinding machine
用于磨削床身导轨的磨床。

08.207 珩磨机 honing machine
用于珩磨工件各种表面的磨床。

08.208 砂带磨床 abrasive belt grinding machine
用快速运动的砂带磨削工件的磨床。

08.209 工具磨床 tool grinding machine
用于磨削工具的磨床。主要磨刀具。

08.210 齿轮加工机床 gear cutting machine
用齿轮加工工具加工齿轮齿面或齿条齿面的机床。

08.211 锥齿轮加工机床 bevel gear cutting machine
用于加工直齿、斜齿、曲线齿锥齿轮齿面的齿轮加工机床。

08.212 锥齿轮研齿机 bevel gear lapping machine
用于研磨锥齿轮硬齿面,以改善齿面接触区的锥齿轮加工机床。

08.213 直齿锥齿轮粗切机 straight bevel gear rougher
用于粗切直齿锥齿轮齿面的锥齿轮加工机床。

08.214 直齿锥齿轮刨齿机 straight bevel gear planing machine, straight bevel generator
用直齿锥齿轮刨齿刀加工直齿锥齿轮面的锥齿轮加工机床。

08.215 直齿锥齿轮铣齿机 straight bevel gear milling machine
用两把交错齿圆盘铣刀按滚切法加工直齿锥齿轮齿面的锥齿轮加工机床。

08.216 直齿锥齿轮拉齿机 straight bevel gear broaching machine
用直齿锥齿轮圆盘拉刀拉削直齿锥齿轮齿面的锥齿轮加工机床。

08.217 弧齿锥齿轮铣齿机 spiral bevel gear milling machine
用端面盘铣刀或其他形状的刀具加工弧齿锥齿轮齿面的锥齿轮加工机床。

08.218 弧齿锥齿轮拉齿机 spiral bevel gear broaching machine
用端面盘形拉刀按成形法或螺旋成形法精切弧齿锥齿轮大齿轮齿面的锥齿轮加工机床。

08.219 弧齿锥齿轮磨齿机 spiral bevel gear grinding machine
用于磨削弧齿锥齿轮齿面的锥齿轮加工机床。

08.220 滚齿机 gear hobbing machine
主要用滚刀按展成法加工圆柱齿轮、蜗轮、链轮等齿面的齿轮加工机床。

08.221 剃齿机 gear shaving machine
按螺旋齿轮啮合原理,用剃齿刀带动工件

（或工件带动刀具）旋转、剃削圆柱齿轮齿面的齿轮加工机床。

08.222 珩齿机 gear honing machine
按螺旋齿轮啮合原理，用齿轮或蜗杆形状的珩轮，带动工件自动旋转，珩磨圆柱齿轮硬齿面的齿轮加工机床。

08.223 插齿机 gear shaping machine
用插齿刀按展成法插削内、外圆柱齿轮及齿条齿面的齿轮加工机床。

08.224 磨齿机 gear grinding machine
采用展成法，使用一个大平面砂轮或两个特形砂轮；或采用成形法，使用成形砂轮磨削齿轮齿面的齿轮加工机床。

08.225 挤齿机 gear rolling machine
用淬硬的齿轮状工具挤光软齿面的齿轮精加工机床。

08.226 齿轮倒角机 gear chamfering machine
用于将齿轮轮齿端部倒角或倒圆的齿轮加工机床。

08.227 螺纹加工机床 threading machine
用螺纹加工工具在工件上加工内、外螺纹的机床。

08.228 螺纹车床 thread cutting lathe, thread turning machine
具有精密的传动丝杠副和螺距校正装置，主要用于车削较高精度螺纹的螺纹加工机床。

08.229 螺纹磨床 thread-grinding machine
用砂轮磨削各种牙形精密螺纹的螺纹加工机床。

08.230 螺纹铣床 thread milling machine
用于铣削螺纹的螺纹加工机床。

08.231 套丝机 die head threading machine
用螺纹切头切削圆柱形外螺纹的螺纹加工

机床。

08.232 攻丝机 tapping machine, thread-tapping machine
用丝锥加工圆柱形内螺纹的螺纹加工机床。

08.233 铣床 milling machine
用铣刀在工件上加工各种表面的机床。

08.234 床身式铣床 bed type milling machine
工作台不升降，但可沿床身导轨纵向移动，主轴部件可作竖直方向移动的铣床。

08.235 龙门式铣床 planer type milling machine, gantry type milling machine
工作台水平布置，两个立柱和连接梁构成龙门架式的铣床。

08.236 悬臂式铣床 open-side type milling machine
铣头装在悬臂上的铣床。

08.237 滑枕式铣床 ram type milling machine
主轴装在滑枕上的铣床。

08.238 平面铣床 surface milling machine, plain milling machine
用于铣削平面和成形面的铣床。

08.239 端面铣床 face milling machine
铣头水平布置，可沿横床身导轨移动，加工竖直方向平面的铣床。

08.240 仿形铣床 copying milling machine
对工件进行仿形加工的铣床。

08.241 升降台铣床 knee type milling machine
具有可沿床身导轨在竖直方向移动升降台的铣床。

08.242 刨床 planing machine
用刨刀加工工件表面的机床。

08.243 龙门刨床 double column planing machine

具有龙门架式双立柱和横梁,工作台沿床身导轨作纵向往复运动,立柱和横梁上分别装有可移动的侧刀架和垂直刀架的刨床。

08.244 牛头刨床 shaping machine

刨刀安装在滑枕前端的刀架上作纵向往复主运动的刨床。

08.245 悬臂刨床 open-side planing machine, planing machine with a single column

具有单立柱和悬臂的刨床。

08.246 插床 slotting machine, vertical shaping machine

用插刀加工工件表面的机床。加工时,插刀往复运动为主运动,工件的间歇移动或间歇转动为进给运动。

08.247 拉床 broaching machine

用拉刀加工工件各种内、外成形表面的机床。

08.248 外拉床 external broaching machine

用于拉削工件外表面的拉床。

08.249 内拉床 internal broaching machine

用于拉削工件内表面的拉床。

08.250 侧拉床 side broaching machine

用于拉削工件侧表面的拉床。

08.251 连续拉床 continuous broaching machine

刀具固定不动,工件装夹在由链条带动的随行夹具中,对工件逐个进行连续拉削的拉床。

08.252 锯床 sawing machine

用圆锯片或锯条等将材料锯断或加工成所需形状的机床。

08.253 圆锯床 circular sawing machine

用圆锯片锯削材料的锯床。

08.254 带锯床 band sawing machine

用环状带锯等锯削材料的锯床。

08.255 弓锯床 hack sawing machine

用安装在锯弓上的机用锯条作往复运动锯削材料的锯床。

08.256 刻线机 dividing machine

用刀刻或光刻方法在工件表面上加工精确等分的线纹的机床。

08.257 管子加工机床 pipe cutting machine

主要用于管子的螺纹加工和切断的机床。

08.258 加工中心 machining center

又称"自动换刀数控机床"。能自动更换工具,对一次装夹的工件进行多工序加工的数控机床。

08.259 生产线 production line

配置着操作工人或工业机器人的机械系统,按顺序完成设定的生产流程的作业线。

08.260 自动生产线 transfer machine, automatic production line

按一定工艺顺序排列的若干台自动机床,用工件传送装置和控制系统联结起来,按照规定的生产节拍,工件自动地依次经过各个加工工位进行自动加工的连续作业线。

08.261 组合机床自动线 transfer line of modular machine, automatic production line of modular machine

由若干台组合机床及其他辅助设备组成的自动生产线。

08.262 可调组合自动线 flexible transfer line, FTL

由若干台可换多轴箱的数控组合机床或数控坐标加工单元以及物料非同步自动输送装置组成的自动生产线。

08.263 柔性加工自动线 flexible machining line, FML
由若干台通用数控机床或加工中心为主组成,物料输送大多采用机器人或自动搬运小车的自动生产线。

08.264 柔性制造单元 flexible manufactur-ing cell, FMC
由一台或几台配有一定容量的工件自动更换装置的加工中心组成的生产设备。能连续地自动加工一组不同工序与加工节拍的工件。可以作为组成柔性制造系统的模块单元。

08.03.02 机 床 的 运 动

08.265 工作运动 operating movement
机床为实现加工所必需的加工工具与工件间的相对运动。包括主运动和进给运动。

08.266 主运动 cutting movement
形成机床切削速度或消耗主要动力的工作运动。

08.267 进给[运动] feed motion
使工件的多余材料连续在相同或不同深度上被去除的工作运动。

08.268 自动进给 automatic feed
靠自动装置完成的进给运动。

08.269 手动进给 manual feed
靠手动完成的进给运动。

08.270 机动进给 mechanical feed
靠机械完成的进给运动。

08.271 辅助运动 auxiliary motion
机床在加工过程中,加工工具与工件的除工作运动以外的其他运动。

08.272 趋近 approach
进给运动开始前,加工工具与工件相互接近的过程。

08.273 退刀 tool retracting
进给运动结束后,加工工具与工件相互离开的过程。

08.274 返回 return
退刀后,加工工具或工件回到加工前位置的过程。

08.275 转位 indexing
每完成一加工工序后,工件转到下一工序的工作位置或另一加工工具进入工作位置的过程。

08.276 上料 loading
把工件送到工作位置,并实现定位和夹紧的过程。

08.277 下料 unloading
把工件从工作位置取下的过程。

08.278 让刀 cutter relieving
又称"抬刀"。每一加工工作行程结束后,工具或工件返回初始位置时,使工具与工件相互离开一定距离的过程。

08.279 分度运动 dividing movement
工件与加工工具按给定的角度或长度间隔所进行的相对运动。

08.280 单分度 individual division

08.281 双分度 double division

08.282 跳齿分度 jumping division

08.283 间歇分度 interrupted division
在工作运动间歇时进行的分度运动。

08.284 连续分度 continuous division
在工作运动中能连续进行的分度运动。

08.285 补偿 compensation
在加工过程中,把加工工具与工件校正到正确的相对位置,而引入的微量位移。

08.286 自动补偿 automatic compensation
根据对工件或加工工具自动测量的结果,发出指令自动进行的补偿。

08.287 手动补偿 manual compensation
手动控制机床进行的补偿。

08.288 修整补偿 correcting compensation
根据加工工具修整后的尺寸变化量进行的补偿。

08.289 工作循环 work cycle
由工作运动和辅助运动组成的加工一个或一组工件的全过程。

08.290 半自动循环 semi-automatic cycle
能自动完成除上下料以外的工作循环。

08.291 自动循环 automatic cycle
能自动重复完成的工作循环。

08.03.03 机床运转与操作

08.292 点动 inching
按动按钮产生的小量间歇运动。

08.293 摆动 oscillating
绕一定轴线在一定角度范围内的往复运动。

08.294 手动 manual operating
用手进行操作实现的运动。

08.295 机动 mechanic operating
动力驱动实现的运动。

08.296 调整 adjustment
使机床各部分达到能进入正常工作状态的操作。

08.297 联锁 interlock
使两个或若干个机构互相制约而不能同时动作。

08.298 起动 start
使某部分机构开始运动的动作。

08.299 停止 stop
使某部分机构终止运动的动作。

08.300 主轴定向停止 oriented spindle stop
使主轴在预定的角度位置上停止的一种辅助功能。

08.301 总停 master stop
使全部工作机构停止运动的动作。

08.03.04 机 床 参 数

08.302 主参数 main parameter
机床各参数中最主要的一个或两个参数,它反映机床的加工能力,是确定机床主要零部件尺寸的依据。

08.303 最大加工直径 maximum machinable diameter
机床上可加工工件外径的最大尺寸。

08.304 最大加工孔径 maximum machined hole diameter
机床上可加工工件内径的最大尺寸。

08.305 最大模数 maximum module
机床上可加工齿轮、齿轮刀具、蜗轮和蜗杆等模数的最大值。

08.306 轴数 number of spindles, number of

axes

主轴或坐标轴的数量。

08.307　基本参数　basic parameter

机床参数中反映机床基本性能的一些重要
尺寸、运动、动力参数。

08.308　主轴行程　travel of spindle

主轴沿其轴向可移动的最大距离。

08.309　主轴套筒行程　spindle quill travel

主轴套筒沿其轴向可移动的最大距离。

08.310　主轴孔径　diameter of spindle
through hole

主轴通孔最小直径。

08.311　主轴锥孔　taper hole of spindle

主轴端部锥孔的形式和号数。

08.312　主轴外锥　external taper of spindle

主轴端部外锥体的形式和号数。

08.313　工作台转速　rotating speed of table

回转工作台每分钟的额定转数。

08.314　工作台行程　travel of table

工作台(或刀架、滑枕等)可移动的最大距
离。

08.315　工作台回转角　swivel angle of table

回转工作台可回转的最大角度。

08.316　摇臂行程　arm travel

摇臂可垂向或水平移动的最大距离。

08.317　摇臂回转角　angle of arm swivel

摇臂可回转的最大角度。

08.03.05　机床零部件

08.318　床身　bed

机床上用于支承和连接若干部件,并带有导
轨的基础零件。

08.319　底座　base

用于支承和连接若干部件的基础零件。

08.320　导轨　slideway, guideway

能引导部件沿一定方向运动的一组平面或
曲面。

08.321　主轴　spindle

带动工件或加工工具旋转的轴。

08.322　主轴箱　spindle head

装有主轴的箱形部件。

08.323　变速箱　gearbox

装有变速机构的箱形部件。

08.324　进给箱　feed box

装有进给变换机构的箱形部件。

08.325　动力头　unit head

能实现主运动和进给运动,并且有自动工件
循环的动力部件。

08.326　工作台　table

具有工作平面,用于直接或间接装夹工件或
工夹具的零部件。

08.327　尾座　tailstock

用于配合主轴箱支承工件或工具的部件。

08.328　丝杠副　lead screw pair

可将旋转运动变为直线运动,由丝杠与螺母
组合成的螺旋传动部件。

08.329　滚珠丝杠副　ball screw pair

丝杠与螺母间以滚珠为滚动体的丝杠副。

08.330　刀架　tool post

主要用于安装刀具,并可作移动或回转的部
件。

08.331　中心架　center rest

在加工中径向支承旋转工件的辅助装置。加工时,与工件无相对轴向移动。

08.332 跟刀架 follow rest
径向支承旋转工件的辅助装置。加工时,与刀具一起沿工件轴向移动。

08.333 立柱 column
用于支承和连接若干部件,并带有竖直导轨的直立柱状零件。

08.334 横梁 rail, beam
装在立柱上,且带有水平导轨的部件。

08.335 悬臂 overhanging rail, cantilever
一端支承在单立柱上,一端空悬并带有水平导轨的部件。

08.336 摇臂 arm
一端装在单立柱上,可绕立柱轴线回转,并可沿其轴线上下移动且具有水平导轨的零件。

08.337 连接梁 bridge
连接两立柱上端的零件。

08.338 顶梁 top beam
连接两立柱顶部的零件。

08.339 滑枕 ram
装有刀架或主轴箱等部件,具有导轨可在床身或其他部件上作纵向水平移动的枕状部件。

08.340 滑座 slider
有关零部件可在其顶部移动(或回转),底面具有导轨,可在与其相配零部件上移动的部件。

08.341 床鞍 saddle
有关零部件可在其顶部移动(或回转),底面具有导轨,可在床身导轨上移动的部件。

08.342 滑板 slider
顶部与有关零部件连接,底面具有导轨,可

在与其相配零部件上移动的部件。

08.343 交换齿轮机构 changing gear unit
用交换齿轮改变传动比或旋转方向的装置。

08.344 预选机构 preselection mechanism
加工过程中,预先选择转换运动速度或坐标位置的装置。

08.345 进给机构 feed mechanism
手动或自动控制进给运动的机构。

08.346 仿形装置 copying device
用于仿形加工的装置。

08.347 定程装置 limit device
控制工作行程终止位置的装置。

08.348 定位装置 locating device, positioning device
用于确定工件或加工工具所要求位置的装置。

08.349 上下料装置 loader and unloader
又称"装卸料装置"。自动完成上料、下料的装置。

08.350 自动测量装置 automatic measuring device
在机床或自动生产线上,自动测量工件、工具尺寸或其他参数的装置。

08.351 自动补偿装置 automatic compensator
机床上用于自动补偿加工误差的装置。

08.352 自动换刀装置 automatic tool changer, ATC
能自动更换加工中所用工具的装置。

08.353 刀库 tool magazine
存放待换工具的装置。

08.354 托盘 pallet
可安装工件及其随行夹具,能在各工位、工

作台之间互相交换的装置。

08.355 排屑装置 chip conveyor
将切屑从加工区域收集起来并排除出去的装置。

08.356 导轮 regulating wheel
无心磨削时轴向送进工件并使其旋转的零件。

08.04 特种加工工艺

08.357 特种加工工艺 non-traditional machining
电火花加工、电解加工、超声加工、激光加工、电子束加工等非传统加工方法的总称。主要用于加工一般切削加工方法难以加工（如材料性能特殊、形状复杂等）的工件。

08.358 电火花加工 spark-erosion machining, electro-discharge machining, EDM
在一定的介质中,通过工具电极和工件电极之间的脉冲放电的电蚀作用,对工件进行加工的方法。

08.359 电火花成形 spark-erosion sinking
使成形工具电极相对工件作一定的进给运动,以加工型腔、型体或穿孔的电火花加工。

08.360 电火花线切割 spark-erosion wire cutting
通过线状工具电极与工件间规定的相对运动,切割出所需工件的电火花加工。

08.361 电火花磨削 spark-erosion grinding
工具电极与工件具有类似磨床工作运动形式的电火花加工。

08.362 电解加工 electrolytic machining, electrochemical machining
又称"电化学加工"。利用金属在电解液中产生的阳极溶解的原理去除工件材料的特种加工。

08.363 电解成形 electrolytic sinking
用成形工具电极相对工件作一定的进给运动,加工型腔、型体或穿孔的电解加工。

08.364 电解去毛刺 electrolytic deburring
按照电解加工原理去除工件上毛刺的加工方法。

08.365 电解刻印 electrolytic marking
在工件上刻制文字和标记的电解加工。

08.366 电解磨削 electrolytic grinding
电解加工与机械磨削相结合的特种加工。

08.367 阳极机械加工 anode mechanical machining
利用电化学、电火花和机械力的复合作用加工金属材料的特种加工。

08.368 超声加工 ultrasonic machining
利用超声振动的工具,带动工件和工具间的磨料悬浮液,冲击和抛磨工件的被加工部位,使其局部材料被蚀除而成粉末,以进行穿孔、切割和研磨等,以及利用超声波振动使工件相互结合的加工方法。

08.369 激光加工 laser beam machining, LBM
利用能量密度极高的激光束照射工件的被加工部位,使其材料瞬间熔化或蒸发,并在冲击波作用下,将熔融物质喷射出去,从而对工件进行穿孔、蚀刻、切割,或采用较小能量密度,使加工区域材料熔融黏合或改性,对工件进行焊接或热处理。

08.370 激光切割 laser beam cutting

利用聚焦后的激光束作为主要热源的热切割方法。

08.371　激光刻印　laser beam marking

用激光刻划标记、文字图形等。

08.372　电子束加工　electron beam cutting

在真空条件下,利用电子枪中产生的电子,经加速、聚焦形成高能量大密度的细电子束,轰击工件被加工部位,使该部位的材料熔化和蒸发,从而进行加工,或利用电子束照射引起的化学变化而进行加工的方法。

08.373　离子束加工　ion beam machining

利用离子源产生的离子,在真空中经加速

聚焦而形成高速高能的束状离子流,从而对工件进行加工的方法。

08.374　等离子加工　plasma machining

利用高温高速的等离子流使工件的局部金属熔化和蒸发,从而对工件进行加工的方法。

08.375　水磨料喷射切割　water-abrasive jet cutting

利用水流以及微粒磨料,经高压喷嘴形成细线射流,对纸、布、石棉、玻璃钢等进行切割加工的方法。

08.05　特种加工机床

08.376　特种加工机床　non-traditional machine tool

用特种加工方法加工工件的机床。

08.377　电火花加工机床　spark-erosion machine tool, electro-discharge machine

用电火花加工方法加工工件的特种加工机床。

08.378　电解加工机床　electrolytic machine tool, electrochemical machine tool

用电解加工方法加工工件的特种加工机床。

08.379　电解磨床　electrolytic grinding machine

用电解磨削方法加工工件表面的特种加工机床。

08.380　电解外圆磨床　electrolytic cylindrical grinder

主要用于加工圆柱和圆锥形外表面的电解磨床。

08.381　电解工具磨床　electrolytic tool

grinder

主要用于加工硬质合金工具的电解磨床。

08.382　电解车刀刃磨床　electrolytic turning tool grinder

主要用于加工硬质合金车刀各刃面的电解工具磨床。

08.383　超声加工机床　ultrasonic machine tool

用超声加工方法加工工件的特种加工机床。

08.384　激光加工机床　laser beam machine tool

用激光加工方法加工工件的特种加工机床。

08.385　电子束加工机床　electron beam machine tool

用电子束加工方法加工工件的特种加工机床。

08.386　电火花成形机　spark-erosion sinking machine

用电火花成形方法加工型腔、型体或穿孔的电火花加工机床。

08.387 电火花穿孔机 spark-erosion perforating machine

专供穿孔用的电火花成形机,一般用于加工小孔(5mm 以下)。

08.388 电火花线切割机 wire cut electric discharge machine

用电火花线切割方法加工工件的电火花加工机床。

08.389 电火花磨床 spark-erosion grinding machine

用电火花磨削方法加工工件的电火花加工机床。

08.390 电解成形机 electrolytic sinking machine

用电解成形方法加工型腔、型体或穿孔的电解加工机床。

08.391 电解去毛刺机 electrolytic deburring machine

用电解法除工件的毛刺、飞边的电解加工机床。

08.392 电解刻印机 electrolytic marking machine

用电解刻印方法在工件表面上刻制文字、图案的电解加工机床。

08.393 平面电解刻印机 surface electrolytic marking machine

用于在工件平面上刻制文字、图案的电解刻印机。

08.394 柱面电解刻印机 cylindrical electrolytic marking machine

用于在工件柱面上刻制文字、图案的电解刻印机。

08.395 阳极机械加工机 anode mechanical operating machine

利用电化学、电火花和机械力的复合作用,加工金属材料的特种加工机床。

08.396 超声穿孔机 ultrasonic perforating machine

主要用于加工孔的超声加工机床。

08.397 激光打孔机 laser beam perforating machine

主要用于加工孔的激光加工机床。

08.398 激光切割机 laser beam cutting machine

(1)主要用于将板材切割成所需形状工件的激光加工机床。(2)利用激光束的热能实现切割的设备。

08.399 激光刻线机 laser beam marking machine

利用激光刻划标记、文字及图形的激光加工机床。

08.06 自动化制造系统

08.400 计算机数控 computer numerical control, CNC

用存储程序计算机代替数控装置,按照计算机中的控制程序来执行一部分或全部数控功能的数值控制方法。

08.401 计算机辅助设计 computer-aided design, CAD

通过向计算机输入设计资料,由计算机自动地编制程序,优化设计方案并绘制出产品或零件图的过程。

08.402　计算机辅助工艺设计　computer-aided process planning, CAPP

在产品制造过程中,利用计算机辅助编制工艺计划。如编制工艺路线卡和检验工序卡等。

08.403　计算机辅助制造　computer-aided manufacturing, CAM

利用计算机分级结构将产品的设计信息自动地转换成制造信息,以控制产品的加工、装配、检验、试验和包装等全过程以及与此过程有关的全部物流系统和初步的生产调度。

08.404　柔性制造系统　flexible manufacturing system, FMS

在成组技术的基础上,以多台(种)数控机床或数组柔性制造单元为核心,通过自动化物流系统将其联接,统一由主控计算机和相关软件进行控制和管理,组成多品种变批量和混流方式生产的自动化制造系统。

08.405　计算机集成制造系统　computer integrated manufacturing system, CIMS

由一个多级计算机控制硬件结构,配合一套订货、销售、设计、制造和管理综合为一体的软件系统所构成的全盘自动化制造系统。

08.406　顺序控制　sequence control

按照预先给定的顺序或条件对各控制阶段逐次进行控制。

08.407　适应控制　adaptive control

按照预先给定的评价指标自动改变加工系统的参数,使之达到最佳工作状态的控制。

08.408　数值控制　numerical control, NC

简称"数控"。用数字量和一些特定字符表示的数据,组成数值信息指令,对机械进行控制的方法。

08.409　进给功能　feed function

又称"F 功能"。定义进给率技术规范的指令。

08.410　刀具功能　tool function

又称"T 功能"。按照适当的格式规范,识别或调入刀具和有关功能的技术指令。

08.411　刀具补偿　cutter compensation

通过切削点垂直于刀具轨迹的位移补偿,用来修正刀具实际半径或直径与其程序规定值之差。

08.412　刀具偏置　tool offset

又称"刀具位置补偿"。刀具位置沿平行于控制坐标方向上的补偿位移。

08.413　辅助功能　miscellaneous function

又称"M 功能"。控制机床或系统的开关功能等辅助任选功能的一种指令。

08.414　准备功能　preparatory function

又称"P 功能"。建立机床或控制系统工作方式的一种指令。

08.415　主轴速度功能　spindle speed function

又称"S 功能"。主轴速度的技术指令。

08.416　插补　interpolation

根据给定的数学函数,在理想的轨迹式轮廓上的已知点之间,确定一些中间点的一种方法。

08.417　直线插补　linear interpolation

给出两端点间的插补数字信息,借此信息控制刀具与工件的相对运动,使其按规定的直线加工出理想曲面的一种插补方式。

08.418　圆弧插补　circular interpolation

给出两端点间的插补数字信息,借此信息控制刀具与工件的相对运动,使其按规定的圆弧加工出理想曲面的一种插补方式。

08.419 抛物线插补 parabolic interpolation
给出两端点间的插补数字信息,借此信息控制刀具与工件的相对运动,使其按规定的抛物线加工出理想曲面的一种插补方式。

08.420 控制系统 control system
由各种元件连接成的一种成套装置,控制机床的各种运动,其中各个元件相互作用,维持机床的某种工作状态,或者以预定方式修改机床的工作状态。

08.421 数控系统 numerical control system
能按照零件加工程序的数值信息指令进行控制,使机床完成工作运动并加工零件的一种控制系统。

08.422 伺服系统 servo-system
包含功率放大和反馈,使得输出变量的值紧密地响应输入量值的一种自动控制系统。

09. 量 具 与 量 仪

09.01 一 般 名 词

09.001 绝对测量 absolute measurement
被测量值直接由量具或量具刻度尺上示数表示。

09.002 相对测量 relative measurement
由量具或量仪上读出的是被测量值相对于标准量值的值。

09.003 接触测量 contact measurement
量具或量仪的感受元件通过与被测表面直接接触获得测量信息的测量方法。

09.004 非接触测量 non-contact measurement
量具或量仪的感受元件无需与被测表面接触,即可获得测量信息的测量方法。

09.005 综合测量 composite measurement
同时测量若干参数的综合影响的测量方法。

09.006 单项测量 analytical measurement, single element measurement
对各个参数分别单独测量的方法。

09.007 主动测量 active measurement, measurement for active control
在加工过程中进行测量,测量结果直接用来控制加工精度。

09.008 被动测量 passive measurement
加工完毕进行测量,以确定工件的有关参考值,主要用于验收中。

09.009 在线测量 on-line measurement
在生产线上进行测量。

09.010 加工过程中测量 in-process measurement
在加工的过程中,为控制加工量所进行的测量。

09.011 测量力 measuring force
测量过程中作用在量具量仪的感受元件与被测工件之间的力。

09.012 示值稳定性 stability of display
用同一仪器在同样条件下对同一被测工件进行测量,示值随时间的变化的状况。

09.02 量 具

09.013 量具 measuring tool
以一定形式复现量值的计量器具。

09.014 单值量具 single-value measuring tool
以固定形式复现单一物理量的量值的计量器具。

09.015 多值量具 multi-value measuring tool
以固定形式复现同一物理量的一系列不同量值的计量器具。

09.016 独立量具 independent measuring tool
能独立进行测量的量具。

09.017 从属量具 dependent measuring tool
只复现量的单个的量具,用它进行测量时必须有其他计量器具。

09.018 成套量具 complete set of measuring tool
以固定形式复现同一物理量,并按一定的间隔复现量值的量具。

09.019 游标量具 vernier measuring tool
利用游标原理读数的通用量具。

09.020 底盘 graduaded disk
具有一系列刻度的圆盘,可提供角度和角位移的量度。广义地说,以光、电、磁等原理形成一定随转角变化的周期信号,并以它提供角度或角位移的器件。

09.021 钢尺 steel rule
不可卷的钢质板状量尺。

09.022 平尺 straightedge
又称"直尺"。检测直线度或平面度用作基准的量尺。

09.023 平板 surface plate, flat plate
用以检验或划线的平面基准器具。

09.024 钢卷尺 steel tape
可卷钢质带状量尺。

09.025 标尺 scale
具有一系列平行刻线的直尺,可提供长度或线位移的量度。广义地说,以光、电、磁等原理形成有一定空间间距的周期信号,并以此提供角度或角位移的量度的器件。

09.026 游标卡尺 vernier calliper
带有测量卡爪并用游标读数的通用量尺。

09.027 深度游标卡尺 depth vernier calliper
用游标读数的深度量尺。

09.028 高度游标卡尺 height vernier calliper
用游标读数的高度量尺。

09.029 齿厚游标卡尺 gear tooth vernier calliper
利用游标原理,以齿高尺定位对齿厚尺两测量爪相对移动所分隔的距离进行读数的齿厚测量工具。

09.030 带表卡尺 dail calliper
通过机械传动系统,将两测量爪相对移动转变为指示表指针的回转运动,并借助尺身刻度和指示表,对两测量爪相对移动所分隔的距离进行读数的一种通用长度测量工具。

09.031 千分尺 micrometer
利用精密螺纹副原理测量长度的量具,通

常刻度值为0.01mm,高精密度者刻度0.002mm 或0.001mm。

09.032 外径千分尺 outside micrometer
利用螺旋副原理对弧形尺架上两测量面间分隔的距离,进行读数的通用长度测量工具。

09.033 公法线千分尺 gear tooth micrometer
利用螺旋副原理对弧形尺架上两盘形测量面间分隔的距离,进行读数的一种测量齿轮齿面公法线的工具。

09.034 壁厚千分尺 tube micrometer
利用螺旋副原理对弧形尺架上的球形测量面和平测量面间分隔的距离,进行读数的一种测量管子壁厚的工具。

09.035 尖头千分尺 point micrometer
利用螺旋副原理对弧形尺架上两锥形球测量面间分隔的距离,进行读数的一种测量工具。

09.036 杠杆千分尺 indicating micrometer
利用尺架体内的杠杆传动机构读取弧形尺架上两测量面间微小轴向位移量的外径千分尺。

09.037 内径千分尺 internal micrometer
利用螺旋副原理对主体两端球形测量面间分隔的距离,进行读数的通用内尺寸测量工具。

09.038 大外径千分尺 large micrometer
利用螺旋副原理对弧形尺架上两测量面间分隔的距离,进行读数的通用长度测量工具,其测量下限等于或大于1000mm。

09.039 万能角度尺 universal bevel protractor
用游标读数,可测任意角度的量尺。

09.040 刀口形直尺 knife straightedge

用光隙法检验直线度或平面度的量尺。

09.041 铸铁平尺 cast iron straightedge

09.042 塞尺 feeler
测量间隙的薄片量尺。

09.043 直角尺 mechanical square
检验直角用非刻线量尺。

09.044 检验平尺 examining flat ruler, examining straightedge
主要用于作为平面基准的量尺。

09.045 卡钳 calliper
具有两个可以开合的钢质卡脚的测量工具。可分为内卡钳和外卡钳。

09.046 三针 three needles
用以测量外螺纹中径的三根一套的精密量针。

09.047 方箱 box parallel
用铸铁制造的空心的立方体或长方体,用于划线或作测量的工具。

09.048 检验夹具 fixture for inspection
检验工件及装配件的尺寸大小和形状等参数时,用来夹持或安装被测工件(或装配件),便于进行检测的一种装置。

09.049 百分表 dial gage
刻度值为0.01mm,指针可转一周以上的机械式量表。

09.050 大量程百分表 long range dial gage
指测量范围超过10mm 的一种长度测量工具,其测量杆的直线位移,通过机械传动系统转变为指针在表盘上的角位移,沿表盘圆周上有均匀的刻度,分度值为0.01mm。

09.051 杠杆百分表 lever-type dial gage
刻度值为0.01mm,借助杠杆、齿轮传动机构,将测杆的摆动转变为指针的回转运动的指标式测微表。

09.052 内径百分表 dial bore gage
一种将活动测头的直线位移通过机械传动转变为百分表指针的角位移并由百分表进行读数的内尺寸测量工具。

09.053 测微表 micrometer
将感受部件感受的微小信号,通过转换和放大,变成可观测的信息量的表。

09.054 千分表 dial indicator
刻度值为 0.002mm 至 0.001mm 的机械式量表。

09.055 杠杆千分表 fine dial test indicator
一种长度测量工具,其杠杆测量头的位移通过机械传动系统转变为指针在表盘上的角位移,沿表盘圆周上有均匀的刻度,分度值为 0.002mm。

09.056 量块 gage block
以两端平面间的距离来复现或提供给定的已知长度量值的量具。

09.057 角度块 angular gage block
复现或提供给定的已知角度量值的量具。

09.058 杠杆卡规 lever-type snap gage
带有精密杠杆齿轮传动机构的指标式千分量具。

09.059 塞规 plug gage
检验孔用的专用量规。可分为过规和止规。

09.060 气动塞规 air plug
塞规上有若干喷嘴,随着被测工件孔径增加,通过喷嘴的气流量增大,根据这一原理实现孔径的测量。

09.061 环规 ring gage
用来检验圆柱形工件外径的钢质圆环。

09.062 过规 go gage
按允许的最大物质条件设计的量规,合格的被检件应能顺利地与过规配合。

09.063 止规 not go gage
按允许的最小物质条件设计的量规,合格的被检件应不能顺利地与止规相配合。

09.064 量规 gage
一种没有刻度的量具,用量规检验工件,不能得出具体数值,只能检验工件尺寸合格与否。使用量规可检验被加工工件尺寸不超过最大极限尺寸,以及不小于最小极限尺寸。

09.065 工作量规 working gage
在生产中所用的量规。

09.066 验收量规 reception gage
验收成品用的量规。

09.067 校对量规 master gage
用于校对工作量规和验收量规的量规。

09.068 坡口量规 groove gage
测量坡口各部分尺寸的专用量规。

09.069 光滑极限量规 plain limit gage
用通端和止端,检验光滑工件极限尺寸的量规。

09.070 螺纹量规 screw gage
用通端和止端综合检验螺纹的量规。

09.071 圆锥塞规 plug cone gage
检验圆锥孔用的专用综合量规。

09.072 螺纹塞规 plug screw gage
检验内螺纹折算中径和实际中径的专用综合量规。

09.073 螺纹环规 screw ring gage
又称"螺纹卡规"。检验外螺纹折算中径和实际中径的专用综合量规。

09.074 花键综合量规 spline gage
用以综合检验花键的量具。

09.075 位置量规 gage for measuring position

用以检验位置误差的量具。

09.076 圆锥量规 taper gage

用以综合检验圆锥的量具。

09.077 多面棱体 polygon

由一个具有多个面的棱体组成的可通过各个面之间夹角来复现量值的高精度角度分度的检查工具。用于检定精密测角仪、光学分度头等。

09.078 表面粗糙度比较样块 roughness comparison specimen

09.079 正弦规 sine bar

根据正弦原理设计的用于精密测量角度的计量器具。

09.080 步距规 step gage

由一系列平行平面构成的多尺度端面量具。可由一系列量块按一定间距叠制成，也可以由整体加工而成。

09.081 样板 template

具有与工件轮廓相反或相同的测量边，用于检验工件轮廓的工具。

09.082 角度样板 angle gage

检验工件倒棱、斜面、齿轮滚刀齿形角、螺纹车刀角度、样板刀角度等的样板。

09.083 半径样板 radius template

一种带有不同半径的标准圆弧薄片，用以与被检圆弧作比较来确定被检圆弧的半径。

09.084 螺纹样板 thread template

一种带有不同螺距的基本牙型薄片，用以与被测螺纹比较来确定被检螺纹的螺距。

09.03 量　　仪

09.085 计量仪器 measuring instrument

将被测的量转换成可直接观测的指示值或等效信息的计量器具。

09.086 计量装置 measuring apparatus

为确定被测量值所必需的计量器具和辅助设备的总体。

09.087 机械式量仪 mechanical measuring instrument

用机械方法实现原始信号转换的计量仪器。

09.088 电动式量仪 electric measuring instrument

将原始信号变成电路参数的计量仪器。

09.089 专用量仪 special purpose measuring instrument

专门用来测量某个或某种特定参数的计量仪器。

09.090 通用量仪 universal measuring instrument

可测量某一定范围的被测对象的量值，并具有较大通用性的计量仪器。

09.091 三维测头 three dimensional probe, 3-D probe

能同时感受被测点三维坐标变化的测头。

09.092 立式测长仪 vertical comparator

以一精密刻线尺为标准，用显微镜读数的一种高精度量仪。

09.093 万能测长仪 universal comparator

又称"卧式测长仪"。以一精密刻线尺为标准，利用显微镜读数的高精度长度量仪。

09.094 激光测长仪 laser length measuring

machine

以稳频激光波长作为长度基准,利用干涉原理精密测量长度的仪器。

09.095 万能测角仪 universal goniometer
包括分度头、准直光管等在内的可测量各种角度的通用测量仪器。

09.096 万能测齿仪 universal gear tester
测量齿轮、蜗轮等多种误差项目的较为通用的齿轮量仪。

09.097 滚刀测量仪 hob measuring machine
按展成原理测量滚刀螺旋线、齿形等多个参数的专用仪器。

09.098 渐开线检查仪 involute tester
根据齿轮齿形渐开线形成原理设计的,测量渐开线齿形误差的齿轮量仪。

09.099 比较仪 comparator
用机械的、电的、气动的或光学的方法,检查被测工件尺寸相对于标准件尺寸偏差的装置。

09.100 扭簧比较仪 torsional spring comparator
采用轴向伸长与回转角度呈线性关系的扭簧丝作为主要放大元件,将测量杆的直线位移转换为指针的角位移,用于测量工件尺寸及形位误差的机械量仪。

09.101 电触式比较仪 electric-contact comparator
将原始信号变成电路参数的量仪。它由电触式传感器和电子开关电路组成。

09.102 立式光学比较仪 vertical optical comparator
又称"立式光学计"。由光学比较仪光管和支架座组成。光管垂直放在支架座上,主要用于相对测量法测量。

09.103 卧式光学比较仪 horizontal optical comparator
又称"卧式光学计"。由光学比较仪光管和支架座组成,光管水平放在支架座上,光管是由自准直光管和正切杠杆机构组成的光学机构。主要用于相对测量法测量。

09.104 卧式阿贝比较仪 horizontal Abbe comparator
由读数显微镜和瞄准显微镜按阿贝原则组成的光学机械量仪。

09.105 光电测扭仪 photoelectric torquemeter
测量传动轴所传递的扭矩的量仪。它由扭力轴和两个光栅圆盘构成。

09.106 钢弦测扭仪 steel wire torquemeter
以钢弦作用来测量传动轴所传递的扭矩的量仪。

09.107 光学测角仪 optical goniometer
由自准光管、度盘、读数头等组成的测角量仪。

09.108 光学测距仪 optical range finder, mekometer
用光学方法精确测量从量仪到目标的距离的光学量仪。

09.109 测振仪 vibrometer
测量振动系统的振幅、速度、加速度和频率等的量仪。

09.110 光学扭簧测微计 spring-optical measuring head, optical microcator
一种将测量杆的直线位移通过机械杠杆、扭簧带和光学原理传动放大后转变为指标线在刻度盘上作角位移的精密长度测量工具。

09.111 杠杆式测微仪 lever-type micrometer
用相对测量法测量,借助杠杆传动,将测量

杆的微小直线位移变成指针的角位移的机械指示式测微仪。

09.112 电感测微仪 inductive gage
利用电感原理测量工件尺寸微小变化的仪器。

09.113 电容测微仪 capacitance gage
利用电容原理测量工件尺寸微小变化的仪器。

09.114 杠杆齿轮式测微仪 lever and gear type micrometer
用相对测量法测量。借助杠杆齿轮传动，将测量杆的微小直线位移转变成指针的角位移的指示式测微仪，其刻度值为0.001mm。

09.115 齿轮导程检查仪 gear lead tester
检验圆柱斜齿轮导程的专用检查仪。

09.116 斜齿轮单面啮合检查仪 single flank gear rolling tester
通过被测齿轮和精确的测量齿轮以固定的中心距作单面啮合滚转，测量其转角误差来评定齿轮的精度，是测量齿轮综合误差的齿轮量仪。

09.117 齿轮双面啮合检查仪 double flank gear rolling tester
被测齿轮装在仪器的固定轴上，精确的测量齿轮装在浮动轴上借助弹簧拉力使测量齿轮压向被测齿轮作无侧隙的双向啮合，由于被测齿轮的各单项误差的综合作用，度量中心距将产生变动，这个变动即可记录下来，是检查齿轮径向综合误差的齿轮量仪。

09.118 齿圈径向跳动检查仪 gear radial runout tester
测量齿轮齿圈径向跳动的齿轮量仪。

09.119 平直度测量仪 flatness measuring instrument
根据自准直光管原理制成的量仪，用于测量工件或导轨的直线度或平面度。

09.120 圆度仪 roundness measuring instrument
用于测量工件圆度误差的量仪。

09.121 水平仪 leveling instrument, level
又称"水准仪"。以水准器作为测量和读数元件，用于测量小倾角的量具。

09.122 水泡水平仪 spirit level
以液面作为水平基准，以此来测定被测面的倾角。

09.123 电子水平仪 electronic level
以摆来实现铅垂基准，当被测面倾角变化时，水平仪基体与摆的相对位置变化，输出电信号，以此确定被测面倾角。

09.124 方框水平仪 frame level
方框形的水平仪，既能测量对水平面的倾斜，又能测量对铅垂面的偏离。

09.125 表面粗糙度测量仪器 surface roughness measuring instrument
测量工件表面粗糙程度的仪器。

09.126 轮廓仪 profilometer
能描绘工件表面波度与粗糙度，并给出其数值的仪器。

09.127 丝杠检查仪 lead screw tester
测量丝杠螺距误差，螺距累积误差和周期误差等的专门仪器。

09.128 激光丝杠检查仪 lead screw laser tester
以激光波长作为测量位移长度的基准，检验丝杠螺旋线误差的专用量仪。

09.129 磁力测厚仪 magnetic thickness tester

用以测量在非磁性金属上磁性覆层厚度，或在磁性基体上的非磁性覆层厚度的一种仪器。

09.130　多功能仪器　multiple function apparatus

自动测量中所采用的能进行多种测量的仪器系统。

09.131　检测装置　detection device

用于各生产环节检测的装置。

09.132　光电式检测装置　photoelectric detection device

利用光电元件对光照变化引起电参数变化的性质，将光信号转换成电信号而构成的检测装置。

09.133　自动检测装置　automatic measuring unit

对工件的尺寸、形状、重量等自动进行检测的装置。

09.134　在线检测装置　on-line measuring device

在生产线上对工件进行检测的装置。

09.135　自动检测系统　automatic test system

在物理量的测试中，能自动地按照一定的程序选择测量对象，获得测量数据，并对数据进行分析和处理，最后将结果显示或记录下来的系统。

09.136　自动分选机　automatic sorting machine

能根据测量结果将被测件分成合格、正超差、负超差或将合格品再分成若干类，以便选择装配的自动化机器。

10.　刀　具

10.01　刀　具　要　素

10.001　刀具　cutting tool

用于切削加工的带刃工具。

10.002　刀体　body

刀具上夹持刀条或刀片的部分，或由它形成切削刃的部分。

10.003　刀柄　shank

刀具上的夹持部分。

10.004　刀孔　tool bore

刀具上用以安装或固紧于主轴、心杆或心轴上的内孔。

10.005　刀条　blade

装夹在刀体上的条状或块状物体，并由它形成刀具的切削部分。

10.006　刀片　tip

装夹在刀体上的片状物体，并由它形成刀具的切削部分。

10.007　可转位刀片　indexable insert tip, throw away tip

又称"不重磨刀片"。机械夹固在刀体上，切削刃用钝后不重磨而转位使用的刀片。

10.008　刮光刀片　wiper insert

硬质合金可转位面铣刀上起刮光作用的刀片，其切削刃平行于加工面。

10.009　涂层刀具　coated tool

在表面涂覆一层超硬材料的刀具。

10.010　刀具轴线　tool axis

刀具上的一条假想直线。它与刀具制造或

重磨时的定位面以及刀具使用时的安装面有一定的关系。

10.011 刀具寿命 tool life
按规定的不能继续切削的判断标准。刀具的实际切削时间或切削工件的数量为刀具一次刃磨寿命，直至刀具失效为止。各次刃磨寿命之和为刀具的总寿命。

10.012 切削部分 cutting part
刀具上起切削作用的部分，它由切削刃、前面及后面等产生切屑的各要素所组成。

10.013 安装面 base
刀柄或刀孔上的一个表面，它平行或垂直于刀具的基面，供刀具在制造、刃磨及测量时作安装或定位用。

10.014 刀楔 wedge
介于前刀面和后刀面之间的切削部分，它与主切削刃或与副切削刃相连。

10.015 刀具表面 tool surface
刀具上各表面之通称。

10.016 前面 face
刀具上切屑流过的表面。

10.017 第一前面 first face
当刀具前面是由若干个彼此相交的面所组成时，离切削刃最近的面称为第一前面。

10.018 第二前面 second face
当刀具前面是由若干个彼此相交的面所组成时，从切削刃处数起第二个面即称为第二前面。

10.019 削窄前面 reduced face
一个特制的前面，用台阶使它与前面的其余部分分开，并使切屑只同它相接触。

10.020 断屑前面 chip breaker
一种改形的前面，用以控制或折断切屑，它是由和刀具一体的沟槽或台阶或由附加的挡块所组成。

10.021 后面 flank
与工件上切削中产生的表面相对的刀具表面。

10.022 主后面 major flank
刀具上同前面相交形成主切削刃的后面。

10.023 副后面 minor flank
刀具上同前面相交形成副切削刃的后面。

10.024 第一后面 first flank
当刀具的后面是由若干个彼此相交的面所组成时，离切削刃最近的面称为第一后面。

10.025 第二后面 second flank
当刀具后面是由若干个彼此相交的面所组成时，从切削刃处数起第二个面称为第二后面。

10.026 前面截形 face profile
刀具前面与任一平面相交而形成的曲线，通常该截形在法平面中定义和测量。

10.027 后面截形 flank profile
刀具后面与任一平面相交而形成的曲线，通常该截形在法平面中定义和测量。

10.028 切削刃 cutting edge
刀具前面上作切削用的刃。

10.029 主切削刃 tool major cutting edge
起始于切削刃上主偏角为零的点，并至少有一段切削刃拟用来在工件上切出过渡表面的那个整段切削刃。

10.030 副切削刃 tool minor cutting edge
切削刃上除主切削刃以外的刃，亦起始于主偏角为零的点，但它向背离主切削刃的方向延伸。

10.031 刀尖 corner
指主切削刃与副切削刃的连接处相当小的一部分切削刃。

10.032 修圆刀尖 rounded corner
具有圆弧状切削刃的刀尖。

10.033 倒角刀尖 chamfered corner
具有直线切削刃的刀尖。

10.034 切削刃选定点 selected point on the cutting edge
在切削刃任一部分上选定的点,用以定义该点的刀具角度或工作角度。

10.035 倒圆切削刃 rounded cutting edge
在前面与后面之间以圆弧过渡所形成的切削刃。

10.036 间断切削刃 interrupted cutting edge
呈不连续间断状的切削刃,其间断量的大小足以防止在间断处有切屑形成的现象发生。

10.C37 刀具廓形 tool profile
刀具切削刃在任意一平面上的正投影所形成的曲线,通常该廓形是在刀具基面中定义和测量。

10.038 刀具尺寸 tool dimension
刀具上各部分之尺寸的通称。

10.039 刀尖圆弧半径 corner radius
倒圆刀尖的公称半径,在刀具基面中测量。

10.040 倒角刀尖长度 chamfered corner length
倒角刀尖的公称长度,在刀具基面中测量。

10.041 倒棱宽 land width of the face
第一前面的宽度。

10.042 刃带宽 land width of the flank
第一后面的宽度。

10.043 切削刃钝圆半径 rounded cutting edge radius
切削刃的公称钝圆半径,在切削刃法平面

中测量。

10.044 基本中径 basic pitch diameter
螺纹中径的基本尺寸。

10.045 丝锥实际大径 actual tap major diameter
实际测量的丝锥大径尺寸。

10.046 削窄前面宽度 width of reduced face
削窄前面的宽度,在切削刃法平面中测量。

10.047 工件表面 workpiece surface
工件上诸表面之通称。

10.048 基面 tool reference plane
过切削刃选定点的平面,它平行或垂直于刀具在制造、刃磨及测量时适合于安装或定位的一个平面或轴线,通常其方位要垂直于假定的主运动方向。

10.049 工作平面 working plane
通过切削刃选定点并同时包含主运动方向和进给运动方向的平面。

10.050 切削平面 tool cutting edge plane
通过切削刃选定点与切削刃相切并垂直于基面的平面。

10.051 主切削平面 tool major cutting edge plane
通过主切削刃选定点与主切削刃相切并垂直于基面的平面。

10.052 副切削平面 tool minor cutting edge plane
通过副切削刃选定点与副切削刃相切并垂直于基面的平面。

10.053 法平面 cutting edge normal plane
通过切削刃选定点并垂直于切削刃的平面。

10.054 背平面 tool back plane

通过切削刃选定点并垂直于基面和假定工作平面的平面。

10.055 刀具角度 tool angle
把刀具当做一个实体来定义其角度时，即刀具在静止参考系中的一套角度，这些角度在设计、制造、刃磨及测量刀具时都是必需的。

10.056 主偏角 tool cutting edge angle
主切削平面与假定工作平面间的夹角，在基面中测量。

10.057 副偏角 tool minor cutting edge angle
副切削平面与假定工作平面间的夹角，在基面中测量。

10.058 余偏角 tool approach angle, tool lead angle
主切削平面与背平面间的夹角，在基面中测量。

10.059 刀尖角 tool included angle
主切削平面与副切削平面间的夹角，在基面中测量。

10.060 前角 tool orthogonal rake
前面与基面的夹角，在正交平面中测量。

10.061 楔角 wedge angle
前面与后面间夹角的通称。

10.062 后角 tool orthogonal clearance
后面与切削平面的夹角，在正交平面中测量。

10.063 刃倾角 tool cutting edge inclination angle
主切削刃与基面间的夹角。

10.064 顶角 point angle
又称"钻尖角"。在平行于主切削刃的平面内，两主切削刃投影间的夹角。

10.065 切削锥角 taper lead angle
刀具轴线和主切削刃在包含铰刀轴线和刀尖的平面内投影之间的夹角。

10.066 切削导锥角 cutting bevel lead angle
机用铰刀切削导锥的切削锥角。

10.067 齿升量 cut per tooth, step per tooth, rise per tooth
前后相邻两刀齿（或齿组）的高度差或半径差，等于切削厚度。

10.068 修形齿廓 profile modification, modified tooth profile
又称"齿形修缘"。为了控制齿轮齿形的加工余量，而对基准齿廓的修正。

10.069 切顶齿廓 topping tooth profile
滚刀刀齿的全部齿高和被加工齿轮的全部齿高相同，在切齿过程中，滚刀的刀齿不仅切除出齿轮的齿形，同时也切削齿轮外圆。

10.070 半切顶齿廓 semi-topping tooth profile
滚刀的刀齿不仅切出工件齿形的齿侧及齿槽，并切出齿顶两侧的倒角的滚刀齿形。

10.071 凸角 protuberance
又称"齿顶修缘"。为了切出齿根带有空刀的齿形，以免剃齿时或磨齿时发生干涉现象而在齿轮滚刀齿顶处制成的凸起。

10.072 头数 number of thread, number of start
滚刀螺旋线的螺纹头数。

10.073 啮合误差 meshing error
齿轮副或其他啮合件实际啮合位置与公称啮合位置之差。

10.074 刀具总切削力 total force exerted by the tool
刀具所有参与切削的各切削部分所产生的

切削力的合力。

10.075 作用力 active force
总切削力在工作平面上的投影。

10.076 背向力 back force
总切削力在垂直于工作平面上的分力。

10.077 工作力 working force
总切削力在合成切削方向上的正投影,在工作平面中定义。

10.078 垂直工作力 working perpendicular force
在工作平面内,总切削力在垂直于合成切削运动方向上的分力。

10.079 垂直切削力 cutting perpendicular force
工作平面内,总切削力在垂直于主运动方向上的分力。

10.080 进给力 feed force
总切削力在进给运动方向上的正投影。

10.081 垂直进给力 feed perpendicular force
工作平面里,总切削力在垂直于进给运动方向上的分力。

10.082 推力 thrust force
总切削力在切削层尺寸平面上的投影。

10.083 剪切平面 shear plane
一个理想的平面,假定材料沿这个平面发生剪切变形。

10.084 剪切角 shear plane angle
主运动方向与剪切平面和工作平面的交线间的夹角。

10.085 切屑厚度压缩比 chip thickness compression ratio
理想切屑厚度与切削层公称厚度之比。

10.086 剪切平面切向力 shear plane tangential force
总切削力在剪切平面上的投影。

10.087 剪切平面垂直力 shear plane perpendicular force
总切削力在垂直于剪切平面方向上的分力。

10.088 前面切向力 tool face tangential force
工作平面内,总切削力在刀具前面上的投影。

10.089 前面垂直力 tool face perpendicular force
总切削力在垂直于刀具前面上的分力。

10.090 切削能 cutting energy
为产生主运动以切除材料所需要的能量。

10.091 进给能 feed energy
为产生进给运动以切除材料所需要的能量。

10.092 工作能 working energy
切除材料所需要的能量,即切削能和进给能之和。

10.093 工作功率 working power
对某个规定切削条件的工序,取同一瞬间和同一点的力矢量与速度矢量的纯量乘积。

10.094 切削功率 cutting power
同一瞬间切削刃基点上的切削力与切削速度的乘积。

10.095 进给功率 feed power
同一瞬间切削刃基点上的进给力与进给速度的乘积。

10.096 吃刀量 engagement of the cutting edge

是两平面间的距离。该两平面都垂直于所选定的测量方向,并分别通过作用切削刃上两个使上述两平面间的距离为最大的点。

10.097 背吃刀量 back engagement of the cutting edge

在通过切削刃基点并垂直于工作平面的方向上测量的吃刀量。

10.098 侧吃刀量 working engagement of the cutting edge

在平行于工作平面并垂直于切削刃基点的进给运动方向上测量的吃刀量。

10.099 进给吃刀量 feed engagement of the cutting edge

在切削刃基点的进给运动方向上测量的吃刀量。

10.100 切削层 cutting layer

由切削部分的一个单动作(或指切削部分走过工件的一个单程,或指只产生一圈过渡表面的动作)所切除的工件材料层。

10.101 材料切除率 material removal rate

单位时间里所切除材料体积。

10.102 刀具总扭矩 total torque exerted by the tool

刀具总切削力对某一规定轴线所产生的扭矩。

10.103 切削扭矩 cutting torque

刀具总切削力对主运动的回转轴线所产生的扭矩。

10.104 积屑瘤 built-up edge

黏附在刀具切削刃上的工件材料。

10.105 刀具寿命判据 tool wear criterion

表征刀具磨损程度的参数或征兆。

10.106 后面磨损 flank wear

刀楔后面上的磨损。

10.107 缺口磨损 notch wear, notching

在切削刃靠近工件外表面处产生较大的沟状磨损。

10.108 刃口崩损 [edge] chipping

切削刃上产生的小块崩损。

10.109 刀具破损 tool failure

由于切削刃损坏而使刀具完全失效。

10.02 刀 具 名 称

10.110 车刀 turning tool

在车床上使用的刀具的总称。

10.111 车刀条 lathe tool bit

条状刀坯,使用时根据用途磨成所需的形状。

10.112 高速钢刀条 high speed steel tool bit

10.113 可转位车刀 indexable turning tool

一种采用机械夹固的方法,将多边形可转位刀片夹紧在刀杆上的车刀。

10.114 成形车刀 copying turning tool

切削刃的廓形与工件的廓形相同的车刀。

10.115 铣刀 milling cutter

铣削加工用多齿刀具。

10.116 立铣刀 end mill

加工凹槽、台阶和各种互相垂直的平面,特别是加工钢和铸铁的箱体零件上的深槽用的一种刀具。

10.117 直柄立铣刀 end mill with parallel shank

10.118 镶齿铣刀 inserted blade milling cutter

刀齿用机械夹固方法直接安装在刀体上的铣刀。

10.119 套式立铣刀 shell end mill

刀具端面和圆周均有刀齿,没有刀柄,需套装在芯轴上使用。有整体式和镶齿式两种。

10.120 圆柱形球头立铣刀 cylindrical ball-nosed end mill cutter

圆周切削刃为圆柱形,端部为球状的立铣刀。

10.121 圆柱形铣刀 cylindrical milling cutter

在圆柱形刀体上有直齿、斜齿或螺旋齿的铣刀。

10.122 可转位铣刀 indexable milling cutter

刀片可转位使用的镶齿铣刀。

10.123 铲齿铣刀 milling cutter with form relieved teeth

在刀齿后面进行成形铲背的铣刀。

10.124 尖齿铣刀 milling cutter with flat relieved teeth

在法平面内的齿形为尖齿的铣刀。

10.125 尖齿槽铣刀 slotting cutter with flat relieved teeth

在法平面内齿形为尖齿的槽铣刀。

10.126 粗齿锯片铣刀 metal slitting saw with coarse teeth

齿数较少的锯片铣刀,主要用于粗加工或软材料加工。

10.127 细齿锯片铣刀 metal slitting saw with fine teeth

齿数较多的锯片铣刀,主要用于精加工。

10.128 螺钉槽铣刀 screw slotting cutter

铣削螺纹头部槽的铣刀。

10.129 凸半圆铣刀 convex milling cutter

在外圆上具有凸半圆形刀齿,用来加工凹半圆形面的铲齿成形铣刀。

10.130 凹半圆铣刀 concave milling cutter

在外圆上具有凹半圆形刀齿,用来加工凸半圆形面的铲齿成形铣刀。

10.131 镶齿三面刃铣刀 side milling cutter with inserted blades

镶嵌具有三个切削刃刀条的铣刀。

10.132 镶齿套式面铣刀 face milling cutter with inserted blades

镶嵌刀条的面铣刀。

10.133 削平型直柄立铣刀 end mill with flatted parallel shank

直柄的部分圆柱面被削平的立铣刀。

10.134 三面刃铣刀 side milling cutter

外圆及两端面都带刀齿的盘形铣刀。

10.135 中齿锯片铣刀 metal slitting saw with medium teeth

具有中等大小锯齿的用于切断的铣刀。

10.136 锯片铣刀 metal slitting saw

切削刃在外圆周上,用来下料或加工窄槽的铣刀。

10.137 圆角铣刀 corner rounding cutter

在一侧面或两侧面具有凹圆切削刃,用来倒圆角的铲齿成形铣刀。

10.138 直柄 T 型槽铣刀 T-slot milling cutter with parallel shank

带直柄的加工 T 型槽的铣刀。

10.139 T 型槽铣刀 T-slot cutter

加工 T 型槽用的铣刀。

10.140 单角铣刀 single angle cutter
只用一个侧面刃的角度铣刀。

10.141 不对称双角铣刀 double unequal-angle cutter
由两侧不对称刃构成的角度铣刀。

10.142 对称双角铣刀 double equal-angle cutter
由两侧对称刃构成的角度铣刀。

10.143 角度铣刀 angle milling cutter
加工各种角度槽用的铣刀。

10.144 直柄铣刀 milling cutter with parallel shank
柄部为圆柱形的铣刀。

10.145 组合铣刀 interlocked cutter
由两个或多个铣刀组装而成的铣刀。

10.146 模具铣刀 die sinking end mill
加工金属模具型面用的铣刀。

10.147 盘形齿轮铣刀 disk type gear milling cutter, rotary milling cutter for gear cutting
圆盘状的带孔齿轮铣刀。

10.148 指形齿轮铣刀 gear cutting end mill
在外周表面有切削刃的齿轮铣刀。

10.149 直齿锥齿轮展成铣刀 circular interlocked cutter for straight bevel gear cutting

10.150 曲线齿锥齿轮铣刀 spiral bevel gear cutter
加工曲线齿锥齿轮的铣刀。

10.151 弧齿锥齿轮铣刀 spiral bevel gear cutter, Gleason spiral bevel gear cutter
又称"格里森铣刀"。在格里森机床上加工弧齿锥齿轮的铣刀。

10.152 摆线齿锥齿轮铣刀 epicycloid bevel gear cutter, Oerlikon spiral bevel gear cutter
又称"奥列康铣刀"。在奥列康机床上加工延伸外摆线齿锥齿轮的铣刀。

10.153 浅孔钻 short-hole drill
一般指钻孔深度小于三倍孔径的硬质合金可转位钻头。

10.154 麻花钻 twist drill
主要由柄部和工作部组成。工作部的切削部有两个主切削刃和副切削刃,两个前面和后面,两个刃带和一个横刃组成,担负全部切削工作。工作部的导向部起导向和备磨作用,容屑槽做成螺旋形以利导屑。

10.155 直柄麻花钻 parallel shank twist drill
其柄部做成圆柱体的麻花钻。

10.156 锥柄麻花钻 taper shank twist drill
其柄部做成莫氏锥度的麻花钻。

10.157 阶梯麻花钻 step drill, multiple drill
用于加工阶梯孔的切削部分有不同直径的麻花钻。

10.158 错齿式阶梯麻花钻 subland drill

10.159 粗锥柄麻花钻 twist drill with oversize taper shank
锥柄直径比通用的柄粗的麻花钻。

10.160 直柄超长麻花钻 extra long parallel shank twist drill
直柄长度比通用的柄长的麻花钻。

10.161 锥柄超长麻花钻 extra long taper shank twist drill
锥柄长度比通用的柄长的麻花钻。

10.162 内冷却麻花钻 twist drill with oil

hole

通过流经麻花钻中心油孔的冷却液对钻头进行冷却的麻花钻。

10.163 中心钻 center drill
加工中心孔的一种刀具。

10.164 套料钻 trepanning drill
能在钻削的内孔中套出一根棒料的孔加工刀具。

10.165 喷吸钻 ejector drilling head
用压力将切削液从刀体外压入切削区,同时靠推、吸两种作用进行内排屑的一种深孔钻。

10.166 锥柄扩孔钻 core drill with taper shank
柄部为圆锥形的扩孔钻。

10.167 套式扩孔钻 shell core drill
用内孔安装定位,用键槽传递运动的扩孔钻。

10.168 直柄扩孔钻 core drill with parallel shank
柄部为圆柱形的扩孔钻。

10.169 锪钻 counterbore, countersink
钻尖呈圆锥面或平面的孔加工刀具。

10.170 锥面锪钻 taper countersink
在车、钻、镗等机床上加工中心孔锥面倒角和锥形埋头螺钉孔的一种切削部分为锥面形的锪钻。

10.171 平底锪钻 flat counterbore
切削部分为平面的锪钻。

10.172 铰刀 reamer
一种孔的精加工刀具,有多刃和单刃两类。

10.173 手用铰刀 hand reamer

10.174 机用铰刀 machine reamer

10.175 直柄铰刀 straight shank reamer
柄部为圆柱形的铰刀。

10.176 锥柄铰刀 taper shank reamer
柄部为锥形的铰刀。

10.177 套式铰刀 shell reamer
用内孔安装定位,用端面键槽传递运动的铰刀。

10.178 圆锥铰刀 taper reamer

10.179 枪孔铰刀 gun reamer
精加工枪孔等用的铰刀。

10.180 硬质合金铰刀 carbide reamer

10.181 镗刀 boring tool
加工内旋转表面的刀具。

10.182 可调镗刀 adjustable boring tool
在一定范围内径向尺寸可调整的镗刀。

10.183 微调镗刀头 fine-adjustable boring head

10.184 浮动镗刀 floating boring tool
刀条可在刀杆孔内浮动的镗刀。

10.185 可转位浮动镗刀 indexable floating boring tool
刀条可转位使用的浮动镗刀。

10.186 丝锥 tap
加工圆柱形和圆锥形内螺纹的标准工具。

10.187 板牙 threading die
一种加工外螺纹的刀具。

10.188 板牙头 die head
又称"自动开合板牙头"。一种组装式的外螺纹成形工具。

10.189 滚丝轮 cylindrical die roll
在滚丝机上利用金属塑性变形的方法滚压出螺纹的一种工具。

10.190 搓丝板 flat die roll
在搓丝机上利用金属塑性变形的方法滚压出螺纹的工具。

10.191 螺尖丝锥 spiral pointed tap
又称"刃倾角丝锥"。切削锥为螺尖形的丝锥,用于加工通孔中的内螺纹。

10.192 跳牙丝锥 interrupted thread tap
切削齿间断分布的丝锥。

10.193 自动开合丝锥 collapsible tap
丝锥攻丝结束后,梳刀片可以缩入内部,丝锥不用反转就能从孔中退出。

10.194 复合丝锥 combined tap and drill
在丝锥前端为钻头,是钻孔攻丝连续进行的一种高效丝锥。

10.195 挤压丝锥 thread forming tap
丝锥螺纹部分无切削刃,依靠塑性变形方法在孔中挤压形成螺纹。

10.196 内容屑丝锥 machine tap with internal swarf passage
丝锥内部设有空间,藉以容纳切屑。

10.197 螺旋槽丝锥 machine tap with spiral flute

10.198 螺纹滚压头 die head with cylindrical-die roller
与滚丝轮或环状螺纹滚轮组装成的板牙头。

10.199 拉削刀具 broaching tool
加工内外表面的多齿高效刀具,依靠刀齿尺寸或廓形变化切除加工余量,以满足加工要求。

10.200 推刀 push broach
在压力作用下进行切削的拉削刀具。

10.201 拉刀 broach
在拉力作用下进行切削的拉削工具。

10.202 圆拉刀 round broach
加工圆柱形孔的拉刀。

10.203 花键拉刀 spline broach
加工内花键孔拉刀的通称。

10.204 渐开线花键拉刀 involute spline broach
在拉床上用以加工渐开线花键孔的拉刀。

10.205 特形拉刀 broach for special profile, contour broach
加工特殊廓形的专用拉刀。

10.206 矩形花键拉刀 straight spline broach
加工矩形内花键的拉刀。

10.207 齿轮滚刀 gear hob
按齿轮啮合原理加工工件齿形的一种展成刀具。

10.208 镶片齿轮滚刀 gear hob with inserted blades

10.209 磨前齿轮滚刀 pre-grinding hob
在工件齿廓侧面(有时在底面)留出一定磨削余量的滚刀。

10.210 装配式滚刀 built-up hob
非整体的,靠组合方式构成的滚刀。

10.211 多头滚刀 multiple thread hob
两线以上蜗杆式滚刀。

10.212 半顶切滚刀 semi-topping hob
除了切削齿侧面和齿槽之外,还在工件齿侧和齿顶之间切出倒角或圆弧形修缘齿形的滚刀。

10.213 蜗轮滚刀 worm gear hob, worm wheel hob
加工蜗轮的滚刀。

10.214 定装滚刀 single position hob

按成形法用连续分度切削加工直齿锥齿轮的滚刀。

10.215 剃前滚刀 pre-shaving hob
在工件齿廓侧面上留下一定的剃齿余量的滚刀。

10.216 硬质合金滚刀 carbide hob

10.217 插齿刀 shaper cutter, gear shaper cutter
齿轮状的插齿刀具。用于在插齿机上按展成法加工齿形。

10.218 盘形插齿刀 disk type cutter, disk gear shaper type cutter
圆盘状的插齿刀。

10.219 锥柄插齿刀 tapered shank cutter
柄部为圆锥形的插齿刀。

10.220 套式插齿刀 arbor type cutter
用内孔安装定位的插齿刀。

10.221 特形插齿刀 gear shaper cutter for special profile

10.222 斜齿插齿刀 helical type gear shaper cutter
用于加工斜齿轮齿形的插齿刀。

10.223 梳齿刀 rack type gear shaper cutter
齿条形的插齿刀。

10.224 剃齿刀 gear shaving cutter
在齿面上开有小槽以形成切削刃,利用螺旋齿轮啮合时的齿向滑移运动和进给运动,进行切削的螺旋齿轮状精加工齿轮的刀具。

10.225 盘形剃齿刀 rotary shaving cutter
刀具的节面为圆柱状的剃齿刀。

10.226 蜗轮剃齿刀 worm shaving hob, worm wheel shaving cutter
呈蜗杆状的剃齿刀,用于精加工蜗轮。

10.227 径向剃齿刀 plunge feed shaving cutter

10.228 硬质合金刮削滚刀 carbide skiving hob

11. 磨 料 磨 具

11.01 一 般 名 词

11.001 磨具 grinding tool
用磨料和结合剂按一定形状和尺寸黏结而成用于磨削的工具。

11.002 磨粒 grain
用破碎筛分、浮选或其他方法得到的单颗粒磨料。

11.003 粒度 grain size
磨粒平均直径。

11.004 结合剂 bond
用来固结磨粒形成磨具的黏结材料。

11.005 硬度 grade, hardness
表示磨粒从结合剂中完全脱离的难易程度。

11.006 组织 structure
指磨具中磨粒、结合剂和孔隙的组成比例和分布状态。

11.02 磨 料

11.007 磨料 abrasive
在磨削加工过程中起切削作用的硬质材料的总称,主要用于制造磨具。

11.008 人造磨料 artificial abrasive
用工业方法炼制或合成的磨料,主要有刚玉、碳化硅、人造金刚石和立方氮化硼等。

11.009 天然磨料 natural abrasive
利用天然矿石直接制粒的磨料,主要有石英砂、石榴子石、天然刚玉和金刚石等。

11.010 金刚石 diamond
碳的同素异形体,是已知的最硬的物质,有天然和人造两类。

11.011 聚晶金刚石 polycrystalline diamond

11.012 刚玉 alumina
以三氧化二铝(Al_2O_3)为主体的磨料。

11.013 棕刚玉 ruby fused alumina, brown fused alumina
三氧化二铝(Al_2O_3)不小于92.5%的刚玉。

11.014 白刚玉 white fused alumina
人造磨料的一种。三氧化二铝(Al_2O_3)含量在98%以上,并含有少量氧化铁、氧化硅等成分,呈白色。

11.015 单晶刚玉 monocrystalline fused alumina
三氧化二铝(Al_2O_3)不小于98%的刚玉。磨料颗粒多为等积状的单晶体。

11.016 微晶刚玉 microcrystalline fused alumina
三氧化二铝(Al_2O_3)含量为94%～96%,

10%晶体尺寸细小的刚玉。

11.017 铬刚玉 chromium fused alumina
含有1.15%～1.30%三氧化二铬(Cr_2O_3)的刚玉。

11.018 锆刚玉 fused alumina zirconia
含有10%～40%二氧化锆(ZrO_2)的刚玉。

11.019 镨钕刚玉 Pr-Nb fused alumina
含有少量镨钕氧化物的刚玉。

11.020 黑刚玉 black fused alumina
三氧化二铝(Al_2O_3)含量为70%～80%,含较多的氧化硅和氧化钛等杂质,呈黑色的一种刚玉。

11.021 黑碳化硅 black silicon carbide
碳化硅含量不少于98.5%,结晶呈黑色光泽。

11.022 绿碳化硅 green silicon carbide
碳化硅含量不少于99%,结晶呈绿色光泽。

11.023 立方碳化硅 cubic silicon carbide
低温相属立方晶系的碳化硅。

11.024 铈碳化硅 cerium silicon carbide
含稀土元素铈的碳化硅。

11.025 碳化硼 boron carbide
以碳化硼为主体的磨料。

11.026 立方氮化硼 cubic boron nitride, CBN
是一种人造磨料,属氮化物系,用氮化硼为原料,在高温高压下合成。

11.03 砂　　轮

11.027　砂轮　grinding wheel
用磨料和结合剂混合经压坯、干燥、焙烧而制成的,疏松的盘状、轮状等各种形状的磨具。

11.028　平行砂轮　straight wheel

11.029　弧形砂轮　arc wheel

11.030　单斜砂轮　tapered wheel

11.031　双斜砂轮　duplex tapered wheel

11.032　单面凸砂轮　hubbed wheel

11.033　双面凸砂轮　duplex hubbed wheel

11.034　单面凹砂轮　wheel recessed one side

11.035　双面凹砂轮　wheel recessed two sides

11.036　单面凹带锥砂轮　wheel relieved and recessed same side, recessed one side wheel with taper

11.037　双面凹带锥砂轮　wheel relieved and recessed both sides, recessed two side wheel with taper

11.038　薄片砂轮　thin grinding wheel

11.039　筒形砂轮　cylinder wheel

11.040　杯形砂轮　cup wheel

11.041　碗形砂轮　taper cup wheel

11.042　碟形砂轮　dish wheel

11.04 磨　　头

11.043　磨头　mounted point, wheel head
(1)中心孔是盲口的小直径回转体形磨具,常黏结在金属柄上使用。(2)装有砂轮主轴并使其旋转的磨床部件。

11.044　圆柱磨头　cylindrical mounted point

11.045　截锥磨头　truncated cone mounted point

11.046　椭圆锥磨头　ellipse cone mounted point

11.047　半球形磨头　semi-spherical mounted point

11.048　球形磨头　spherical mounted point

11.05 油　　石

11.049　油石　oil stone, abrasive stick
具有各种截面形状(方形、圆形、半圆形等)的条形磨具。

11.050　正方油石　square stone

11.051　长方油石　rectangular stone

11.052　三角油石　equilateral triangular

stone

11.053 正方珩磨油石 square honing stone

11.054 长方珩磨油石 rectangular honing stone

11.055 刀形油石 oil stone with knife

11.056 圆形油石 round stone

11.057 半圆形油石 semi-round stone

11.06 砂 瓦

11.058 砂瓦 segment of grinding wheel, grinding segment
块状磨具,有不同截面形状,通常拼装在磨床主轴圆盘上,作端面磨削。

11.059 砂带 abrasive band, abrasive belt
涂敷有磨料的布或纸制的环带。

11.060 矩形砂瓦 rectangular segment

11.061 扇形砂瓦 sector segment

11.062 梯形砂瓦 trapezium segment

12. 夹 具

12.001 夹具 fixture, jig
用以装夹工件(和引导刀具)的装置。

12.002 专用夹具 special fixture
专为某一工件的某一工序而设计的夹具。

12.003 通用夹具 universal fixture
不同工件都可以用的夹具。

12.004 组合夹具 modular jig and fixture
由可反复使用的标准夹具零部件(或专用零部件)组装成易于连接和拆卸的夹具。

12.005 可调夹具 adjustable fixture
通过调整或更换个别零部件,能适用多种工件加工的夹具。

12.006 成组夹具 modular fixture
根据成组技术原理设计制造的用于成组加工的夹具。

12.007 标准夹具 standard fixture
已纳入标准的夹具。

12.008 手动夹具 manual fixture
以人力将工件定位和夹紧的夹具。

12.009 气动夹具 pneumatic fixture
以压缩空气压力将工件定位和夹紧的夹具。

12.010 液压夹具 hydraulic fixture
以液体压力将工件定位和夹紧的夹具。

12.011 电动夹具 electric fixture
以电动力将工件定位和夹紧的夹具。

12.012 磁力夹具 magnetic fixture
以磁力将工件定位和夹紧的夹具。

12.013 自夹紧夹具 self-clamping fixture
用离心力或切削力自动夹紧工件的夹具。

12.014 真空夹具 vacuum fixture
以真空产生的负压将工件定位和夹紧的夹具。

12.015 液性塑料夹具 liquid plastic fixture

以液性塑料作为传递夹紧力介质的夹具。

12.016 热处理夹具 fixture of heat treatment

工件热处理过程中使用的夹具。

12.017 机床夹具 machine tool fixture

在机床上用于装夹工件或引导刀具的装置。

12.018 车床夹具 lathe fixture

在车床上使用的夹具。

12.019 铣床夹具 fixture for milling machine

在铣床上使用的夹具。

12.020 镗床夹具 fixture for boring machine

在镗床上使用的夹具。

12.021 钻床夹具 fixture for drilling machine

在钻床上使用的夹具。

12.022 刨床夹具 fixture for planing machine

在刨床上使用的夹具。

12.023 插床夹具 fixture for slotting machine

在插床上使用的夹具。

12.024 磨床夹具 fixture for grinding machine

在磨床上使用的夹具。

12.025 齿轮加工机床夹具 fixture for gear cutting machine

在齿轮加工机床上使用的夹具。

12.026 拉床夹具 fixture for broaching machine

在拉床上使用的夹具。

12.027 组合机床夹具 fixture for modular machine

在组合机床上使用的夹具。

12.028 随行夹具 workholding pallet

用于装夹工件并由工件传送装置送至生产线各工位的夹具。

12.029 定位件 locating piece, locating element

在夹具上,起定位作用的零部件。

12.030 夹紧件 clamping element

在夹具上,起夹紧作用的零部件。

12.031 导向件 guiding element

在夹具上,起引导作用的零部件。

12.032 对刀件 element for aligning tool

在夹具上,起对刀作用的零部件。

13. 机 床 附 件

13.001 机床附件 machine tool accessory

用于扩大机床的加工性能和使用范围的附属装置。

13.002 分度头 dividing head

工件夹持在卡盘上或两顶尖间,并使其旋转和分度定位的机床附件。

13.003 万能分度头 universal dividing head

主轴可以倾斜,可进行直接、间接和差动分度的分度头。与机动进给连接可作螺旋切削。

13.004 半万能分度头 semi-universal dividing head

可进行直接分度和间接分度的分度头。

13.005 等分分度头 direct dividing head
仅可进行直接分度的分度头。

13.006 立卧分度头 vertical and horizontal dividing head
具有与主轴轴线垂直和平行的两个安装基面的分度头。

13.007 悬臂分度头 arm type dividing head
具有悬臂的分度头。利用悬臂使主轴轴线与尾座顶尖轴线同轴。

13.008 光学分度头 optical dividing head
具有光学分度装置并用光学系统显示分度数值的分度头。

13.009 数显分度头 digital display dividing head
用数字显示系统显示分度数值的分度头。

13.010 数控分度头 numerical control dividing head, NC dividing head
用数值信息发出的指令控制分度的分度头。

13.011 电动分度头 electric dividing head
用电动机为动力的分度头。

13.012 [机床附件]工作台 table
安装工件亦可使之运动的机床附件。台面一般有 T 型槽,工件可直接安装在台面上,也可借助其他装置夹持工件。

13.013 圆工作台 circular table
工作台面为圆形的工作台。

13.014 矩形工作台 rectangular table
工作台面为矩形的工作台。

13.015 立卧工作台 vertical and horizontal table
具有与工作台面平行和垂直的两个安装基面的工作台。

13.016 可倾工作台 tilting table
工作台面可在一定角度范围内倾斜的工作台。

13.017 坐标工作台 coordinate table
工作台面可沿纵、横两个坐标方向移动的工作台。

13.018 交换工作台 pallet changer
具有两个或两个以上的可独立安装工件轮换进行工作的工作台。

13.019 回转工作台 rotary table
简称"转台"。可进行回转或分度定位的工作台。

13.020 端齿工作台 rotary table with face gear
用端齿盘为分度元件的工作台。

13.021 数显工作台 digital display rotary table
用数字显示系统显示位移量的工作台。

13.022 数控工作台 numerical control table, NC table
用数值信息发出的指令控制的工作台。

13.023 动力工作台 power rotary table
由动力驱动的工作台。

13.024 气动工作台 pneumatic table
由压缩空气驱动的动力工作台。

13.025 液压工作台 hydraulic table
由液体压力驱动的动力工作台。

13.026 电动工作台 electric table
由电动机驱动的动力工作台。

13.027 卡盘 chuck
以均布在盘体上的活动卡爪的径向移动,将工件夹紧定位的机床附件。

13.028 卡盘直径 diameter of chuck

卡盘盘体的外圆直径。

13.029 自定心卡盘 self-centering chuck
卡爪可径向同心移动使工件自动定心的卡盘。

13.030 单动卡盘 independent chuck
卡爪可单独调整的卡盘。

13.031 短圆柱卡盘 chuck with short cylindrical adaptor
与机床主轴端部相接用短圆柱止口定位的卡盘。

13.032 短圆锥卡盘 chuck with short taper adaptor
与机床主轴端部相接用短圆锥止口定位的卡盘。

13.033 复合卡盘 combination chuck
若干个卡爪可同心移动也可单独调整的卡盘。

13.034 管子卡盘 pipe chuck
主要用于夹持管类工件的卡盘。

13.035 动力卡盘 power chuck
卡爪由动力驱动的卡盘。

13.036 气动卡盘 pneumatic chuck
卡爪由压缩空气驱动的动力卡盘。

13.037 液压卡盘 hydraulic chuck
卡爪由液体压力驱动的动力卡盘。

13.038 电动卡盘 electric chuck
卡爪由电动机驱动的动力卡盘。

13.039 机用虎钳 machine vice
用丝杠副或其他方式使平钳口板相对移动夹持工件的机床附件。

13.040 平口虎钳 plane-jaw vice
两个钳口板为平面的机用虎钳。一般带有底座,可使钳身在水平面内转动。

13.041 V型虎钳 V-type jaw vice
两个钳口板为V型,主要用于夹持轴类工件的机用虎钳。

13.042 自定心虎钳 self-centering vice
一般用具有左右旋螺纹的丝杠带动两个V型钳口同步相对移动,可使被夹持工件自动定心的机用虎钳。

13.043 可倾虎钳 tilting vice
夹持工件后,可使工件相对水平面倾斜一定角度的机用虎钳。

13.044 快动虎钳 quick-action vice
用凸轮杠杆等机构快速夹持工件的机用虎钳。

13.045 磨用虎钳 vice for grinding machine
主要安装在磨床上,夹持工件进行精密加工的机用虎钳。

13.046 动力虎钳 power vice
由动力驱动钳口移动的机用虎钳。

13.047 气动虎钳 pneumatic vice
由压缩空气驱动钳口移动的动力虎钳。

13.048 液压虎钳 hydraulic vice
由液体压力驱动钳口移动的动力虎钳。

13.049 电动虎钳 electric vice
钳口移动由电动机驱动的动力虎钳。

13.050 钳口宽度 width of jaw
钳口板的宽度。

13.051 顶尖 center
尾部带有锥柄,安装在机床主轴锥孔或尾座顶尖轴锥孔中,用其头部锥体顶住工件的机床附件。

13.052 固定顶尖 fixed center
尾柄与头部锥体为一体的顶尖。

13.053 半缺顶尖 half-conical center

头部锥体为大半圆锥的固定顶尖。

13.054 镶硬质合金顶尖 carbide-tipped center

头部锥体镶有硬质合金的固定顶尖。

13.055 内拨顶尖 inside driving center

头部锥体为带齿外锥的固定顶尖。装在主轴锥孔中,利用带齿外锥与工件中心孔配合顶住并带动工件转动。

13.056 外拨顶尖 outside driving center

头部锥体为带齿内锥的固定顶尖。装在主轴锥孔中,利用带齿内锥与工件端面外圆配合顶住并带动工件转动。

13.057 回转顶尖 live center

头部锥体与尾柄可相对旋转的顶尖。

13.058 变径套 reduction center

内外锥面具有不同锥度号的锥套,外锥体与机床锥孔连接,内锥孔与刀具或其他附件连接的机床附件。

13.059 吸盘 magnetic chuck

主要安装在磨床上,用吸力吸紧工件的机床附件。

13.060 电磁吸盘 electromagnetic chuck

用电磁力吸紧工件的吸盘。

13.061 永磁吸盘 permanent magnetic chuck

用铝镍钴等永磁合金产生吸力吸紧工件的吸盘。

13.062 矩形吸盘 rectangular magnetic chuck

工作台面为矩形的吸盘。

13.063 圆形吸盘 circular magnetic chuck

工作台面为圆形的吸盘。

13.064 可倾吸盘 tilting magnetic chuck

工作台面可在一定的角度范围内倾斜的吸盘。

13.065 强力吸盘 powerful electromagnetic chuck

有较强吸力的吸盘。一般吸力不小于$150N/cm^2$,局部吸力可达$250N/cm^2$以上。

13.066 真空吸盘 vacuum chuck

用真空产生的负压吸紧工件的吸盘。

13.067 静电吸盘 electrostatic chuck

用静电荷产生的吸力吸紧工件的吸盘。

13.068 夹头 collet chuck

安装在机床主轴端部,用可移动卡爪或夹持元件的弹性变形夹紧工件或刀具的机床附件。

13.069 钻夹头 drill chuck

主要安装在钻床主轴端部,用三个可同心移动的卡爪夹紧钻头或其他工具的夹头。

13.070 丝锥夹头 tap chuck

用前端方孔及滑套钢圈弹性变形夹持丝锥的夹头。

13.071 铣夹头 milling chuck

安装在铣床主轴端部,用于夹紧铣刀的夹头。

13.072 铣头 milling head

安装在铣床上并与主轴连接,用于带动铣刀旋转的机床附件。

13.073 万能铣头 universal milling head

铣刀轴可在水平和垂直两个平面内回转的铣头。

13.074 立铣头 vertical milling head

铣刀轴可绕垂直轴回转的铣头。

13.075 镗头 boring head

由尾部锥体与机床主轴锥孔连接,头部安装镗刀并可径向调整进行镗削的机床附件。

13.076 万能镗头 universal boring head
可手动径向调整,也可自动径向进给的镗头。

13.077 精密镗头 precision boring head
可手动径向精确调整并直接读数的镗头。

13.078 精密镗刀杆 precision boring bar
可对镗刀进行手动精密微调的刀杆。

13.079 工作台面直径 diameter of table
　　surface
工作台上转盘工作面的最大直径。

13.080 工作台高度 height of table
工作台工作面至安装基面的距离。

13.081 扳手力矩 wrench torque
扳手杆上所受垂直于扳手杆的外力与力的
作用点至扳手方头轴线之间距离的乘积。

13.082 孔盘 hole plate
两面带有多排孔,用于分度的盘状零件。

13.083 等分盘 equi-index plate
用于直接分度,其上带有均匀分布的孔或
槽的零件。

13.084 转盘 face plate
安装工件并能回转的盘状零件。

13.085 盘体 chuck body
卡盘上用于支承卡爪等零件的基础零件。

13.086 丝盘 scroll
在自定心卡盘中,用端面的螺纹带动卡爪
同心径向移动并传递夹紧力的零件。

13.087 卡爪 jaw
卡盘中用于夹持工件的零件。

13.088 楔心套 wedge-catch system
在动力卡盘上,其锥体带有 T 型槽可带动
卡爪同心径向移动的零件。

13.089 钳身 vice body
用于支承虎钳活动钳口、丝杠等零件的基
础零件。

13.090 活动钳口 moving jaw
虎钳上在丝杠副或其他机构作用下,沿钳
身导轨移动,从而夹持工件的零件。

13.091 钳口板 jaw plate
安装在活动钳口上,用于直接夹持工件的
零件。

13.092 顶尖轴 center shaft
装在回转顶尖前部直接夹持工件的零件。

13.093 面板 face plate
吸盘面上直接吸紧工件的零件。

13.094 夹紧套 gripping sleeve
铣夹头中通过外力作用使弹性套产生弹性
变形的零件。

13.095 弹性套 elastic sleeve
铣夹头中在夹紧套作用下产生弹性变形,
直接夹持刀具或工件的零件。

13.096 铣头体 body of milling head
铣头中座体与主轴本体之间的过渡零件,
支承水平和垂直两齿轮轴。

14. 模　具

14.001 模具 die, mould
用以限定生产对象的形状和尺寸的装置。

14.002 锻模 forging die
模锻时使坯料成形而获得锻件的模具。

14.003 开式锻模 open forging die
金属流动不完全受模膛限制的模具。

14.004 闭式锻模 closed forging die
金属流动完全受模膛限制的模具。

14.005 锤锻模 hammer forging die
在模锻锤上使坯料成形为模锻件或其半成品的模具。

14.006 机械压力机锻模 mechanical press forging die
简称"机锻模"。在机械压力机上使坯料成形为模锻件或其半成品的模具。

14.007 平锻模 upset forging die
在平锻机上使坯料成形为模锻件或其半成品的模具。

14.008 镶块锻模 inserted forging die
由分模体和镶块两部分组成的组合结构的锻模。

14.009 辊锻模 forge rolling die, roll segment
在辊锻机上将毛坯轧制成形的扇形模具。

14.010 螺旋压力机锻模 screw press forging die
在螺旋压力机上使坯料成形为模锻件或其半成品的模具。

14.011 镦锻模 upsetting die
由一对夹紧模和冲头组成的镦锻用的模具。

14.012 冷镦模 cold heading die
在冷镦机上使坯料切断、预成形、成形为冷成形件的模具。

14.013 高速锤锻模 high speed hammer forging die
在高速锤上使坯料成形为模锻件的模具。

14.014 校正模 straightening die

用于校正已成形的锻件,使其成为有准确的形状和尺寸的模具。

14.015 压印模 coining die
使锻件表层变形产生凹凸印纹的模具。

14.016 单型槽模 single impression die
只有终锻型槽的模具。

14.017 多型槽模 multiple impression die
在型腔面上除终锻模以外还有预锻、制坯或切断等多种模膛的模具。

14.018 切边模 trimming die
切除锻件飞边的模具。

14.019 自定位模 selfsetting die
在分开的两半锻模上,分别设有凸起和凹入部分相互配合,可起定位作用的锻模。

14.020 挤压模 extrusion die
使金属挤压成形的模具。

14.021 精锻模 precision forging die
锻制精密锻件的模具。

14.022 精压模 sizing die
对锻件进行少量压缩,以提高锻件局部或整体的尺寸精度的模具。

14.023 多向锻模 multi-ram forging die
能从垂直和水平(或倾斜)方向分别或同时对金属毛坯施加压力,使毛坯能多向成形的模具。

14.024 闭塞锻模 enclosed forging die
具有锻件外轮廓形状的模膛先闭合,然后将冲头压进模膛内部,使金属充满模膛同时冲出锻件孔部所用的模具。

14.025 胎模 loose tooling
在自由锻设备上锻造模锻件时使用的模具。

14.026 冲模 stamping die

加压将金属或非金属板材或型材分离、成形或接合而得到制件的工艺装备。

14.027 单工序模 single die
在压力机的一次行程中只完成一道冲压工序的冲模。

14.028 复合模 compound die
在压力机的一次行程中,在模具的同一部位上,同时完成两道或两道以上的冲压工序的冲模。

14.029 级进模 progressive die
又称"连续模"。在压力机一次行程中,在模具不同部位上完成两道或两道以上的冲压工序的冲模。

14.030 无导向模 guidless die
上、下模之间没有导向装置的冲模。

14.031 导板模 guide plate die
上、下模之间由导板导向的冲模。

14.032 导柱模 guide pillar type die
上、下模之间由导柱、导套导向的冲模。

14.033 通用模 universal die
通过调整,在一定范围内可以完成不同制件的同类工序的冲模。

14.034 专用模 special purpose die
在压力加工中,专门为某一工件的特定工序所用的冲模。

14.035 整体式模 solid die
易损部分与非易损部分作为一个整体的模具。

14.036 自动模 transfer die
送料、出件及排除废料完全自动完成的模具。

14.037 组合冲模 combined die
由可重复使用的标准冲模零部件组装而成,易于连接和拆卸的冲模。

14.038 镶块式模 insert die
刃口由几个可局部更换的镶块拼装成的模具。

14.039 柔性模 flexible die
用液体、气体、橡皮等柔性物质作为凸(凹)模的冲模。

14.040 简易模 low-cost die
结构简单、制造周期短、成本低的冲模。

14.041 橡胶冲模 rubber die
又称"橡皮模"。用橡胶制成的简易模。

14.042 钢带模 steel strip die
用淬硬的钢带制成刃口,嵌入桦木层压板、低熔点合金或塑料中制成的模体的简易模。

14.043 低熔点合金模 die made with low-melting point alloy
用低熔点合金制成的简易模。

14.044 锌基合金模 zinc alloy die
用锌基合金制成的简易模。

14.045 薄板模 laminated die
凹模、固定板和卸料板均采用薄钢板叠制成的简易模。

14.046 夹板模 template die, steel plate die
将凸、凹模置于两块相连的钢板上,借助两块钢板合拢时产生压力对坯料进行冲裁的简易模具。

14.047 冲裁模 blanking die, punching die
使板材分离,得到所需形状和尺寸的平片毛坯或制件的冲模。

14.048 落料模 blanking die
在板材上冲裁制件或毛坯的冲模。

14.049 冲孔模 piercing die
在毛坯或板材上,沿封闭的轮廓分离出废

料得到带孔件的冲模。

14.050 切口模 notching die
从毛坯或半成品制件的内外边缘上,沿不封闭的轮廓分离出废料的冲模。

14.051 切舌模 lancing die
沿不封闭轮廓将部分板材切开使其下弯的冲模。

14.052 剖切模 parting die
沿不封闭轮廓将半成品制件切离为两个或数个制件的冲模。

14.053 整修模 shaving die
沿半成品制件被冲裁的外缘或内孔修、切掉一层材料,以提高制件尺寸精度和降低冲切面粗糙度的冲模。

14.054 精冲模 fine blanking die
使板料处于三向受压的状态下进行冲裁,冲制冲切面无裂纹和撕裂、尺寸精度高的制件的冲模。

14.055 切断模 cutting-off die
将板材沿不封闭的轮廓分离的冲模。

14.056 弯曲模 bending die
将毛坯或半成品制件弯曲成一定形状的冲模。

14.057 折边模 folding die
用于在折边机上完成折边工序的模具。

14.058 卷边模 curling die
把板材端部弯曲成接近封闭圆筒的冲模。

14.059 扭曲模 twisting die
给毛坯以扭矩,使其扭转成一定角度的制件或半成品的冲模。

14.060 拉深模 drawing die
把毛坯拉压成空心体,或者把空心体拉压成外形更小而板厚没有明显变化的空心体的冲模。

14.061 反拉深模 reverse drawing die
凸模从初拉伸所得的空心毛坯的底部反向加压,完成与初拉伸相反方向的再拉伸,使毛坯内表面翻转为外表面,从而形成更深的制件的拉深模。

14.062 变薄拉深模 ironing die
凸、凹模之间间隙小于空心毛坯壁厚,把空心毛坯加工成侧壁厚度小于毛坯壁厚的薄壁制件的拉深模。

14.063 成形模 forming die
使板材发生局部的塑性变形,按凸模与凹模的形状直接复制成形的冲模。

14.064 胀形模 bulging die
使空心毛坯内部在双向拉应力作用下,产生塑性变形,取得凸肚形制件的冲模。

14.065 整形模 sizing die
校正制件成准确的形状和尺寸的冲模。

14.066 缩口模 necking die, reducing die
使空心毛坯或管状毛坯端部的径向尺寸缩小的冲模。

14.067 扩口模 flaring die
使空心毛坯或管状毛坯端部的径向尺寸扩大的冲模。

14.068 翻边模 flange die
使毛坯的平面部分或曲面部分的边缘沿一定曲线翻起竖立直边的成形模。

14.069 翻孔模 plunging die
在预先制好孔的半成品上或未经制孔的板材上冲制出竖立孔边缘的成形模。

14.070 校平模 planishing die, flattening die
由平面的上模和下模组成的用于完成校正工序的模具。

14.071 热挤压模 hot extruding die

对加热到再结晶温度以上的金属进行挤压的模具。

14.072 冷挤压模 cold extruding die
在室温下,使金属坯料在模具压力作用下通过模具产生塑性变形,使金属材料产生体积转移而挤压成形的模具。

14.073 正挤压模 forward extruding die
在挤压成形时,金属的流动方向与凸模的运动方向相同的挤压模。

14.074 反挤压模 backward extruding die
在挤压成形时,金属的流动方向与凸模的运动方向相反的挤压模。

14.075 复合挤压模 compound extruding die
在挤压成形时,金属的一部分流动方向与凸模的运动方向相同,而另一部分的流动方向则相反的挤压模。

14.076 径向挤压模 radial extruding die
在挤压成形时,金属在凸模压力的作用下沿径向流动的挤压模。

14.077 拉丝模 wire drawing die
进行金属线(棒)材拉伸的工具。

14.078 凸模 punch
在冲压过程中,冲模中被制件或废料所包容的工作零件。

14.079 凹模 matrix
在冲压过程中,与凸模配合直接对制件进行分离或成形的工作零件。

14.080 凸凹模 punch-matrix
复合模中同时具有凸模和凹模作用的工作零件。

14.081 压力铸造模具 die casting die
简称"压铸模"。压力铸造成形工艺中,用以成形铸件所使用的金属模具。

14.082 定模 fixed die, cover die
固定在压铸机上不动的那一半模具。

14.083 动模 moving die, ejector die
随压铸机滑台作开合移动的那一半模具。

14.084 旋压模 former, mandrel, chuck
又称"芯模"。旋压时,坯料赖以安装、定位、转动并成形的模具。

14.085 分瓣模 segmental mandrel
成形型面沿周向分瓣的一种组合式旋压模。

14.086 分段模 sectional mandrel
成形型面沿轴向分段的一种组合式旋压模。

14.087 偏心模 eccentric mandrel
成形模轴线与主轴偏移的一种旋压模。

14.088 塑料成形模具 mould for plastics
简称"塑料模"。在塑料成形工艺中,成形塑料件用的模具。

14.089 热塑性塑料模 mould for thermo-plastics
热塑性塑料成形用的模具。

14.090 热固性塑料模 mould for therm-osets
热固性塑料成形用的模具。

14.091 压缩模 compression mould
借助加压和加热,使直接放入型腔内的塑料熔融并固化成形所用的模具。

14.092 传递模 transfer mould
通过柱塞,使在加料腔内受热塑化熔融的热固性塑料,经浇注系统,压入被加热的闭合型腔,固化成形所用的模具。

14.093 注射模 injection mould
由注射机的螺杆或活塞,使料筒内塑化熔融的塑料,经喷嘴、浇注系统,注入型腔,固化成形所用的模具。

14.094 热塑性塑料注射模 injection mould for thermoplastics
成形热塑性塑料制件用的注射模。

14.095 热固性塑料注射模 injection mould for thermosets
成形热固性塑料制件用的注射模。

15. 钳工及装配工具

15.01 一 般 名 词

15.001 手工工具 manual tool

15.002 气动工具 pneumatic tool
以压缩空气为动力的工具。

15.003 电动工具 electric tool
以电为动力的工具。

15.004 装配 assembly
按规定的技术要求将零件或部件进行组配和连接,使之成为半成品或成品的工艺过程。

15.005 配套 forming a complete set
将待装配产品的所有零、部件配备齐全。

15.006 部装 subassembly
把零件装配成部件的过程。

15.007 总装 general assembly, final assembly [method]
把零件和部件装配成最终产品的过程。

15.008 压装 press fitting
将具有过盈量配合的两个零件压到配合位置的装配过程。

15.009 热装 shrinkage fitting
具有过盈量配合的两个零件,装配时先将包容件加热胀大,再将被包容件装入到配合位置的过程。

15.010 冷装 expansion fitting
具有过盈量配合的两个零件,装配时先将

被包容件用冷却剂冷却,使其尺寸收缩,再装入包容件使其达到配合位置的过程。

15.011 吊装 hoisting assembly
对大型零、部件,借助于起吊装置进行的装配。

15.012 试装 trial assembly
为保证产品总装质量而进行的各连接部位的局部试验性装配。

15.013 流水线装配 assembly on flow line production
按一定的程序,使工件定向移动的装配过程。

15.014 固定装配 assembly on fixed position
工件固定在一个工位上进行装配。

15.015 移动装配 movable assembly on production line
在流水线装配过程中,工件在移动中进行装配。

15.016 初装 initial assembly
将零件组合成组件或部件的装配工作。

15.017 分解 disassembly
将整机拆成各个零部件、组件的过程。

15.018 装联 installation
组件、整件在形成中采用的装配过程。

15.019 装配精度 assembly precision

装配时实际达到的精度。一般包括零部件间的配合精度,相互位置精度和相对运动的精度等。

15.020　装配误差　assembly error
关联要素的实际位置相对基准的变动量。

15.021　装配方法　assembly method
装配某一制成品所用的方法,如手工装配、流水线装配以及自动装配等。

15.022　装配单元　assembly unit
能进行独立装配的部分。

15.02　手　工　工　具

15.023　划针　scriber
用以在工件上划线的工具。

15.024　划线盘　tosecan
带有划针的可调划线工具。

15.025　划规　scribing compass
圆规式划线工具。

15.026　划线方箱　scribing hander
夹持工件,并根据需要转换位置的划线工具。

15.027　样冲　anvil
用以在工件上打出样冲眼的工具。

15.028　划线尺架　scratch ruler support
用以夹持钢直尺的划线工具。

15.029　锉刀　file
用以锉削的工具。

15.030　錾子　chisel
用以錾削的工具。

15.031　刮刀　scraper
用以刮削的工具。

15.032　锤子　hammer
带柄的锤击工具。

15.033　扳手　spanner, wrench
拧紧或旋松螺钉、螺母等的工具。

15.034　螺丝刀　screw-driver
拧紧或旋松头部带一字或十字槽螺钉的工具。

15.035　拔销器　pin puller
取出带内螺纹销的工具。

15.036　手锯　hand saw
手工锯削的工具。

15.037　顶拔器　thruster
用于拆卸皮带轮、轴承等的工具。

15.038　挡圈装卸钳　spring plier for mounting
用以装卸弹性挡圈的工具。

15.039　铰杠　tap wrench
用以夹持丝锥、铰刀的手工旋转工具。

15.040　板牙架　die handle
用以夹持板牙的手工旋转工具。

15.041　台虎钳　bench vice
装在钳工台上,用钳口夹持工件的工具。

15.042　断锥起爪　handle for dismounting broken tap
用以取出残留在工件中的折断丝锥的工具。

15.043　研板　lapping plate
研磨平面的工具。

15.044　研棒　lapping bar
研磨内圆表面的工具。

15.045　研套　lapping housing

研磨外圆表面的工具。

15.03 气 动 工 具

15.046 回转式气动工具 rotary pneumatic tool
装有回转头,并用回转式气动发动机的气动工具。

15.047 冲击式气动工具 percussive pneumatic tool
装有冲头并用往复冲击式气动发动机的气动工具。

15.048 气铲 pneumatic chipping hammer
装有铲头,以冲击方式铲切金属构件飞边、毛刺及清砂等用的气动工具。

15.049 气动铆钉机 pneumatic riveting hammer
装有窝头,以冲击方式铆接金属构件用的气动工具。

15.050 气动拉铆机 pneumatic rivet puller
采取拉胀的方法,用特殊的铆钉铆接金属构件的气动工具。

15.051 气动压铆机 pneumatic squeeze riveter
采取挤压的方法,用特殊的铆钉铆接金属构件的气动工具。

15.052 气动除锈器 pneumatic cleaner
清除金属表面锈层或漆层等的气动工具。

15.053 气动砂轮机 pneumatic grinder
简称"气砂轮"。以气动发动机驱动砂轮回转,进行磨削的气动工具。

15.054 气动砂带机 pneumatic belt sander
以气动发动机驱动砂带运动,进行磨削的气动工具。

15.055 气动抛光机 pneumatic polisher
用布、毡等抛轮对各种材料表面进行抛光的气动工具。

15.056 气钻 pneumatic drill
在金属等材料上钻孔的气动工具。

15.057 气动扳手 pneumatic wrench
拧紧或旋松螺栓、螺母的气动工具。

15.058 气动攻丝机 pneumatic tapper
具有正反转机构,在金属等材料上攻制内螺纹的气动工具。

15.059 气动螺丝刀 pneumatic screw driver
简称"气螺刀"。拧紧或旋松螺钉用的气动工具。

15.060 气剪刀 pneumatic shears
用以剪切金属薄板的气动工具。

15.061 气冲剪 pneumatic nibbler
以往复运动的冲头冲剪金属板材的气动工具。

15.062 气铣刀 pneumatic mill
用以铣削金属等材料的气动工具。

15.063 气锉刀 pneumatic file
用以锉削金属等材料的气动工具。

15.064 气锯 pneumatic saw
锯割木材、塑料等材料的气动工具。

15.065 气动磨光机 pneumatic sander
用以磨光物体表面腻子、漆层等的气动工具。

15.04 电 动 工 具

15.066 电钻 electric drill
钻孔用的电动工具。

15.067 角向电钻 angular electric drill
钻头与电动机轴线成固定角度(一般为90°)的电钻。

15.068 万向电钻 all-direction electric drill
钻头与电动机轴线可成任意角度的电钻。

15.069 磁座钻 magnetic drill
带有磁座架,可吸附在钢铁构件上钻孔的电钻。

15.070 电剪刀 electric shears
剪切金属薄板的电动工具。

15.071 平板电剪 electric plate shears
具有双边剪切刃,剪切金属板材的电动工具。

15.072 电冲剪 electric nibbler
以往复运动的冲头冲剪金属板材的电动工具。

15.073 电动往复锯 electric reciprocating saw
以往复运动的锯条进行锯切的电动工具。

15.074 电动曲线锯 electric jig saw
在板材上可按曲线进行锯切的一种电动往复锯。

15.075 电动刀锯 electric saber saw
对板、管及棒等型材进行锯切的电动往复锯。所用的锯条为马刀状,较曲线锯条宽。

15.076 电动锯管机 electric pipe cutter
切断大口径金属管材用的一种电动往复锯。

15.077 电动自爬式锯管机 electric pipe milling machine
附有自动进给装置,可在管壁上自行切割,用于大口径金属管材的切断和坡口成形的电动工具。

15.078 电动攻丝机 electric tapper
设有反转装置,用于加工内螺纹的电动工具。

15.079 电动套丝机 electric threading machine
设有正反转装置,用于加工外螺纹的电动工具。

15.080 手持式电动坡口机 hand-held electric beveller
金属构件上冲切坡口用的电动工具。

15.081 电动倒角机 electric weld joint beveller
金属板材焊缝坡口成形用的携带式电动工具。

15.082 电动型材切割机 electric cut-off machine
用薄片砂轮来切割各种金属型材的电动工具。

15.083 电动刮刀 electric scraper
对已加工的金属表面进行刮削的电动工具。

15.084 电动砂轮机 electric grinder
用砂轮或磨盘进行磨削的电动工具。

15.085 电动砂光机 electric sander
用砂布对各种材料的工件表面进行砂磨、光整加工用的电动工具。

15.086 电动抛光机 electric polisher
用布、毡等抛轮对各种材料的工作表面进行抛光的电动工具。

15.087 电动扳手 electric wrench
拧紧和旋松螺栓及螺母的电动工具。

15.088 冲击电动扳手 electric impact wrench
具有旋转带切向冲击机构的电扳手。工作时对操作者的反作用扭矩小。

15.089 定扭矩电动扳手 electric constant torque wrench
用于拧紧需要以恒定张力连接的螺纹件的电动扳手。

15.090 电动螺丝刀 electric screw driver
拧紧和旋松螺钉用的电动工具。

15.091 电动胀管机 electric tube expander
在金属管与板的连接中用于胀管的电动工具。

15.092 电动拉铆枪 electric blind-riveting tool gun
采用拉胀的方法用特殊铆钉铆接构件的电动工具。

英 汉 索 引

A

abrasive 磨料 11.007

abrasive band 砂带 11.059

abrasive belt 砂带 11.059

abrasive belt grinding machine 砂带磨床 08.208

abrasive stick 油石 11.049

absolute measurement 绝对测量 09.001

accurate rapid dense die casting 双冲头压铸，＊精速密压铸 02.229

acicular powder 针状粉 07.035

acicular structure 针状组织 05.007

acidity 酸度 04.048

acid resisting cast iron 耐酸铸铁 02.091

acid slag 酸性渣 04.046

activated reactive evaporation 活性反应离子镀 06.248

activated sintering 活化烧结 07.104

activation polarization 电化学极化，＊活化极化 06.033

active force 作用力 10.075

active measurement 主动测量 09.007

activity 活度 06.055

actual tap major diameter 丝锥实际大径 10.045

ACURAD die casting 双冲头压铸，＊精速密压铸 02.229

adaptive control 适应控制 08.407

adaptive control machine tool 适应控制机床 08.172

adhesion 附着力 06.188

adiabatic extrusion 绝热挤压 03.184

adjustable boring tool 可调镗刀 10.182

adjustable fixture 可调夹具 12.005

adjustment 调整 08.296

aeration 松砂 02.069

aerator 松砂机 02.306

ageing 时效 05.157

ageing resistance 耐老化性 06.007

ageing treatment 时效处理 05.158

agglomerate 团粒 07.015

agglomerated flux 烧结焊剂 04.069

air drying 自干 06.175

air hammer 空气锤 03.267

air hardening 空冷淬火 05.125

airless spraying 高压无气喷涂 06.161

air plug 气动塞规 09.060

air spraying 空气喷涂 06.159

air tight test 气密性检验 04.246

alkali bath 淬火碱浴 05.308

all-direction electric drill 万向电钻 15.068

alloy cast iron 合金铸铁 02.094

alloyed cementite 合金渗碳体 05.046

alloyed powder 合金粉 07.029

alloy plating 合金电镀 06.057

alternate broaching 轮切式拉削 08.055

alternating current arc welding generator 交流弧焊发电机 04.307

alumina 刚玉 11.012

aluminizing 渗铝 05.229

aluminizing medium 渗铝剂 05.283

aluminoboriding 铝硼共渗 05.256

analytical measurement 单项测量 09.006

angle gage 角度样板 09.082

angle milling cutter 角度铣刀 10.143

angle of arm swivel 摇臂回转角 08.317

angle of repose 自然坡度角 07.048

angular electric drill 角向电钻 15.067

angular gage block 角度块 09.057

angular powder 角状粉 07.036

anisotropy 各向异性 03.024

annealing 退火 05.094

anode 阳极 06.037

anode coating 阳极电镀 06.075

anode electro-coating 阳极电泳涂装 06.171

anode mechanical machining 阳极机械加工 08.367

anode mechanical operating machine 阳极机械加工机 08.395

anode polarization 阳极极化 06.044

anode slime 阳极泥 06.056

anodic oxidation 阳极氧化 06.091

antimonizing 渗锑 05.236

anti-oxidation heater 无氧化加热炉 03.251

anvil 样冲 15.027

apparent density 松装密度 07.045

apparent hardness 表观硬度 07.151

applying preventive by dipping 浸涂防锈 06.235

approach 切入量 08.011, 趋近 08.272

aqueous rust preventive 防锈水 06.213

aqueous volatile rust preventive 气相防锈水剂 06.232

arbor type cutter 套式插齿刀 10.220

arc brazing 电弧硬钎焊 04.214

arc cutting 电弧切割 04.254

arc furnace 电弧炉 02.315

arc initiation device 引弧装置 04.280

arc ion plating 电弧离子镀 06.250

arc spot welding 电弧点焊 04.164

arc spraying 电弧喷涂 06.104

arc stability 电弧稳定性 04.152

arc stabilizer 稳弧剂 04.043

arc welding 电弧焊, *弧焊 04.077

arc welding gun 电弧焊枪 04.311

arc welding machine 电弧焊机 04.286

arc welding robot 弧焊机器人 04.271

arc welding torch 电弧焊枪 04.311

arc wheel 弧形砂轮 11.029

ARE 活性反应离子镀 06.248

area reduction 断面减缩率 03.189

argon shielded arc welding 氩弧焊 04.087

argon shielded arc welding-pulsed arc 脉冲氩弧焊 04.088

arm 摇臂 08.336

arm travel 摇臂行程 08.316

arm type dividing head 悬臂分度头 13.007

artificial abrasive 人造磨料 11.008

artificial ageing treatment 人工时效处理 05.160

as-cast structure 铸造组织, *铸态组织 02.019

assembly 装配 15.004

assembly error 装配误差 15.020

assembly method 装配方法 15.021

assembly on fixed position 固定装配 15.014

assembly on flow line production 流水线装配 15.013

assembly precision 装配精度 15.019

assembly unit 装配单元 15.022

ATC 自动换刀装置 08.352

atomization 雾化 06.128

atomized powder 雾化粉 07.018

austempering [贝氏体]等温淬火 05.124

austempering medium [贝氏体]等温淬火介质 05.300

austenite 奥氏体 05.022

austenitizing 奥氏体化 05.090

auto-deposition 自沉积, *化学沉积 06.144

automatic compensation 自动补偿 08.286

automatic compensator 自动补偿装置 08.351

automatic cycle 自动循环 08.291

automatic feed 自动进给 08.268

automatic feed press 板料自动压力机 03.295

automatic flat die thread-rolling machine 自动搓丝机 03.336

automatic forging line 锻造自动线 03.342

automatic header 自动镦锻机 03.332

automatic machine tool 自动机床 08.169

automatic measuring device 自动测量装置 08.350

automatic measuring unit 自动检测装置 09.133

automatic metal forming machine 自动锻压机 03.293

automatic molding 自动化造型 02.194

automatic pouring machine 自动浇注机 02.329

automatic press line 冲压自动线 03.343

automatic production line 自动生产线 08.260

automatic production line of modular machine 组合机床自动线 08.261

automatic sorting machine 自动分选机 09.136

automatic spraying 自动喷涂 06.162

automatic spring winding machine 自动卷簧机 03.338

automatic stamping and bending machine 自动弯曲机 03.337

automatic test system 自动检测系统 09.135

automatic thread roller 自动滚丝机 03.335

automatic tool changer 自动换刀装置 08.352

automatic trimmer 自动切边机 03.334

automatic welding 自动焊 04.026

autophoresis coating 自泳涂装 06.167

auto-tempering 自发回火，＊自发回火效应
05.143

auxiliary anode 辅助阳极 06.039

auxiliary cathode 辅助阴极 06.040

auxiliary hole 工艺孔 08.006

auxiliary motion 辅助运动 08.271

axial feed shaving 轴向剃齿 08.133

B

back engagement of the cutting edge 背吃刀量
10.097

back force 背向力 10.076

backhand welding 右焊法 04.166

backing 焊接衬垫 04.281

backing bead 打底焊道 04.145

backing sand 背砂，＊填充砂 02.063

backing welding electrode 底层焊条 04.060

backstep sequence 分段退焊 04.167

back tension drawing 逆张力拉拔 03.168

backward extruding die 反挤压模 14.074

backward extrusion 反挤压 03.175

backward flow forming 反旋压 03.217

back weld 封底焊道 04.146

bainite 贝氏体 05.025

ball milled powder 球磨粉 07.023

ball screw pair 滚珠丝杠副 08.329

ball spinning 滚珠旋压，＊钢球旋压 03.218

banded structure 带状组织 05.009

band sawing machine 带锯床 08.254

bar 棒料 03.033

bar hold 压钳口 03.069

barrel enamelling 滚筒涂装 06.154

barrel plating 滚镀 06.062

base 底座 08.319，安装面 10.013

base material 母材 04.002

basicity 碱度 04.047

basic parameter 基本参数 08.307

basic pitch diameter 基本中径 10.044

basic slag 碱性渣 04.045

batch furnace 间歇式炉，＊非连续式炉 05.311

batch [sand] mixer 间歇式混砂机 02.295

batch-type furnace 室式炉，＊箱式炉 03.246

bath boronizing medium 熔盐渗硼剂，＊液体渗硼剂
05.282

bath furnace 浴炉 05.329

bead 焊道 04.144

beading 卷边 03.211

beam 横梁 08.334

bed 砂床 02.158，床身 08.318

bed type milling machine 床身式铣床 08.234

bell-type furnace 罩式炉 05.315

belt drop hammer 皮带锤 03.274

belt-type aerator 带式松砂机 02.308

belt-type magnetic separator 带式磁力分离机
02.287

bench lathe 台式车床 08.185

bench-type drilling machine 台式钻床 08.188

bench vice 台虎钳 15.041

bending 弯曲 03.060

bending die 弯曲模 14.056

berylliumizing 渗铍 05.237

bevel angle 坡口面角度 04.125

bevel gear cutting machine 锥齿轮加工机床
08.211

bevel gear lapping machine 锥齿轮研齿机 08.212

beveling [of the edge] 开坡口 04.120

billet shear 钢坯剪切机 03.320

billet shearing machine 棒料剪切机 03.321

bimetal centrifugal casting 双金属离心铸造
02.239

binder 黏结剂 02.043，[粉末冶金]黏结剂
07.002

binder metal 黏结金属 07.004

binder phase 黏结相 07.003

binder pre-heater 黏结剂预热器 02.305

bipolar electrode 双极性电极 06.048

black fused alumina 黑刚玉 11.020

black heart malleable cast iron 黑心可锻铸铁 02.084

black silicon carbide 黑碳化硅 11.021

blade 刀条 10.005

blade aerator 梳式松砂机 02.307

blade mixer 叶片混砂机 02.300

blank 毛坯 01.009，坯件 07.010

blank carburizing 空白渗碳，＊伪渗碳 05.207

blanking 冲裁 03.098，落料 03.104

blanking and piercing with combination tool 复合冲裁 03.103

blanking clearance 冲裁间隙 03.099

blanking die 冲裁模 14.047，落料模 14.048

blank layout 排样 03.097

blending 合批 07.065

blind riser 暗冒口 02.126

blocking 预锻 03.086

block sequence welding 分段多层焊 04.174

blow 打击 03.253

blow efficiency 打击效率 03.254

blow energy 打击能量 03.255

blow speed 打击速度 03.256

blows per minute 每分钟打击次数 03.257

bluing 发蓝处理，＊发黑 05.258

board drop hammer 夹板锤 03.272

body 刀体 10.002

body of milling head 铣头体 13.096

bogie furnace 车底式炉 05.320

bogie hearth furnace 台车式炉 05.313

bond 结合剂 11.004

borax bath metallizing medium 硼砂盐浴渗金属剂 05.290

boride layer 硼化物层 05.223

boriding 渗硼 05.217

boriding medium 渗硼剂 05.279

boring 镗削，＊镗孔 08.060

boring and facing 镗削切端面 08.078

boring head 镗头 13.075

boring tool 镗刀 10.181

boring machine 镗床 08.194

boroaluminizing medium 硼铝共渗剂 05.293

boron carbide 碳化硼 11.025

boronizing paste 膏体渗硼剂，＊膏状渗硼剂 05.281

bottom gating system 底注式浇注系统 02.111

bottom pouring ladle 底注包 02.323

bottom pouring unit 底注浇注机 02.331

box parallel 方箱 09.047

brass 黄铜 02.099

brazability 钎焊性 04.202

brazing 钎焊 04.199，硬钎焊 04.200

brazing alloy 钎料 04.070

brazing filler metal 硬钎料 04.071

brazing flux 钎剂 04.073

break-off riser 易割冒口 02.129

bridge 连接梁 08.337

bridge-type hammer 桥式锤 03.266

bridging 搭桥 07.093

bright annealing 光亮退火 05.106

brightening agent 光亮剂 06.077

bright heat treatment 光亮热处理 05.174

bright plating 光亮电镀 06.069

bright quenching 光亮淬火 05.114

bright quenching oil 光亮淬火油 05.306

brine hardening 盐水淬火 05.128

broach 拉刀 10.201

broach for special profile 特形拉刀 10.205

broaching 拉削 08.032

broaching layout 拉削方式 08.050

broaching machine 拉床 08.247

broaching tool 拉削刀具 10.199

bronze 青铜 02.098

brown fused alumina 棕刚玉 11.013

brush plating 刷镀 06.084

buffer agent 缓冲剂 06.081

built-up edge 积屑瘤 10.104

built-up hob 装配式滚刀 10.210

bulge coefficient 胀形系数 03.146

bulging 胀形 03.133

bulging die 胀形模 14.064

bulk density 散装密度 07.046

bulk forming 体积成形 03.092

bulk heat treatment 整体热处理 05.089

burn-on 化学黏砂，＊烧结黏砂 02.273

burn-through 烧穿 04.224

burnt sand 枯砂，*焦砂 02.066

butt joint 对接接头 04.018

butt weld 对接焊缝 04.015

C

CAD 计算机辅助设计 08.401

cake 粉块 07.016

calliper 卡钳 09.045

CAM 计算机辅助制造 08.403

cantilever 悬臂 08.335

capacitance gage 电容测微仪 09.113

capacitor discharge spot welding machine 电容储能点焊机 04.301

capacitor discharge welding 电容储能焊 04.195

CAPP 计算机辅助工艺设计 08.402

carbide 碳化物 05.058

χ-carbide χ碳化物，*黑格碳化物 05.060

ε-carbide ε碳化物 05.059

carbide hob 硬质合金滚刀 10.216

carbide lamella 碳化物层，*碳化物片 05.066

carbide network 碳化物网，*二次碳化物网，*先共析碳化物网 05.065

carbide reamer 硬质合金铰刀 10.180

carbide skiving hob 硬质合金刮削滚刀 10.228

carbide-tipped center 镶硬质合金顶尖 13.054

carbonitriding 碳氮共渗 05.240

carbonitriding medium 碳氮共渗剂 05.271

carbonitriding salt medium 盐浴碳氮共渗剂，*液体碳氮共渗剂 05.272

carbon potential 碳势，*碳位 05.204

carbon restoration 复碳 05.203

carbonyl powder 羰基粉 07.019

car bottom furnace 台车式炉 05.313

carburized case 渗碳层 05.205

carburizer 渗碳剂 05.261

carburizing 渗碳 05.191

carburizing atmosphere 渗碳气氛 05.296

carburizing paste 膏体渗碳剂，*膏状渗碳剂 05.263

castability 铸造性能 02.020

castable sand 流态砂 02.060

cast aluminium alloy 铸造铝合金 02.096

cast copper alloy 铸造铜合金 02.097

casting 铸造 02.001，铸件 02.002

casting defect 铸造缺陷 02.024

casting stress 铸造应力 02.278

cast iron 铸铁 02.077

cast iron straightedge 铸铁平尺 09.041

cast magnesium alloy 铸造镁合金 02.101

cast steel 铸钢 02.076

cast structure 铸造组织，*铸态组织 02.019

cast zinc alloy 铸造锌合金 02.100

catalysis polymerization drying 催化聚合干燥，*催化固化 06.182

cathode 阴极 06.038

cathode electro-coating 阴极电泳涂装 06.169

cathode polarization 阴极极化 06.043

CBN 立方氮化硼 11.026

cemented carbide 硬质合金 07.139

cementite 渗碳体 05.041

cementite lamella 渗碳体层，*渗碳体片 05.048

cementite network 渗碳体网，*先共析渗碳体网 05.047

center 顶尖 13.051

center drill 中心钻 10.163

center grinding 磨中心孔 08.155

center hole 中心孔 08.007

centering 钻中心孔 08.154

center lapping 研中心孔 08.156

center lathe 卧式车床 08.175

centerless grinding machine 无心磨床 08.203

center rest 中心架 08.331

center shaft 顶尖轴 13.092

center squeezing 挤压中心孔 08.157

centrifugal casting 离心铸造 02.236

centrifugal casting machine 离心铸造机 02.383

centrifugal enamelling 离心涂装 06.157

centrifugal pressure casting 离心浇注 02.238

ceramet 金属陶瓷 07.140

ceramet coating 陶瓷涂层 06.119，金属陶瓷涂层 06.122

cerium silicon carbide 铈碳化硅 11.024

C-frame hydraulic press 单臂式液压机 03.300

C-frame press 开式压力机 03.281

chain conveyer furnace 链条输送式炉 05.318

chamfered corner 倒角刀尖 10.033

chamfered corner length 倒角刀尖长度 10.040

chamfering 倒棱 03.067, 倒角 08.151

changing gear unit 交换齿轮机构 08.343

chaplet 型芯撑 02.166

charge 炉料 02.245

chelating agent 螯合剂 06.082

chemical cleaning 化学清砂 02.258, 化学清洗 06.015

chemical conversion coating 化学转化膜 06.092

chemical degreasing 化学脱脂, *化学除油 06.018

chemical oxidation 化学氧化 06.090

chemical passivating 化学钝化 06.096

chemical pretreatment 化学预处理 06.011

chemical rust removal 化学除锈 06.024

chemical vapor deposition 化学气相沉积, *CVD法 06.243

chill 冷铁 02.159

chilled cast iron 冷硬铸铁, *激冷铸铁 02.089

chip breaker 断屑前面 10.020

chip conveyor 排屑装置 08.355

chipless machining 无屑加工 01.004

chipping 清铲 02.261

chip thickness compression ratio 切屑厚度压缩比 10.085

chisel 錾子 15.030

choked gating system 封闭式浇注系统 02.106

choked running system 封闭式浇注系统 02.106

chromaluminizing 铬铝共渗 05.252

chromaluminizing medium 铬铝共渗剂 05.292

chromaluminosiliconizing 铬铝硅共渗 05.254

chromaluminosiliconizing medium 铬铝硅共渗剂 05.294

chrombboridizing 铬硼共渗 05.251

chromite sand 铬铁矿砂 02.034

chromium fused alumina 铬刚玉 11.017

chromizing 渗铬 05.230

chromsiliconizing 铬硅共渗 05.253

chromvanadizing 铬钒共渗 05.255

chuck 卡盘 13.027, 旋压模, *芯模 14.084

chuck body 盘体 13.085

chuck with short cylindrical adaptor 短圆柱卡盘 13.031

chuck with short taper adaptor 短圆锥卡盘 13.032

churning 捣冒口 02.249

CIMS 计算机集成制造系统 08.405

circular interlocked cutter for straight bevel gear cutting 直齿锥齿轮展成铣刀 10.149

circular interpolation 圆弧插补 08.418

circular magnetic chuck 圆形吸盘 13.063

circular sawing machine 圆锯床 08.253

circular table 圆工作台 13.013

circumferential weld 环缝 04.012

clamping element 夹紧件 12.030

classification 分级 07.058

clay 黏土 02.045

cleaning 清砂 02.255, 清洗 06.013

closed forging die 闭式锻模 14.004

closed pore 闭孔 07.008

closed porosity 闭孔孔隙度 07.148

cloud burst treatment forming 喷丸成形 03.230

CNC 计算机数控 08.400

CO_2 shielded arc welding 二氧化碳气体保护焊, *二氧化碳焊 04.081

CO_2 waterglass process 二氧化碳水玻璃砂法 02.189

coarse martensite 粗针马氏体 05.033

coat 涂层 06.183

coated tool 涂层刀具 10.009

coating 覆盖层 06.004

coating [of electrode] 药皮 04.042

coating products 涂料 06.137

coefficient of draught 压下系数 03.151

coefficient of elongation 延伸系数 03.152

coefficient of spread 展宽系数 03.153

coherent boundary 共格界面 05.085

coil 卷料 03.036

coil coater 卷材涂装机 06.194

coiled strip 卷料 03.036

coil painting 卷材涂装 06.170

coil stock 卷料 03.036

coining 压印 03.126，精整 07.116

coining die 压印模 14.015

coining press 精压机 03.297

cold box process 冷芯盒法 02.171

cold chamber die casting machine 冷室压铸机 02.376

cold crack 冷裂纹 04.230

cold deformation strengthening 冷变形强化 03.029

cold drawing 冷拔 03.169

cold extruding die 冷挤压模 14.072

cold extrusion 冷挤[压] 03.181

cold extrusion of die cavity 型腔冷挤压 03.178

cold forging 冷锻 03.042

cold header 冷镦机 03.329

cold heading 冷镦 03.193

cold heading die 冷镦模 14.012

cold hobbing 型腔冷挤压 03.178

cold isostatic pressing 冷等静压制 07.123

cold spinning 冷旋压 03.220

cold welding 冷压焊 04.178

cold working 冷成形 03.096

collapsibility 溃散性 02.073

collapsible tap 自动开合丝锥 10.193

collet chuck 夹头 13.068

colorant 着色剂 06.099

color changing 换色 06.150

coloring 着色 06.093

column 立柱 08.333

columnar crystal 柱状晶 02.017

columnar structure 柱状组织 05.010

combination chuck 复合卡盘 13.033

combination drying 混合干燥 06.180

combined broaching 组合式拉削 08.056

combined die 组合冲模 14.037

combined drilling and counterboring 复合钻孔 08.076

combined drilling and reaming 复合钻铰 08.077

combined extrusion 复合挤压 03.176

combined machining 复合切削 08.049

combined tap and drill 复合丝锥 10.194

comminuted powder 粉碎粉 07.017

communicating pore 连通孔 07.009

compact 压坯，*生坯 07.070

compactibility curve 压缩性曲线 07.052

compactivity 压缩性 07.050

comparator 比较仪 09.099

compensation 补偿 08.285

completely alloyed powder 完全合金化粉 07.030

complete set of measuring tool 成套量具 09.018

complex carbide 复合碳化物 05.064

composite coating 复合涂层 06.121

composite compact 多层压坯 07.071

composite measurement 综合测量 09.005

composite plating 复合电镀，*弥散电镀 06.059

composite powder 复合粉 07.027

compound die 复合模 14.028

compound extruding die 复合挤压模 14.075

compressibility 压缩性 07.050

compression mould 压缩模 14.091

compression ratio 压缩比 07.053

computer-aided design 计算机辅助设计 08.401

computer-aided manufacturing 计算机辅助制造 08.403

computer-aided process planning 计算机辅助工艺设计 08.402

computer integrated manufacturing system 计算机集成制造系统 08.405

computer numerical control 计算机数控 08.400

concave milling cutter 凹半圆铣刀 10.130

concentration polarization 浓差极化 06.054

conditioning heat treatment 预备热处理 05.170

constancy of volume 体积不变条件，*不可压缩条件 03.020

constitutional supercooling 成分过冷 02.015

consumable electrode 熔化电极 04.064

contact measurement 接触测量 09.003

contact resistant hardening 接触电阻加热淬火，*电接触淬火 05.188

continuous broaching machine 连续拉床 08.251

continuous casting 连续铸造 02.241

continuous casting machine 连续铸造机 02.386

continuous cutting 连续切削 08.046

continuous division 连续分度 08.284

continuous extrusion 连续挤压 03.180

continuous furnace 连续式炉 05.317

continuous ingot-casting machine 连续铸锭机

cubic silicon carbide 立方碳化硅 11.023

cup drawing 圆筒拉深 03.118

cupola 冲天炉 02.312

cup wheel 杯形砂轮 11.040

curing 固化 06.172

curling 卷边 03.211

curling die 卷边模 14.058

curtain painting 幕帘涂装 06.158

cut 粒度级 07.059

cut-off machine 剪切机 03.314

cut-out ［冲压］切断 03.106

cut per tooth 齿升量 10.067

cutter compensation 刀具补偿 08.411

cutter relieving 让刀，＊抬刀 08.278

cutting 切割 03.063，［冲压］切断 03.106，
切削 08.024

cutting bevel lead angle 切削导锥角 10.066

cutting condition 切削用量 08.013

cutting edge 切削刃 10.028

cutting edge normal plane 法平面 10.053

cutting energy 切削能 10.090

cutting fluid 切削液 08.022

cutting force 切削力 08.019

cutting layer 切削层 10.100

cutting movement 主运动 08.266

cutting off 切断 08.158

cutting-off die 切断模 14.055

cutting oxygen 切割氧 04.262

cutting parameter 切削用量 08.013

cutting part 切削部分 10.012

cutting perpendicular force 垂直切削力 10.079

cutting power 切削功率 10.094

cutting speed 切割速度 04.263，切削速度
08.014

cutting technology 切削加工工艺 08.025

cutting temperature 切削温度 08.021

cutting tip 割嘴 04.318

cutting tool 刀具 10.001

cutting torque 切削扭矩 10.103

CVD 化学气相沉积，＊CVD法 06.243

cyaniding 液体碳氮共渗，＊氰化 05.242

cylinder wheel 筒形砂轮 11.039

cylindrical ball-nosed end mill cutter 圆柱形球头立
铣刀 10.120

cylindrical die roll 滚丝轮 10.189

cylindrical electrolytic marking machine 柱面电解刻
印机 08.394

cylindrical grinding 磨外圆 08.085

cylindrical lapping 研磨外圆 08.087

cylindrical milling 铣外圆 08.084

cylindrical milling cutter 圆柱形铣刀 10.121

cylindrical mounted point 圆柱磨头 11.044

cylindrical polishing 抛光外圆 08.088

cylindrical rolling 滚压外圆 08.089

cylindrical superfinishing 超精加工外圆 08.086

cylindrical turning 车外圆 08.083

D

dail calliper 带表卡尺 09.030

datum 基准 01.019

dead metal region 死区 03.012

dead zone 死区 03.012

deburring 去毛刺 08.152

decarburization 脱碳 05.181

decoring 除芯 02.252

deep drawing 深拉深 03.120

deep-hole drilling and boring machine 深孔镗床
08.199

deep-hole drilling machine 深孔钻床 08.192

deep penetration welding 深熔焊 04.161

defect 缺陷 01.028

deformation degree of extrusion 挤压变形程度
03.188

deformation force 变形力 03.009

deformation stress 变形抗力 03.010

deformation work 变形功 03.011

degreasing 脱脂 06.017

delayed crack 延迟裂纹 04.231

dendrite 枝［状］晶，＊树状晶 02.016

dendritic powder 树枝状粉 07.037

dendritic structure 树枝状组织，＊枝晶组织
05.005

denitriding 退氮，*脱氮 05.214

densener 冷铁 02.159

depainting 除旧漆 06.147

dependent measuring tool 从属量具 09.017

depolarization 去极化 06.045

deposited metal 熔敷金属 04.140

deposition coefficient 熔敷系数 04.142

deposition efficiency 熔敷效率 04.141

deposition rate 熔敷速度 04.143，沉积速率 06.050

depth of cut 切削深度 08.016

depth of fusion 熔深 04.132

depth vernier calliper 深度游标卡尺 09.027

destructive test 破坏检验 04.247

detection device 检测装置 09.131

detonation flame spraying 爆炸喷涂 06.109

dewaxing 脱蜡 02.218

DFW 扩散焊 04.181

diagonal shaving 对角剃齿 08.135

dial bore gage 内径百分表 09.052

dial gage 百分表 09.049

dial indicator 千分表 09.054

diameter of chuck 卡盘直径 13.028

diameter of spindle through hole 主轴孔径 08.310

diameter of table surface 工作台面直径 13.079

diamond 金刚石 11.010

die 阴模 07.086，模具 14.001

die bolster 模套 07.087

die casting 压力铸造，*压铸 02.223

die casting die 压铸型 02.224，压力铸造模具，*压铸模 14.081

die casting machine 压铸机 02.375

die clearance 冲裁间隙 03.099

die forging 模锻 03.080

die forging air hammer 模锻空气锤 03.273

die handle 板牙架 15.040

die head 板牙头，*自动开合板牙头 10.188

die head threading machine 套丝机 08.231

die head with cylindrical-die roller 螺纹滚压头 10.198

dieless drawing 无模拉拔 03.167

die made with low-melting point alloy 低熔点合金模 14.043

die sinking end mill 模具铣刀 10.146

diffusion annealing 均匀化退火，*扩散退火 05.100

diffusion brazing 扩散钎焊 04.216

diffusion metallizing 渗金属 05.228

diffusion porosity 扩散孔隙 07.110

diffusion welding 扩散焊 04.181

digital display dividing head 数显分度头 13.009

digital display rotary table 数显工作台 13.021

dimensional accuracy 尺寸精度 01.022

dimensional chain 尺寸链 01.021

dip brazing 浸渍钎焊 04.207，浸渍硬钎焊 04.208

dipping 浸涂 06.156

dip soldering 浸渍钎焊 04.207，浸渍软钎焊 04.209

direct current arc welding generator 直流弧焊发电机 04.306

direct dividing head 等分分度头 13.005

direct extrusion 正挤压 03.173

direct hardening 直接淬火冷却 05.206

disassembly 分解 15.017

dish wheel 碟形砂轮 11.042

disk gear shaper type cutter 盘形插齿刀 10.218

disk type cutter 盘形插齿刀 10.218

disk type gear milling cutter 盘形齿轮铣刀 10.147

dispersed phase 弥散相 05.051

dispersion strengthened material ［烧结］弥散强化材料 07.141

displacing type rust preventive oil 置换型防锈油 06.219

distributor 给料机，*给料器 02.310

diversion strengthened coating material ［热喷涂］弥散强化材料 06.125

dividing head 分度头 13.002

dividing machine 刻线机 08.256

dividing movement 分度运动 08.279

dope 掺杂 07.005

double action hammer 双作用锤，*动力锤 03.263

double action hydraulic press 双动液压机 03.303

double action press 双动压力机 03.287

double action pressing 双向压制 07.082

double-blow heading 双击镦锻 03.196

double carbide 三元碳化物 05.063

double column planing machine 龙门刨床 08.243

double equal-angle cutter 对称双角铣刀 10.142

double flank gear rolling tester 齿轮双面啮合检查仪 09.117

double frame hammer 双柱式锤，＊拱式锤 03.265

double groove 双面坡口 04.122

double-sinter process 两次烧结法 07.101

double unequal-angle cutter 不对称双角铣刀 10.141

double division 双分度 08.281

down milling 顺铣 08.028

3-D probe 三维测头 09.091

draft angle 模锻斜度 03.085

drag 下型，＊下箱 02.155

drake 拉深筋 03.121

draw bead 拉深筋 03.121

drawing 拉深，＊拉延 03.111，拉拔 03.166

drawing coefficient 拉深系数 03.122

drawing die 拉深模 14.060

drawing furnace 牵引式炉 05.324

drawing machine 拉拔机 03.340

drawing out 拔长 03.053

draw spinning 拉深旋压，＊拉旋 03.206

drill chuck 钻夹头 13.069

drilling 钻削，＊钻孔 08.057

drilling with step drill 阶梯钻削 08.073

drilling machine 钻床 08.187

drip feed carburizer 滴注渗碳剂 05.266

drip feed carburizing 滴注式渗碳，＊滴液式渗碳 05.196

drop bottom furnace 底开式炉 05.314

drop forging 模锻 03.080

drop hammer 单作用锤，＊落锤 03.262

dropping weight 落下部分重量，＊锻锤吨位 03.258

drum ladle 鼓形包 02.325

drum lathe 回轮车床 08.179

drum-type stripper 滚筒起模机 02.350

dry bag pressing 干袋压制 07.125

drying 干燥 06.173

dry sand mold 干[砂]型 02.185

dry type sand reclamation equipment 旧砂干法再生设备 02.292

dual-liquid quenching tank 双液冷却槽，＊双液淬火槽 05.347

duplex forging 复合锻造 03.046

duplex hubbed wheel 双面凸砂轮 11.033

duplex quenching tank 双联冷却槽 05.348

duplex tapered wheel 双斜砂轮 11.031

dynamic characteristic of arc 电弧动特性 04.150

E

eccentric mandrel 偏心模 14.087

eddy current testing 涡流探伤 04.244

eddy mill powder 旋涡研磨粉 07.024

edge coiling 卷圆 03.109

edge-flange joint 卷边接头 04.024

edge joint 端接接头 04.020

edge rolling 卷圆 03.109

edge strength 棱角强度 07.072

[edge] chipping 刃口崩损 10.108

EDM 电火花加工 08.358

effective depth of hardening 淬硬[有效]深度 05.115

ejecting force 顶出力 03.260

ejection 脱模 07.084

ejector 顶出器 03.296

ejector die 动模 14.083

ejector drilling head 喷吸钻 10.165

elastic-perfectly plastic body 理想弹塑性体 03.008

elastic sleeve 弹性套 13.095

electric blind-riveting tool gun 电动拉铆枪 15.092

electric chuck 电动卡盘 13.038

electric constant torque wrench 定扭矩电动扳手 15.089

electric-contact comparator 电触式比较仪 09.101

electric cut-off machine 电动型材切割机 15.082

electric dividing head 电动分度头 13.011

electric double layer 双电层 06.049

electric drill 电钻 15.066

electric fixture　电动夹具　12.011

electric furnace of resistance type　电阻炉　03.250

electric grinder　电动砂轮机　15.084

electric heating　电加热　03.237

electric impact wrench　冲击电动扳手　15.088

electric induction furnace　感应电炉　02.316

electric jig saw　电动曲线锯　15.074

electric measuring instrument　电动式量仪　09.088

electric nibbler　电冲剪　15.072

electric pipe cutter　电动锯管机　15.076

electric pipe milling machine　电动自爬式锯管机
15.077

electric plate shears　平板电剪　15.071

electric polisher　电动抛光机　15.086

electric reciprocating saw　电动往复锯　15.073

electric saber saw　电动刀锯　15.075

electric sander　电动砂光机　15.085

electric scraper　电动刮刀　15.083

electric screw driver　电动螺丝刀　15.090

electric shears　电剪刀　15.070

electric table　电动工作台　13.026

electric tapper　电动攻丝机　15.078

electric threading machine　电动套丝机　15.079

electric tool　电动工具　15.003

electric tube expander　电动胀管机　15.091

electric upset forging　电热镦　03.194

electric upset forging machine　电热镦机　03.331

electric vice　电动虎钳　13.049

electric welding machine　电焊机　04.285

electric weld joint beveller　电动倒角机　15.081

electric wrench　电动扳手　15.087

electrochemical cleaning　电化学清砂　02.259

electrochemical cleaning plant　电化学清砂室
02.373

electrochemical degreasing　电化学脱脂　06.019

electrochemical equivalent　电化当量　06.047

electrochemical machine tool　电解加工机床
08.378

electrochemical machining　电解加工，＊电化学加
工　08.362

electrochemical pretreatment　电化学预处理　06.012

electrochemistry　电化学　06.031

electro-coating　电泳涂装　06.166

electrode　电极　04.063

electrode for vertical down position welding　立向下焊
条　04.061

electrode holder　焊钳　04.313

electro-discharge machine　电火花加工机床　08.377

electro-discharge machining　电火花加工　08.358

electroforming　电铸　06.072

electro-gas welding　气电立焊　04.083

electro-hydraulic cleaning　电液压清砂　02.260

electro-hydraulic cleaning plant　电液压清砂室
02.372

electro-hydraulic forming　电液成形　03.137

electroless plating　化学镀，＊自催化镀　06.085

electrolyte　电解质　06.046

electrolytic boriding　电解渗硼　05.221

electrolytic carburizing　电解渗碳　05.199

electrolytic coloring　电解着色　06.094

electrolytic cylindrical grinder　电解外圆磨床
08.380

electrolytic deburring　电解去毛刺　08.364

electrolytic deburring machine　电解去毛刺机
08.391

electrolytic grinding　电解磨削　08.366

electrolytic grinding machine　电解磨床　08.379

electrolytic hardening　电解[液]淬火　05.189

electrolytic machine tool　电解加工机床　08.378

electrolytic machining　电解加工，＊电化学加工
08.362

electrolytic marking　电解刻印　08.365

electrolytic marking machine　电解刻印机　08.392

electrolytic powder　电解粉　07.020

electrolytic sinking　电解成形　08.363

electrolytic sinking machine　电解成形机　08.390

electrolytic solution　电解液　06.034

electrolytic tool grinder　电解工具磨床　08.381

electrolytic turning tool grinder　电解车刀刃磨床
08.382

electromagnetic chuck　电磁吸盘　13.060

electro-magnetic forming　电磁成形　03.138

electro-magnetic pouring unit　电磁泵浇注装置
02.333

electron beam curing　电子束固化，＊电子束聚合干
燥　06.257

electron beam cutting 电子束加工 08.372

electron beam hardening 电子束淬火 05.187

electron beam heat treatment equipment 电子束热处理装置 05.342

electron beam machine tool 电子束加工机床 08.385

electron beam perforation 电子束穿孔 08.082

electron beam remolten 电子束重熔 06.256

electron beam surface alloying 电子束表面合金化 06.255

electron beam welding 电子束焊 04.104

electron beam welding machine 电子束焊机 04.293

electronic level 电子水平仪 09.123

electrophoresis 电泳 06.032

electroplating 电镀 06.029

electro-slag furnace 电渣炉 02.317

electro-slag welding 电渣焊 04.102

electro-slag welding machine 电渣焊机 04.292

electrostatic chuck 静电吸盘 13.067

electrostatic powder spraying 粉末静电喷涂 06.165

electrostatic spraying 静电喷涂 06.163

element for aligning tool 对刀件 12.032

elephant skin 皱皮 02.274

ellipse cone mounted point 椭圆锥磨头 11.046

embeded core 预置芯 02.168

σ-embrittlement σ 相脆性 05.177

emulsification 乳化 06.052

emulsifying agent 乳化剂 06.080

encapsulation 装套 07.079

enclosed forging die 闭塞锻模 14.024

end mill 立铣刀 10.116

end mill with flatted parallel shank 削平型直柄立铣刀 10.133

end mill with parallel shank 直柄立铣刀 10.117

end-quenching test 端淬试验 05.138

engagement of the cutting edge 吃刀量 10.096

enlarged running system 半封闭式浇注系统 02.107

epicycloid bevel gear cutter 摆线齿锥齿轮铣刀，*奥列康铣刀 10.152

equiaxed crystal 等轴晶 02.018

equi-index plate 等分盘 13.083

equilateral triangular stone 三角油石 11.052

erosion 熔蚀 04.220

erosion wash 冲砂 02.267

eutectic structure 共晶组织 05.003

eutectoid structure 共析组织 05.002

evacuated die casting 真空压铸 02.227

evaporative pattern casting 实型铸造，*气化模铸造，*消失模铸造 02.234

examining flat ruler 检验平尺 09.044

examining straightedge 检验平尺 09.044

exothermic feeder sleeve 发热冒口套 02.134

exothermic mixture 发热剂 02.054

expanding [锻造]扩孔 03.055，扩口 03.131

expanding bulging 扩径旋压，*扩旋 03.207

expanding coefficient 扩口系数 03.132

expanding with a punch 冲头扩孔 03.056

expanding with a wedge blocks 楔块扩孔 03.058

expansion fitting 冷装 15.010

explosion welding 爆炸焊 04.183

explosive forming 爆炸成形 03.136

exterior package 外包装 06.240

external broaching machine 外拉床 08.248

external chill 外冷铁 02.161

external cylindrical grinding machine 外圆磨床 08.201

external taper of spindle 主轴外锥 08.312

extra long parallel shank twist drill 直柄超长麻花钻 10.160

extra long taper shank twist drill 锥柄超长麻花钻 10.161

extrusion 挤压 03.172，挤压成形 07.120

extrusion die 挤压模 14.020

extrusion load 挤压力 03.186

extrusion press 挤压机 03.339

extrusion pressure 单位挤压力 03.187

extrusion ratio 挤压比 03.190

extrusion temperature 挤压温度 03.191

F

face 前面 10.016

face milling cutter with inserted blades 镶齿套式面铣
刀 10.132

face milling machine 端面铣床 08.239

face plate 转盘 13.084，面板 13.093

face profile 前面截形 10.026

facing sand 面砂 02.062

false boss 工艺凸台 08.008

fast quenching oil 快速淬火油 05.303

feed box 进给箱 08.324

feed energy 进给能 10.091

feed engagement of the cutting edge 进给吃刀量
10.099

feed force 进给力 10.080

feed function 进给功能，＊F功能 08.409

feed mechanism 进给机构 08.345

feed motion 进给[运动] 08.267

feed perpendicular force 垂直进给力 10.081

feed power 进给功率 10.095

feed rate 进给量 08.017

feed speed 进给速度 08.018

feeler 塞尺 09.042

ferrite 铁素体 05.067

α-ferrite α铁素体 05.068

δ-ferrite δ铁素体 05.069

ferrite lamellae 铁素体层 05.072

ferrite network 铁素体网，＊网状铁素体 05.071

ferritic malleable cast iron 铁素体可锻铸铁 02.086

ferro-alloy 铁合金 02.026

fettling [铸件]精整 02.262

fibrous powder 纤维状粉 07.038

file 锉刀 15.029

fill 装粉量 07.074

fillet joint 角接接头 04.019

fillet weld 角焊缝 04.016

fillet welding in the flat position 船形焊 04.159

[fillet] weld leg 焊脚 04.131

film 涂膜 06.184

filter-aid 助滤剂 06.078

final assembly [method] 总装 15.007

final product 成品 01.026

fine-adjustable boring head 微调镗刀头 10.183

fine blanking 精密冲裁 03.100

fine blanking die 精冲模 14.054

fine blanking hydraulic press 精密冲裁液压机
03.308

fine boring machine 精镗床 08.198

fine-crystal superplastic forming 细晶超塑成形
03.232

fine dial test indicator 杠杆千分表 09.055

fine martensite 细针马氏体 05.034

finish-forging 终锻 03.087

finishing [铸件]精整 02.262

finishing cut 光整加工 08.040

finish roll forging 成形辊锻 03.164

first face 第一前面 10.017

first flank 第一后面 10.024

fish eye 白点 04.223

fixed center 固定顶尖 13.052

fixed die 定型 02.226，定模 14.082

fixture 夹具 12.001

fixture for boring machine 镗床夹具 12.020

fixture for broaching machine 拉床夹具 12.026

fixture for drilling machine 钻床夹具 12.021

fixture for gear cutting machine 齿轮加工机床夹具
12.025

fixture for grinding machine 磨床夹具 12.024

fixture for inspection 检验夹具 09.048

fixture for milling machine 铣床夹具 12.019

fixture for modular machine 组合机床夹具 12.027

fixture for planing machine 刨床夹具 12.022

fixture for slotting machine 插床夹具 12.023

fixture of heat treatment 热处理夹具 12.016

flake graphite 片状石墨 05.054

flaky powder 片状粉 07.039

flame cutting machine 火焰切割机 04.322

flame furnace　火焰炉，＊燃料炉　03.243

flame hardening　火焰淬火　05.185

flame heating　火焰加热　03.236

flame remolten　火焰重熔　06.115

flame spraying　火焰喷涂　06.103

flame spray remolten　火焰喷熔　06.112

flange die　翻边模　14.068

flanging　翻边　03.129

flanging coefficient　翻边系数　03.130

flank　后面　10.021

flank profile　后面截形　10.027

flank wear　后面磨损　10.106

flaring die　扩口模　14.067

flash　闪镀　06.065

flash off　凉干　06.177

flash welding　闪光对焊　04.185

flash welding machine　闪光对焊机　04.300

flask　砂箱　02.150

flaskless molding　无箱造型　02.177

flask molding　有箱造型　02.174

flask separator　分箱机　02.364

flat counterbore　平底锪钻　10.171

flat die forging　自由锻　03.050

flat die roll　搓丝板　10.190

flat die thread rolling　搓丝　03.200，搓螺纹
　08.119

flat lapping　研平面　08.098

flatness measuring instrument　平直度测量仪
　09.119

flat plate　平板　09.023

flat position welding　平焊　04.155

flat screw die　平丝板　03.202

flattening　校平　03.134

flattening die　校平模　14.070

flexible die　柔性模　14.039

flexible die forming　软模成形　03.139

flexible machining line　柔性加工自动线　08.263

flexible manufacturing cell　柔性制造单元　08.264

flexible manufacturing system　柔性制造系统
　08.404

flexible transfer line　可调组合自动线　08.262

floating boring tool　浮动镗刀　10.184

floating die　浮动阴模　07.088

floor sand　旧砂　02.065

flowability　[粉末]流动性　07.049

flow forming　筒形变薄旋压，＊流动旋压　03.215

fluidity　流动性　02.021

fluidized bed carburizing　流态床渗碳　05.198

fluidized bed furnace　流态床炉　05.330

fluidized bed painting　流化床涂装，＊沸腾床涂装
　06.164

fluid sand　流态砂　02.060

fluid sand molding　流态砂造型　02.191

flux　熔剂　02.030，焊剂　04.067

flux backing　焊剂垫　04.282

flux cored electrode　药芯焊丝　04.066

flux cored wire　药芯焊丝　04.066

flux cored wire arc welding　药芯焊丝电弧焊
　04.082

FMC　柔性制造单元　08.264

FML　柔性加工自动线　08.263

FMS　柔性制造系统　08.404

fog hardening　喷雾淬火　05.130

folding die　折边模　14.057

follow rest　跟刀架　08.332

forced-air hardening　风冷淬火　05.132

forehand welding　左焊法　04.165

forgeability　可锻性　03.013

forgeable piece　锻件　03.047

forge rolling die　辊锻模　14.009

forging　锻造　03.039

$\alpha+\beta$ forging　$\alpha+\beta$ 锻造　03.073

β forging　β 锻造　03.074

forging and stamping　锻压　03.001

forging die　锻模　14.002

forging drawing　锻件图　03.048

forging flow line　锻造流线，＊流纹　03.031

forging furnace　锻造加热炉　03.242

forging hammer　锻锤　03.261

forging hydraulic press　锻造液压机　03.306

forging manipulator　锻造翻钢机　03.344

forging press　锻造压力机　03.292

forging ratio　锻造比　03.076

forging roll　辊锻机　03.326

forging welding　锻接　03.064

formability　成形性　07.051

form electro-discharge machining 电加工成形面 08.149

former 旋压模，*芯模 14.084

form factor [of the weld] 焊缝成形系数 04.136

form grinding 磨成形面 08.147

forming 成形 03.004，[粉末]成形 07.068，成形加工 08.044

forming a complete set 配套 15.005

forming and quenching press 成形淬火压力机 05.350

forming die 成形模 14.063

forming force 变形力 03.009

forming method 成形法 08.126

forming punch 成形冲头 03.199

form milling 铣成形面 08.145

form polishing 抛光成形面 08.148

form shaping 刨成形面 08.146

form turning 车成形面 08.144

forward extruding die 正挤压模 14.073

forward extrusion 正挤压 03.173

forward flow forming 正旋压 03.216

founding 铸造 02.001

foundry 铸造 02.001

foundry coke 铸造焦 02.029

foundry returns 回炉料 02.027

four-column hydraulic press 四柱式液压机 03.301

frame level 方框水平仪 09.124

free-cutting steel 易切削钢 08.023

free extrusion 自由挤压 03.174

free form Mannesmann effect FM 锻造 03.075

free-machining steel 易切削钢 08.023

friction welding 摩擦焊 04.180

FTL 可调组合自动线 08.262

full annealing 完全退火 05.098

full mold process 实型铸造，*气化模铸造，*消失模铸造 02.234

fungus resistance 防霉性 06.006

furnace brazing 炉中钎焊 04.206

furnace soldering 炉中钎焊 04.206

fused alumina zirconia 锆刚玉 11.018

fused flux 熔炼焊剂 04.068

fusible pattern 熔模 02.214

fusible pattern injection 压制熔模 02.212

fusion welding 熔[化]焊 04.075

fusion zone 熔合区 04.005

G

gage 量规 09.064

gage block 量块 09.056

gage for measuring position 位置量规 09.075

gagger 砂钩 02.173

gantry type milling machine 龙门式铣床 08.235

gap frame press 开式压力机 03.281

gas aluminizing medium 气体渗铝剂 05.285

gas boriding 气体渗硼 05.220

gas carbonitriding 气体碳氮共渗 05.241

gas carbonitriding medium 气体碳氮共渗剂 05.273

gas carburizer 气体渗碳剂 05.265

gas carburizing 气体渗碳 05.195

gas chromizing medium 气体渗铬剂 05.287

gas metal arc welding 气体保护焊，*气体保护电弧焊 04.080

gas metal arc welding-pulsed arc 熔化极脉冲氩弧焊 04.090

gas nitriding 气体渗氮 05.210

gas nitriding medium 气体渗氮剂 05.270

gas nitrocarburizing 气体氮碳共渗 05.246

gas nitrocarburizing medium 气体氮碳共渗剂 05.276

gas-quenching vacuum resistance furnace 气淬真空电阻炉 05.335

gas shielded arc welding machine 气体保护弧焊机 04.288

gas siliconizing 气体渗硅 05.226

gas tungsten arc welding 钨极惰性气体保护焊 04.085

gas tungsten arc welding-pulsed arc 钨极脉冲氩弧焊 04.089

gate and riser cutting machine 浇冒口切割机 02.374

gating system 浇注系统 02.105

gearbox 变速箱 08.323

gear broaching 拉齿 08.140

gear burnishing 挤齿 08.142

gear chamfering machine 齿轮倒角机 08.226

gear cutting end mill 指形齿轮铣刀 10.148

gear grinding 磨齿 08.138

gear grinding machine 磨齿机 08.224

gear hob 齿轮滚刀 10.207

gear hobbing 滚齿 08.131

gear hobbing machine 滚齿机 08.220

gear hob with inserted blades 镶片齿轮滚刀 10.208

gear honing 珩齿 08.137

gear honing machine 珩齿机 08.222

gear lapping 研齿 08.139

gear lead tester 齿轮导程检查仪 09.115

gear milling 铣齿 08.128

gear planing 刨齿 08.129

gear radial runout tester 齿圈径向跳动检查仪 09.118

gear rolling 轧齿 08.141

gear rolling machine 挤齿机 08.225

gear shaper cutter 插齿刀 10.217

gear shaper cutter for special profile 特形插齿刀 10.221

gear shaping 插齿 08.130

gear shaping machine 插齿机 08.223

gear shaving 剃齿 08.132

gear shaving cutter 剃齿刀 10.224

gear shaving machine 剃齿机 08.221

gear stamping 冲齿轮 08.143

gear tooth micrometer 公法线千分尺 09.033

gear tooth vernier calliper 齿厚游标卡尺 09.029

gear cutting machine 齿轮加工机床 08.210

general accuracy machine tool 普通机床 08.164

general assembly 总装 15.007

general purpose machine tool 通用机床 08.160

generating broaching 渐成式拉削 08.054

generating method 展成法, *滚切法 08.127

girth weld 环缝 04.012

glass electrode 玻璃电极 06.083

glazing 罩光 06.149

Gleason spiral bevel gear cutter 弧齿锥齿轮铣刀, *格里森铣刀 10.151

globular structure 球状组织, *粒状组织 05.008

glow-discharge carburizing 离子渗碳, *辉光放电渗碳 05.200

glow-discharge nitriding 离子渗氮, *离子氮化 05.211

GMAW 气体保护焊, *气体保护电弧焊 04.080

go gage 过规 09.062

gouging 气刨 04.256

grade 硬度 11.005

graduaded disk 底盘 09.020

grain 晶粒 05.078, 磨粒 11.002

grain boundary 晶界, *晶粒间界 05.083

grain boundary precipitate 晶界脱溶物, *晶界析出物 05.050

grain size 晶粒度, *晶粒尺寸 05.079, 粒度 11.003

granular bainite 粒状贝氏体, *颗粒状贝氏体 05.028

granular ferrite 块状铁素体, *多边形铁素体 05.070

granular powder 粒状粉 07.040

granulation 制粒 07.067

graphite 石墨 05.053

graphite spheroid 石墨球 05.057

graphite spherule 石墨球 05.057

graphitizer 墨化剂 02.247

gravity electrode 重力焊条 04.059

gravity feed furnace 重力输送式炉 05.325

gravity feed welding 重力焊 04.096

gravity sintering 松装烧结 07.106

green compact 压坯, *生坯 07.070

green sand mold 湿[砂]型 02.184

green silicon carbide 绿碳化硅 11.022

grey cast iron 灰口铸铁 02.078

grinding 磨削 08.037

grinding segment 砂瓦 11.058

grinding tool 磨具 11.001

grinding wheel 砂轮 11.027

grinding machine 磨床 08.200

gripping sleeve 夹紧套 13.094

groove 孔型 03.154, 坡口 04.119

groove angle　坡口角度　04.124

groove face　坡口面　04.123

groove gage　坡口量规　09.068

groove skew rolling　孔型斜轧　03.160

growth　生长　02.013

GTAW　钨极惰性气体保护焊　04.085

GTAW torch　钨极惰性气体保护焊炬　04.315

guide pillar type die　导柱模　14.032

guide plate die　导板模　14.031

guideway　导轨　08.320

guiding element　导向件　12.031

guidless die　无导向模　14.030

guillotine shear　剪板机　03.315

gun reamer　枪孔铰刀　10.179

H

hack sawing machine　弓锯床　08.255

Hagg carbide　χ碳化物，＊黑格碳化物　05.060

half-conical center　半缺顶尖　13.053

hallow cathode deposition　空心阴极离子镀　06.249

hammer　锤子　15.032

hammer automatic operating device　自动司锤装置　03.347

hammer forging die　锤锻模　14.005

hammer stroke　锤头行程　03.259

hand-held electric beveller　手持式电动坡口机　15.080

handle for dismounting broken tap　断锥起爪　15.042

hand molding　手工造型　02.197

hand reamer　手用铰刀　10.173

hand saw　手锯　15.036

hardenability　淬透性　05.117

hardenability band　淬透性带，＊H带　05.140

hardenability curve　淬透性曲线　05.139

hardener　固化剂，＊硬化剂　02.053

hardening capacity　淬硬性，＊硬化能力　05.118

hardmetal　硬质合金　07.139

hardness　硬度　11.005

hardness of film　涂膜硬度　06.189

Haring cell　哈林槽　06.086

HAZ　热影响区　04.004

HCD　空心阴极离子镀　06.249

heading　顶镦　03.088，镦锻　03.192

heading punch　镦制冲头　03.197

head shield　头罩　04.283

heat affected zone　热影响区　04.004

heat in cutting　切削热　08.020

heating number　火次　03.241

heat resistance　耐热性　06.005

heat resisting cast iron　耐热铸铁　02.093

heat treatment　热处理　05.001

heat treatment furnace　热处理炉　05.310

heat treatment installation　热处理设备　05.309

heavy duty face lathe　落地车床　08.181

heavy metal　重合金　07.138

height of table　工作台高度　13.080

height vernier calliper　高度游标卡尺　09.028

helical rolling　斜轧，＊螺旋轧制，＊横向螺旋轧制　03.158

helical type gear shaper cutter　斜齿插齿刀　10.222

helium shielded arc welding　氦弧焊　04.091

helmet　头罩　04.283

high cellulose potassium electrode　高纤维钾型焊条　04.052

high cellulose sodium electrode　高纤维钠型焊条　04.051

high energy density beam welding　高能束流焊接　04.103

high energy rate forging hammer　高速锤　03.271

high energy rate forming　高能成形　03.229

high frequence upset welding　高频电阻焊　04.186

high frequency induction plasma spraying　高频等离子喷涂　06.108

high frequency induction spraying　高频喷涂　06.106

high frequency resistance welding machine　高频电阻焊机　04.302

high iron oxide electrode　氧化铁型焊条　04.057

high precision machine tool　高精度机床　08.166

high pressure molding　高压造型　02.196

high pressure molding machine　高压造型机　02.341

high silicon cast iron　高硅铸铁　02.092

high solid coating　高固分涂料　06.142

high speed cutting nozzle　快速割嘴　04.319

high speed electrodeposition　高速电镀　06.066

high speed forging hydraulic press　快速锻造液压机　03.307

high speed hammer forging die　高速锤锻模　14.013

high speed steel tool bit　高速钢刀条　10.112

high-temperature carburizing　高温渗碳　05.201

high-temperature tempering　高温回火　05.147

high titania potassium electrode　高钛钾型焊条　04.054

high titania sodium electrode　高钛钠型焊条　04.053

high velocity brittleness　高速脆性　03.025

high velocity forging process　高速锻造　03.045

hob measuring machine　滚刀测量仪　09.097

hodograph　速端图　03.018

hoisting assembly　吊装　15.011

holding　保温　05.092

holding furnace　保温炉　02.318

holding time　保温时间　05.091

hole broaching　拉孔　08.064

hole burnishing　挤孔　08.071

hole flanging　翻孔　03.127

hole flanging coefficient　翻孔系数　03.128

hole grinding　磨孔　08.067

hole honing　珩孔　08.068

hole lapping　研孔　08.069

hole milling　铣孔　08.063

hole plate　孔盘　13.082

hole push broaching　推孔　08.065

hole rolling　滚压孔　08.072

hole scraping　刮孔　08.070

hole slotting　插孔　08.066

hole turning　车孔　08.062

homogeneous structure　单相组织　05.011

homogenizing　均匀化退火，＊扩散退火　05.100

honing　珩磨　08.039

honing machine　珩磨机　08.207

horizontal Abbe comparator　卧式阿贝比较仪　09.104

horizontal barrel　卧式烘砂滚筒　02.283

horizontal centrifugal casting machine　卧式离心铸造机　02.384

horizontal drilling machine　卧式钻床　08.191

horizontal forging machine　平锻机　03.298

horizontal milling and boring machine　卧式铣镗床　08.197

horizontal optical comparator　卧式光学比较仪，＊卧式光学计　09.103

horizontal position welding　横焊　04.156

horn gate　牛角式浇口　02.122

hot blast cupola　热风冲天炉　02.314

hot box process　热芯盒法　02.172

hot chamber die casting machine　热室压铸机　02.377

hot crack　热裂纹　04.229

hot dipping　热浸镀　06.063

hot extruding die　热挤压模　14.071

hot extrusion　热挤［压］　03.183

hot forging　热锻　03.040

hot former　高速热镦机　03.330

hot isostatic pressing　热等静压制　07.122

hot melt painting　热熔敷涂装　06.160

hot pneumatic tube drier　热气流烘砂装置　02.284

hot polymerization drying　热聚合干燥，＊热固化　06.181

hot-pressing　热压　07.119

hot pressure welding　热压焊　04.177

hot re-pressing　热复压　07.114

hot sand　热砂　02.068

hot spinning　加热旋压　03.221

hot working　热成形　03.094

HPW　热压焊　04.177

hubbed wheel　单面凸砂轮　11.032

Hull cell　霍尔槽　06.087

hydraulic blast　水砂清砂　02.257

hydraulic chuck　液压卡盘　13.037

hydraulic cleaning　水力清砂　02.256

hydraulic expanding　液压胀形扩孔　03.059

hydraulic forming　液压成形　03.140

hydraulic guillotine shear　液压剪板机　03.316

hydraulic hammer　液压锤　03.270

hydraulic hobbing press　模膛挤压液压机　03.310

hydraulic plate shear　液压剪板机　03.316

hydraulic press　液压机　03.299

hydraulic table 液压工作台 13.025

hydraulic vice 液压虎钳 13.048

hydraulic fixture 液压夹具 12.010

hydro-drawing 液压拉深 03.116

hydrogen loss 氢损 07.054

hydrogen-reducible oxygen 氢还原氧 07.055

hydrogen-relief annealing 消除白点退火，*去氢退火 05.097

hydrostatic extrusion 静液挤压 03.179

I

idle stroke 空行程 08.005

ilmenite electrode 钛铁矿型焊条 04.049

immersion in liquid preventives 浸泡防锈 06.236

immersion plating 浸镀 06.064

impact molding machine 冲击造型机 02.347

impact resistance 耐冲击性 06.008

impregnant 浸渗剂 02.031

impregnation 渗补 02.264，浸渍 07.117

impressing forging 开式模锻，*有飞边模锻 03.081

impulse hardening 冲击淬火，*脉冲加热淬火 05.136

inching 点动 08.292

inclinable press 可倾斜压力机 03.290

inclined position welding 倾斜焊 04.160

incomplete fusion 未熔合 04.221

incomplete joint penetration 未焊透 04.218

incompletely filled groove 未焊满 04.227

incomplete penetration in brazed joint 未钎透 04.219

incompressibility 体积不变条件，*不可压缩条件 03.020

indentation 压痕 03.066

independent chuck 单动卡盘 13.030

independent measuring tool 独立量具 09.016

indexable floating boring tool 可转位浮动镗刀 10.185

indexable insert tip 可转位刀片，*不重磨刀片 10.007

indexable milling cutter 可转位铣刀 10.122

indexable turning tool 可转位车刀 10.113

indexing 转位 08.275

indexing method 分度法 08.125

indicating micrometer 杠杆千分尺 09.036

indirect extrusion 反挤压 03.175

individual division 单分度 08.280

inducting remolten 感应重熔 06.116

induction brazing 感应硬钎焊 04.210

induction hardening 感应加热淬火，*感应淬火 05.184

induction hardening equipment 感应加热淬火装置 05.340

induction hardening machine 感应加热淬火机床 05.339

induction hardening transformer 淬火变压器 05.338

induction heater 感应加热炉 03.252

induction heating 感应加热 03.238

induction soldering 感应软钎焊 04.211

induction through-heating equipment 感应透热装置 05.341

inductive gage 电感测微仪 09.112

inert-gas arc welding 惰性气体保护焊 04.084

inert-gas shielded arc welding 惰性气体保护焊 04.084

infiltration 熔浸 07.012

infra-red drying 红外干燥 06.179

infra-red furnace 红外炉 05.331

ingate 内浇道 02.118

initial assembly 初装 15.016

injection chamber 压射室 02.379

injection cylinder 压射缸 02.380

injection mechanism 压射机构 02.378

injection mould 注射模 14.093

injection mould for thermoplastics 热塑性塑料注射模 14.094

injection mould for thermosets 热固性塑料注射模 14.095

inoculated cast iron 孕育铸铁 02.080

inorganic binder 无机黏结剂 02.044

in-process measurement 加工过程中测量 09.010

insert die 镶块式模 14.038

inserted blade milling cutter 镶齿铣刀 10.118

inserted forging die 镶块锻模 14.008

insert process 镶铸法 02.230

inside driving center 内拨顶尖 13.055

installation 装联 15.018

insulating feeder sleeve 保温冒口套 02.133

intercritical hardening 亚温淬火，＊临界区淬火 05.121

interdendritic space 枝晶间空间 05.087

interior package 内包装 06.239

interlock 联锁 08.297

interlocked cutter 组合铣刀 10.145

intermediate coat 中间层 06.186

intermittent welding 断续焊 04.030

internal broaching machine 内拉床 08.249

internal chill 内冷铁 02.160

internal grinding machine 内圆磨床 08.202

internally heated bath furnace 内热式浴炉 05.336

internal micrometer 内径千分尺 09.037

internal spinning 内旋压 03.219

internal thread broaching 拉螺纹 08.120

interphase boundary 相界面 05.086

interpolation 插补 08.416

interrupted ageing treatment 分级时效处理 05.162

interrupted cutting 断续切削 08.047

interrupted cutting edge 间断切削刃 10.036

interrupted division 间歇分度 08.283

interrupted pour 浇注断流 02.268

interrupted quenching 双介质淬火，＊双液淬火 05.122

interrupted thread tap 跳牙丝锥 10.192

investment casting 熔模铸造，＊失蜡铸造 02.210

involute spline broach 渐开线花键拉刀 10.204

involute tester 渐开线检查仪 09.098

ion beam machining 离子束加工 08.373

ion boriding 离子渗硼，＊辉光放电渗硼 05.222

ion carbonitriding 离子碳氮共渗 05.243

ion carburizing 离子渗碳，＊辉光放电渗碳 05.200

ion carburizing vacuum furnace 真空离子渗碳炉 05.332

ion implantation 离子注入 06.258

ion nitriding 离子渗氮，＊离子氮化 05.211

ion nitriding〔vacuum〕furnace 真空离子渗氮炉，＊离子氮化炉 05.333

ion plating 离子镀 06.246

ironing 变薄拉深 03.113

ironing die 变薄拉深模 14.062

iron powder electrode 铁粉焊条 04.058

iron soldering 烙铁软钎焊 04.203

irregular powder 不规则状粉 07.041

isostatic pressing 等静压制 07.121

isothermal annealing 等温退火 05.095

isothermal extrusion 等温挤压 03.185

isothermal forging 等温锻 03.043

isotropy 各向同性 03.023

J

jaw 卡爪 13.087

jaw plate 钳口板 13.091

jig 夹具 12.001

jig boring machine 坐标镗床 08.195

jig grinding machine 坐标磨床 08.204

joint allowance 分型负数 02.104

jolt molding machine 振实造型机 02.344

jolt ramming 振实 02.204

jolt squeezer 振压造型机 02.345

JTS forging 中心压实法，＊硬壳锻造，＊JTS 锻造 03.070

jumping division 跳齿分度 08.282

K

kerf 切口 04.264

kerf width 切口宽度 04.265

keyhole welding 穿透型焊接法 04.110
keyway slotting 插槽 08.104
knee type milling machine 升降台铣床 08.241
knife straightedge 刀口形直尺 09.040
knock-off head 易割冒口 02.129

knock-out barrel 滚筒落砂机 02.367
knock-out capability 落砂性 02.072
knock-out machine 落砂机 02.365
knuckle joint press 精压机 03.297
knurling 滚花 08.150

L

lack of fusion 未熔合 04.221
ladle 浇包 02.320
lamellar structure 层状组织 05.006
lamellar tearing 层状撕裂 04.236
laminated die 薄板模 14.045
lancing die 切舌模 14.051
land width of the face 倒棱宽 10.041
land width of the flank 刃带宽 10.042
lap joint 搭接接头 04.022
lapping 研磨 08.038
lapping bar 研棒 15.044
lapping housing 研套 15.045
lapping plate 研板 15.043
large micrometer 大外径千分尺 09.038
laser beam cutting 激光切割 08.370
laser beam cutting machine 激光切割机 08.398
laser beam machine tool 激光加工机床 08.384
laser beam machining 激光加工 08.369
laser beam marking 激光刻印 08.371
laser beam marking machine 激光刻线机 08.399
laser beam perforating machine 激光打孔机 08.397
laser beam perforation 激光穿孔 08.079
laser beam welding 激光焊 04.105
laser beam welding machine 激光焊机 04.294
laser electroplating 激光电镀 06.252
laser glazing 激光釉化，*激光上釉 06.254
laser hardening 激光淬火 05.186
laser heat treatment equipment 激光热处理装置 05.343
laser length measuring machine 激光测长仪 09.094
laser remolten 激光重熔 06.253
laser surface alloying 激光表面合金化 06.251
laser welding robot 激光焊接机器人 04.272
lateral extrusion 径向挤压 03.177

lathe 车床 08.173
lathe fixture 车床夹具 12.018
lathe tool bit 车刀条 10.111
lath martensite 板条马氏体，*块状马氏体，*位错马氏体 05.031
layer 焊层 04.148
layer-stepping 分层式拉削 08.051
LBM 激光加工 08.369
lead bath hardening 铅浴淬火 05.133
lead screw laser tester 激光丝杠检查仪 09.128
lead screw pair 丝杠副 08.328
lead screw tester 丝杠检查仪 09.127
leak test 密封性检验 04.245
ledeburite 莱氏体 05.029
level 水平仪，*水准仪 09.121
leveling agent 整平剂 06.079
leveling instrument 水平仪，*水准仪 09.121
lever and gear type micrometer 杠杆齿轮式测微仪 09.114
lever-type dial gage 杠杆百分表 09.051
lever-type micrometer 杠杆式测微仪 09.111
lever-type snap gage 杠杆卡规 09.058
limit device 定程装置 08.347
linear interpolation 直线插补 08.417
line of roll forging 辊锻线 03.165
lip runner 压边浇口 02.121
liquid boriding 液体渗硼 05.219
liquid nitriding 液体渗氮 05.209
liquid-phase sintering 液相烧结 07.102
liquid plastic fixture 液性塑料夹具 12.015
live center 回转顶尖 13.057
loader and unloader 上下料装置，*装卸料装置 08.349
loading 上料 08.276
loam 烂泥砂，*麻泥 02.041

loam mold　烂泥砂型　02.188

localized carburizing　局部渗碳　05.202

localized quench hardening　局部淬火　05.112

locally-cooled drawing　局部冷却拉深，＊差冷拉深　03.115

locally-heated drawing　局部加热拉深，＊差温拉深　03.114

local upsetting　局部镦粗　03.052

locating device　定位装置　08.348

locating element　定位件　12.029

locating piece　定位件　12.029

lock seaming　咬接　03.212

longitudinal weld　纵向焊缝　04.010

long range dial gage　大量程百分表　09.050

loose powder sintering　松装烧结　07.106

loose tooling　胎模　14.025

loose tooling forging　胎模锻　03.084

lost pattern casting　失模铸造　02.211

lost wax casting　熔模铸造，＊失蜡铸造　02.210

low-cost die　简易模　14.040

lower bainite　下贝氏体　05.027

low fume and toxic electrode　低尘低毒焊条　04.062

low hydrogen potassium electrode　低氢钾型焊条　04.056

low hydrogen sodium electrode　低氢钠型焊条　04.055

low-pressure casting machine　低压铸造机　02.385

low-pressure die casting　低压铸造　02.231

low-temperature tempering　低温回火　05.145

M

machine molding　机器造型　02.193

machine reamer　机用铰刀　10.174

machine tap with internal swarf passage　内容屑丝锥　10.196

machine tap with spiral flute　螺旋槽丝锥　10.197

machine tool　机床　01.016

machine tool accessory　机床附件　13.001

machine tool fixture　机床夹具　12.017

machine tool for thermal spraying　热喷涂机床　06.135

machine vice　机用虎钳　13.039

machining　机械加工　01.003

machining accuracy　加工精度　01.023

machining allowance　加工余量　08.009

machining center　加工中心，＊自动换刀数控机床　08.258

machining error　加工误差　01.024

magnetic chuck　吸盘　13.059

magnetic drill　磁座钻　15.069

magnetic drum　磁力分离滚筒　02.288

magnetic fixture　磁力夹具　12.012

magnetic heat treatment　磁场热处理　05.169

magnetic molding process　磁型铸造，＊磁丸铸造　02.235

magnetic separator　磁力分离设备　02.286

magnetic thickness tester　磁力测厚仪　09.129

magnetron sputtering　磁控溅射镀　06.245

main parameter　主参数　08.302

major flank　主后面　10.022

malleable cast iron　可锻铸铁　02.083

malleablizing　可锻化退火，＊黑心可锻化退火　05.108

mandrel　旋压模，＊芯模　14.084

manganizing　渗锰　05.235

manipulator　焊接操作机　04.269

manipulator for forging　锻造操作机　03.345

Mannesmann effect　曼内斯曼效应　03.161

manual brushing　手工刷涂　06.151

manual compensation　手动补偿　08.287

manual feed　手动进给　08.269

manual operating　手动　08.294

manual tool　手工工具　15.001

manual welding　手工焊　04.078

manual fixture　手动夹具　12.008

manufacturing equipment　工艺设备　01.015

manufacturing process　工艺过程　01.012

manufacturing technology　机械制造工艺　01.002

maraging　马氏体时效处理　05.164

martempering　［马氏体］分级淬火　05.123

martempering medium　马氏体分级淬火介质

05.301

martempering quenching oil 马氏体分级淬火油 05.304

martensite 马氏体 05.030

β-martensite 回火马氏体 05.037

martensite deformation temperature Md 点 05.021

martensite finish temperature 下马氏体点，＊Mf 点，＊马氏体转变终止点 05.020

martensite start temperature 上马氏体点，＊Ms 点，＊马氏体转变起始点 05.018

master alloy 中间合金，＊母合金 02.028

master alloyed powder 中间合金粉，＊母合金粉末 07.033

master gage 校对量规 09.067

master pattern 母模 02.136

master stop 总停 08.301

match plate 双面模板 02.144

match plate molding machine 双面模板造型机 02.336

material of difficult machining 难加工材料 01.008

material removal rate 材料切除率 10.101

matrix 凹模 14.079

maximum machinable diameter 最大加工直径 08.303

maximum machined hole diameter 最大加工孔径 08.304

maximum module 最大模数 08.305

maximum shear stress criterion 最大剪应力准则 03.014

Md-point Md 点 05.021

measurement for active control 主动测量 09.007

measuring apparatus 计量装置 09.086

measuring force 测量力 09.011

measuring tool 量具 09.013

measuring instrument 计量仪器 09.085

mechanical feed 机动进给 08.270

mechanical measuring instrument 机械式量仪 09.087

mechanical plating 机械镀 06.070

mechanical press 机械压力机 03.279

mechanical press forging die 机械压力机锻模，＊机锻模 14.006

mechanical pretreatment 机械预处理 06.010

mechanical square 直角尺 09.043

mechanical wax stirring machine 机械搅蜡机 02.391

mechanic operating 机动 08.295

mechanized welding 机械化焊接 04.027

medium-temperature tempering 中温回火 05.146

mekometer 光学测距仪 09.108

melted metal squeezing 液态模锻 03.228

melting 熔炼，＊熔化 02.006

meshing error 啮合误差 10.073

mesh number 目数 07.062

mesh size 筛孔径 07.061

metal core 金属芯 02.222

metal-cutting machine tool 金属切削机床 08.159

metal electrodeposition 金属电沉积 06.030

metal extrusion hydraulic press 金属挤压液压机 03.309

metal inert-gas welding 熔化极惰性气体保护焊 04.086

metal injection moulding 金属注射成形 07.127

metallic coating 金属涂层 06.118

metal mold 金属型 02.220

metal pattern 金属模 02.137

metal penetration 机械黏砂，＊渗透黏砂 02.272

metal-powder cutting 氧熔剂切割 04.252

metal scrap briquette hydraulic press 金属屑压块液压机 03.311

metal slitting saw 锯片铣刀 10.136

metal slitting saw with coarse teeth 粗齿锯片铣刀 10.126

metal slitting saw with fine teeth 细齿锯片铣刀 10.127

metal slitting saw with medium teeth 中齿锯片铣刀 10.135

metal spraying 金属喷涂 06.102

metal technology of plasticity 金属塑性加工，＊金属压力加工 03.002

Mf-point 下马氏体点，＊Mf 点，＊马氏体转变终止点 05.020

microcrystalline fused alumina 微晶刚玉 11.016

micrometer 千分尺 09.031，测微表 09.053

micro-plasma arc welding 微束等离子弧焊 04.107

micro-plasma arc welding machine 微束等离子弧焊

机 04.290

mildew resistance 防霉性 06.006

milling 铣削 08.027

milling and drilling machine 铣钻床 08.193

milling chuck 铣夹头 13.071

milling cutter 铣刀 10.115

milling cutter with flat relieved teeth 尖齿铣刀 10.124

milling cutter with form relieved teeth 铲齿铣刀 10.123

milling cutter with parallel shank 直柄铣刀 10.144

milling head 铣头 13.072

milling machine 铣床 08.233

minor flank 副后面 10.023

minus sieve 筛下粉 07.064

miscellaneous function 辅助功能, *M 功能 08.413

misrun 浇不到 02.269

mixed gas arc welding 混合气体保护焊 04.092

mixed powder 混合粉 07.028

mixing 混合 07.066

modified tooth profile 修形齿廓, *齿形修缘 10.068

modular fixture 成组夹具 12.006

modular graphite cast iron 球墨铸铁 02.081

modular jig and fixture 组合夹具 12.004

modular machine tool 组合机床 08.163

moirè method 叠栅云纹法, *莫尔云纹法 03.022

mold 铸型 02.003

mold assembling 合型, *合箱 02.209

mold blower 吹壳机 02.352

mold cavity 型腔 02.153

mold closing device 合箱机 02.363

mold drying 砂型烘干 02.186

mold-filling capacity 充型能力 02.022

molding 造型 02.004

molding line 造型生产线 02.357

molding material 造型材料 02.032

molding sand 型砂, *造型混合料 02.036

molding unit 造型机组 02.358

mold joint 分型面 02.156

mold thickness 吃砂量 02.103

molten pool 熔池 04.138

monocrystalline fused alumina 单晶刚玉 11.015

mottled cast iron 麻口铸铁 02.095

mould 模具 14.001

mould for plastics 塑料成形模具, *塑料模 14.088

mould for thermoplastics 热塑性塑料模 14.089

mould for thermosets 热固性塑料模 14.090

moulding machine 造型机 02.334

mounted point 磨头 11.043

movable assembly on production line 移动装配 15.015

moving die 动型 02.225, 动模 14.083

moving jaw 活动钳口 13.090

Ms-point 上马氏体点, *Ms 点, *马氏体转变起始点 05.018

muller 辗轮混砂机 02.297

multicomponent diffusion medium 多元共渗剂 05.291

multicomponent thermo-chemical treatment 多元共渗 05.239

multi-cored forging press 多向模锻压机 03.294

multi-cylinder hydraulic press 多缸式液压机 03.305

multi-layer plating 多层电镀 06.058

multi-layer welding 多层焊 04.173

multi-pass welding 多道焊 04.172

multiphase structure 多相组织 05.013

multiple die set 多腔式模 07.091

multiple drill 阶梯麻花钻 10.157

multiple function apparatus 多功能仪器 09.130

multiple hydraulic transfer press 多工位液压机 03.304

multiple impression die 多型槽模 14.017

multiple-impulse welding 脉冲点焊 04.189

multiple-pressing 多工件压制 07.083

multiple-spot welding 多点焊 04.188

multiple-stage nitriding 多段渗氮, *多段氮化 05.213

multiple station molding machine 多工位造型机 02.339

multiple tempering 多次回火 05.148

multiple thread hob 多头滚刀 10.211

multiple vent unit 钻气孔机 02.360

multiple-wire submerged arc welding 多丝埋弧焊 04.094

multi-ram forging 多向模锻 03.083

multi-ram forging die 多向锻模 14.023

multi-spindle automatic lathe 多轴自动车床 08.177

multi-spindle semi-automatic lathe 多轴半自动车床 08.178

multi-station automatic header 多工位自动镦锻机 03.333

multi-station transfer press 多工位自动压力机 03.291

multi-tool lathe 多刀车床 08.183

multi-value measuring tool 多值量具 09.015

N

narrow gap welding 窄间隙焊 04.095

natural abrasive 天然磨料 11.009

natural ageing treatment 自然时效处理 05.159

natural molding sand 天然型砂 02.038

NC 数值控制，*数控 08.408

NC cutting machine 数控切割机 04.320

NC dividing head 数控分度头 13.010

NC machine tool 数控机床，*数值控制机床 08.171

NC table 数控工作台 13.022

neck formation 烧结颈形成 07.111

necking 压肩 03.065，缩口 03.124

necking coefficient 缩口系数 03.125

necking die 缩口模 14.066

necking in spindown 缩径旋压，*缩旋 03.208

net shape forging 精密锻造 03.044

neutral atmosphere 中性气氛 07.097

neutral waxed paper 中性蜡纸 06.222

nibbling shear 振动剪，*冲型剪 03.319

nickelizing 渗镍 05.238

nitride 氮化物 05.077

nitride layer ［渗氮］白亮层，*化合物层 05.215

nitriding 渗氮，*氮化 05.208

nitriding atmosphere 渗氮气氛 05.297

nitriding medium 渗氮剂 05.267

nitrocarburizing 氮碳共渗，*低温碳氮共渗 05.244

nitrocarburizing medium 氮碳共渗剂 05.274

nitrogen potential 氮势 05.216

no bake binder 自硬黏结剂，*冷硬黏结剂 02.051

nodularizing treatment of graphite 石墨球化处理 02.246

nodular powder 瘤状粉 07.042

no-flash die forging 闭式模锻，*无飞边模锻 03.082

non-contact measurement 非接触测量 09.004

non-destructive testing 无损检验 04.239

non-traditional machine tool 特种加工机床 08.376

non-traditional machining 特种加工工艺 08.357

normalizing 正火 05.110

notching 缺口磨损 10.107

notching die 切口模 14.050

notch wear 缺口磨损 10.107

not go gage 止规 09.063

nucleation 成核，*形核 02.012

number of axes 轴数 08.306

number of drawing 拉深次数 03.123

number of spindles 轴数 08.306

number of start 头数 10.072

number of thread 头数 10.072

numerical control 数值控制，*数控 08.408

numerical control cutting 数控切割 04.258

numerical control cutting machine 数控切割机 04.320

numerical control dividing head 数控分度头 13.010

numerical control machine tool 数控机床，*数值控制机床 08.171

numerical control system 数控系统 08.421

numerical control table 数控工作台 13.022

O

odd-side molding　假箱造型　02.183

odd-side pattern　单面模板　02.143

Oerlikon spiral bevel gear cutter　摆线齿锥齿轮铣刀，
　＊奥列康铣刀　10.152

offset　错移　03.061

oil based binder　油类黏结剂　02.048

oil content　含油量　07.150

oil hardening　油冷淬火　05.127

oil hydraulic press　油压机　03.313

oil-quenching tank　淬冷油槽　05.346

oil-quenching vacuum resistance furnace　油淬真空电
　阻炉　05.334

oil sand core　油砂芯　02.167

oil soluble rust inhibitor　油溶性缓蚀剂　06.209

oil stone　油石　11.049

oil stone with knife　刀形油石　11.055

one-piece pattern　整体模　02.141

one point press　单点压力机　03.288

on-line measurement　在线测量　09.009

on-line measuring device　在线检测装置　09.134

open die forging　自由锻　03.050，开式模锻，
　＊有飞边模锻　03.081

open extrusion　自由挤压　03.174

open forging die　开式锻模　14.003

open pore　开孔　07.007

open porosity　开孔孔隙度　07.147

open riser　明冒口　02.125

open-side planing machine　悬臂刨床　08.245

open-side type milling machine　悬臂式铣床　08.236

operating movement　工作运动　08.265

operation　工序　01.011

operation allowance　工序余量　08.010

optical dividing head　光学分度头　13.008

optical goniometer　光学测角仪　09.107

optical microcator　光学扭簧测微计　09.110

optical range finder　光学测距仪　09.108

organic binder　有机黏结剂　02.047

oriented spindle stop　主轴定向停止　08.300

oscillating　摆动　08.293

outside driving center　外拨顶尖　13.056

outside micrometer　外径千分尺　09.032

over ageing treatment　过时效热处理　05.163

overfill system　过装法　07.077

overhanging rail　悬臂　08.335

overhead position welding　仰焊　04.158

overlap　焊瘤　04.222

overrun　切出量　08.012

oversintering　过烧　07.108

overtravel　切出量　08.012

oxy-acetylene flame　氧乙炔焰　04.115

oxy-acetylene welding　氧乙炔焊　04.113

oxyfuel gas welding　气焊　04.112

oxyfuel gas welding torch　气焊炬　04.312

oxygen cutting　气割　04.250

oxygen gas cutting torch　割炬　04.317

oxygen lance cutting　氧矛切割　04.253

oxy-hydrogen flame　氢氧焰　04.116

oxy-hydrogen welding　氢氧焊　04.114

oxynitriding　氧氮共渗，＊氧氮化　05.249

oxynitrocarburizing　氧氮碳共渗　05.250

P

package　包装　01.027

pack aluminizing medium　固体渗铝剂　05.284

pack annealing　装箱退火　05.107

pack boriding　固体渗硼　05.218

pack boronizing medium　固体渗硼剂　05.280

pack carburizer　固体渗碳剂　05.262

pack carburizing　固体渗碳　05.192

pack chromizing medium　固体渗铬剂　05.286

packing　包装　01.027

pack nitriding medium　固体渗氮剂　05.268

pack siliconizing 固体渗硅 05.225

paint 油漆 06.139

painting 涂装 06.138

painting environment 涂装环境 06.192

paint mixing 调漆 06.148

pallet 托盘 08.354

pallet changer 交换工作台 13.018

parabolic interpolation 抛物线插补 08.419

parallel shank twist drill 直柄麻花钻 10.155

parted pattern 分块模，*分体模 02.142

partial annealing 不完全退火 05.099

partial chipless machining 少切屑加工 01.005

partially alloyed powder 部分合金化粉 07.031

particle 颗粒 07.014

particle size 粉末粒度 07.057

parting agent 分型剂，*脱模剂 02.055

parting die 剖切模 14.052

parting face 分型面 02.156

passivating 钝化 06.095

passivator 钝化剂 06.098

passive measurement 被动测量 09.008

paste carburizing 膏剂渗碳 05.193

patching 修型 02.207

patenting 索氏体化处理，*派登脱处理 05.141

pattern 模[样] 02.135

pattern assembly 模组 02.217

pattern die 压型 02.213

pattern draft 起模斜度 02.102

PAW 等离子弧焊 04.106

PCVD 等离子体化学气相沉积，*PCVD法 06.244

pearlite 珠光体，*片层状珠光体 05.073

pearlitic malleable cast iron 珠光体可锻铸铁 02.085

pencil core 透气砂芯 02.130

penetration rate 焊透率 04.197

penetration welding 熔透型焊接法，*熔透法 04.111

percussive pneumatic tool 冲击式气动工具 15.047

periodic reverse plating 周期转向电镀 06.068

periodic rolling 周期纵轧 03.149

peritectic structure 包晶组织 05.004

permanent magnetic chuck 永磁吸盘 13.061

permanent mold casting 金属型铸造 02.219

permanent mold casting line 金属型铸造流水线 02.382

permanent mold casting machine 金属型铸造机 02.381

petro-forge machine 内燃锤 03.276

phase 相 05.017

phase-changing superplastic forming 相变超塑成形 03.233

phosphatizing 磷化，*磷酸盐处理 05.260

photoelectric detection device 光电式检测装置 09.132

photoelectric torquemeter 光电测扭仪 09.105

physical vapor deposition 物理气相沉积，*PVD法 06.242

pickling 酸洗 06.014

piercing 冲孔 03.105

piercing die 冲孔模 14.049

pig iron 生铁 02.025

pinhole 针孔 02.281

pin puller 拔销器 15.035

pipe chuck 管子卡盘 13.034

pipe cutting machine 管子加工机床 08.257

pit 凹坑 04.225

pit molding 地坑造型 02.179

pit-type furnace 井式炉 05.312

pivot blade shear 摆式剪板机 03.317

plain grinding machine 平面磨床 08.205

plain limit gage 光滑极限量规 09.069

plain milling 铣平面 08.091

plain milling machine 平面铣床 08.238

plane-jaw vice 平口虎钳 13.040

planer type milling machine 龙门式铣床 08.235

planing 刨削 08.030

planing and shaping 刨削 08.030

planing machine 刨床 08.242

planing machine with a single column 悬臂刨床 08.245

planishing die 校平模 14.070

plasma arc cutting 等离子弧切割 04.255

plasma arc surfacing 等离子弧堆焊 04.109

plasma arc welding 等离子弧焊 04.106

plasma arc welding machine 等离子弧焊机 04.289

plasma chemical vapor deposition 等离子体化学气相沉积，＊PCVD法 06.244

plasma cutting machine 等离子切割机 04.321

plasma gas 等离子气 06.129

plasma heat treatment 等离子[轰击]热处理，＊辉光放电热处理 05.173

plasma machining 等离子加工 08.374

plasma nitriding 离子渗氮，＊离子氮化 05.211

plasma spraying 等离子喷涂 06.105

plasma surfacing 等离子堆焊，＊粉末等离子弧堆焊 06.113

plasma torch 等离子焊炬 04.316

plaster molding 石膏型造型 02.240

plaster pattern 石膏模 02.139

plastic coating 塑料涂层 06.120

plastic pattern 塑料模 02.140

plastic working of metal 金属塑性加工，＊金属压力加工 03.002

plate martensite 片状马氏体，＊孪晶马氏体，＊针状马氏体 05.032

plate rotary shears 滚剪机 03.318

plate shears 剪板机 03.315

plating on plastics 塑料电镀 06.060

platy stripping 退镀 06.076

plug cone gage 圆锥塞规 09.071

plug gage 塞规 09.059

plug screw gage 螺纹塞规 09.072

plug weld 塞焊 04.100

plunge feed shaving cutter 径向剃齿刀 10.227

plunge shaving 径向剃齿 08.136

plunging 翻孔 03.127

plunging die 翻孔模 14.069

plus sieve 筛上粉 07.063

pneumatic belt sander 气动砂带机 15.054

pneumatic chipping hammer 气铲 15.048

pneumatic chuck 气动卡盘 13.036

pneumatic cleaner 气动除锈器 15.052

pneumatic drill 气钻 15.056

pneumatic file 气锉刀 15.063

pneumatic fixture 气动夹具 12.009

pneumatic forming 气压成形 03.141

pneumatic grinder 气动砂轮机，＊气砂轮 15.053

pneumatic hammer 空气锤 03.267

pneumatic knockout machine 气动落砂机 02.368

pneumatic mill 气铣刀 15.062

pneumatic nibbler 气冲剪 15.061

pneumatic polisher 气动抛光机 15.055

pneumatic riveting hammer 气动铆钉机 15.049

pneumatic rivet puller 气动拉铆机 15.050

pneumatic sander 气动磨光机 15.065

pneumatic saw 气锯 15.064

pneumatic screw driver 气动螺丝刀，＊气螺刀 15.059

pneumatic shears 气剪刀 15.060

pneumatic squeeze riveter 气动压铆机 15.051

pneumatic table 气动工作台 13.024

pneumatic tapper 气动攻丝机 15.058

pneumatic tool 气动工具 15.002

pneumatic vice 气动虎钳 13.047

pneumatic wrench 气动扳手 15.057

point angle 顶角，＊钻尖角 10.064

pointing of tag end 锻头 03.171

point micrometer 尖头千分尺 09.035

polarization 极化 06.042

polarization curve 极化曲线 06.036

polishing 抛光 08.042

polycrystalline diamond 聚晶金刚石 11.011

polygon 多面棱体 09.077

polymer solution quenchant 合成淬火剂 05.299

polyphase structure 多相组织 05.013

polyurethane pad blanking 聚氨酯冲裁 03.102

pore 孔隙 07.006

pore-free die casting 充氧压铸 02.228

porosity 疏松，＊显微缩松 02.279，孔隙度 07.146

porous bearing 多孔轴承 07.132

portable spot welding machine 移动式点焊机 04.303

position 工位 08.002

positioner 焊接变位机 04.266

positioning device 定位装置 08.348

post-sintering treatment 烧结后处理 07.112

postweld heat treatment 焊后热处理 04.036

pouring 浇注 02.007

pouring basin 浇口盆，＊外浇口 02.113

pouring cup 浇口杯 02.114

protection by spraying aqueous preventives 喷淋防锈 06.238

protuberance 凸角，＊齿顶修缘 10.071

pry bar 撬棒 03.223

puddle 熔池 04.138

pulsed arc 脉冲电弧 04.153

pulsed-plasma arc welding 脉冲等离子弧焊 04.108

pulse plating 脉冲电镀 06.067

punch 冲子 03.054，冲头 07.089，凸模 14.078

punching 冲孔 03.105

punching die 冲裁模 14.047

punch-matrix 凸凹模 14.080

push broach 推刀 10.200

push broaching 推削 08.033

pusher furnace 推杆式炉，＊半连续炉 03.247

PVD 物理气相沉积，＊PVD 法 06.242

Q

quenchant 淬火介质，＊淬火冷却介质，＊淬火剂 05.298

quench-hardened case 淬硬层 05.116

quench hardening 淬火 05.111

quenching 淬火 05.111

quenching and tempering 调质 05.154

quenching distortion 淬火冷却畸变，＊淬火变形 05.176

quenching medium 淬火介质，＊淬火冷却介质，＊淬火剂 05.298

quenching press 淬火压床 05.349

quenching tank 淬火冷却槽 05.344

quick-action vice 快动虎钳 13.044

quick forging manipulator 快锻操作机 03.346

R

rack plating 挂镀 06.061

rack type gear shaper cutter 梳齿刀 10.223

radial crushing strength 径向压溃强度 07.149

radial drilling machine 摇臂钻床 08.190

radial extruding die 径向挤压模 14.076

radial feed shaving 径向剃齿 08.136

radial forging 径向锻造，＊旋转锻造 03.226

radial forging machine 径向锻轴机 03.322

radiographic inspection 射线探伤 04.243

radius template 半径样板 09.083

rail 横梁 08.334

ram 滑枕 08.339

ramming 紧实，＊紧砂，＊舂砂 02.203

ram type milling machine 滑枕式铣床 08.237

rapid solidified powder 快速冷凝粉 07.025

rapping 敲模 02.201

ratio of height to diameter 高径比 03.077

raw material 原材料 01.007

reactive ion plating 反应离子镀 06.247

reactive sintering 反应烧结 07.107

reamer 铰刀 10.172

reaming 铰削，＊铰孔 08.058

reaming with step reamer 阶梯铰孔 08.075

receiving ladle 座包 02.322

reception gage 验收量规 09.066

recessed one side wheel with taper 单面凹带锥砂轮 11.036

recessed two side wheel with taper 双面凹带锥砂轮 11.037

recessing with radial feed 径向进给切槽 08.112

recovery [of element] 合金过渡系数 04.137

recrystallization 重结晶 05.081，再结晶 05.082

recrystallization annealing 再结晶退火 05.103

rectangular honing stone 长方珩磨油石 11.054

rectangular magnetic chuck 矩形吸盘 13.062

rectangular segment 矩形砂瓦 11.060

rectangular stone 长方油石 11.051

rectangular table 矩形工作台 13.014

reduced face 削窄前面 10.019

reduced powder 还原粉 07.022

reducing 缩径旋压，＊缩旋 03.208

reducing atmosphere 还原气氛 07.096

reducing die 缩口模 14.066

reduction 压缩量 03.078

reduction center 变径套 13.058

reduction in area 断面减缩率 03.189

regulating wheel 导轮 08.356

relative density 相对密度 07.142

relative measurement 相对测量 09.002

relieving 铲削 08.035

relieving lathe 铲齿车床 08.184

remolten 重熔 06.114

removable flask molding 脱箱造型 02.178

removable flask molding machine 脱箱造型机 02.335

repair welding 补焊 04.031

re-pressing 复压 07.113

residual stress 残余应力 01.029

resin binder 树脂黏结剂 02.050

re-sintering 复烧 07.099

resistance brazing 电阻钎焊 04.213

resistance butt welding machine 电阻对焊机 04.299

resistance heating 电阻加热 03.239

resistance soldering 电阻钎焊 04.213

resistance spot weld 电阻焊点 04.196

resistance spot welding 电阻点焊 04.187

resistance welding 电阻焊 04.179

resistance welding machine 电阻焊机 04.295

retained austenite 残余奥氏体，*残留奥氏体 05.024

return 返回 08.274

reverberating furnace 反射炉 03.245

reverse drawing 反拉深 03.112

reverse drawing die 反拉深模 14.061

reversion 回归 05.166

riddle 筛砂机 02.289

right angle feed shaving 切向剃齿 08.134

rigid-perfectly plastic body 理想刚塑性体 03.007

ring gage 环规 09.061

ring rolling machine 扩孔机 03.341

ripple 焊波 04.147

rise per tooth 齿升量 10.067

riser 冒口 02.123

riser efficiency 冒口效率 02.124

riser neck 冒口颈 02.131

riser pad 冒口根 02.132

robot painting 机器人涂装 06.155

roller 轧辊 03.155

roller hearth furnace 辊底式炉 05.319

roller mill 辗轮混砂机 02.297

roller painting 辊涂 06.153

roll forging 辊锻 03.162

roll forming 辊形 03.108

rolling 滚圆 03.068，轧制 03.147，纵轧 03.148，滚压 08.043

rolling mill 轧机 03.324

roll segment 辊锻模 14.009

roll spot welding 滚点焊 04.192

root crack 焊根裂纹 04.232

root face 钝边 04.129

root of joint 接头根部 04.126

root opening 根部间隙 04.127

root radius 根部半径 04.128

rotary forging 摆动辗压 03.225

rotary forging press 摆辗机 03.323

rotary hearth furnace 转底炉 03.248

rotary metal working 金属回转加工 03.003

rotary milling cutter for gear cutting 盘形齿轮铣刀 10.147

rotary muller 滚筒式混砂机 02.301

rotary pneumatic tool 回转式气动工具 15.046

rotary retort furnace 转筒式炉 05.316

rotary retort furnace with internal screw 滚筒式炉，*鼓形炉 05.322

rotary shaving cutter 盘形剃齿刀 10.225

rotary table 回转工作台，*转台 13.019

rotary table with face gear 端齿工作台 13.020

rotating speed of table 工作台转速 08.313

rotator mixer 转子混砂机 02.298

roughness comparison specimen 表面粗糙度比较样块 09.078

round broach 圆拉刀 10.202

rounded corner 修圆刀尖 10.032

rounded cutting edge 倒圆切削刃 10.035

rounded cutting edge radius 切削刃钝圆半径 10.043

rounding 倒圆角 08.153

roundness measuring instrument 圆度仪 09.120

round screw die 辊轮，＊圆丝板 03.203

round stone 圆形油石 11.056

RR forging RR 锻造 03.071

rubber-diaphragm forming 液压－橡皮囊成形 03.143

rubber die 橡胶冲模，＊橡皮模 14.041

rubber die blanking 橡皮冲裁 03.101

rubber pad blanking 橡皮冲裁 03.101

rubber pad drawing 橡皮拉深 03.117

rubber pad forming 橡皮成形 03.142

ruby fused alumina 棕刚玉 11.013

runner 横浇道 02.117

running system 浇注系统 02.105

runoff weld tab 引出板 04.279

run-out 跑火 02.270，型漏，＊漏箱 02.275

rust 锈 06.195

rust inhibition 缓蚀性 06.206

rust prevention by applying liquid material 喷涂防锈 06.237

rust prevention during manufacture 工序间防锈 06.197

rust prevention in interstore 中间库防锈 06.198

rust preventive 防锈材料 06.212

rust preventive cutting emulsion 防锈切削乳化液 06.224

rust preventive cutting fluid 防锈切削液 06.223

rust preventive cutting oil 防锈切削油 06.227

rust preventive emulsion 乳化型防锈油 06.218

rust preventive EP cutting emulsion 防锈极压乳化液 06.225

rust preventive EP cutting oil 防锈极压切削油 06.226

rust preventive extreme pressure cutting emulsion 防锈极压乳化液 06.225

rust preventive extreme pressure cutting oil 防锈极压切削油 06.226

rust preventive grease 防锈脂 06.215，防锈润滑脂 06.221

rust preventive grease for hot application 热涂型防锈脂 06.216

rust preventive lubricating oil 防锈润滑油 06.220

rust preventive oil 防锈油 06.214

rust-proof life 防锈期 06.204

S

saddle 床鞍 08.341

saddle forging 马杠扩孔，＊芯轴扩孔 03.057

salt bath carburizer 盐浴渗碳剂，＊液体渗碳剂 05.264

salt bath carburizing 盐浴渗碳，＊液体渗碳 05.194

salt bath electrode furnace 电极盐浴炉 05.337

salt bath hardening 盐浴淬火 05.134

salt bath nitriding medium 盐浴渗氮剂，＊液体渗氮剂 05.269

salt bath nitrocarburizing 液体氮碳共渗，＊软氮化 05.245

salt bath nitrocarburizing medium 盐浴氮碳共渗剂，＊液体氮碳共渗剂 05.275

salt pattern 盐模 02.215

sand 原砂 02.033

sand blasting 喷砂清理 02.253，喷砂 06.025

sand casting process 砂型铸造 02.008

sand-filling 填砂 02.202

sand inclusion 砂眼 02.282

sand-lined metal mold 覆砂金属型 02.221

sand lump breaker 砂块破碎机 02.290

sand milling 混砂 02.058

sand mixer 混砂机 02.294

sand mixing 混砂 02.058

sand mold 砂型 02.152

sand muller 混砂机 02.294

sand preparation 型砂制备，＊砂处理 02.057

sand reclamation 旧砂再生 02.071

sand reclamation equipment 旧砂再生设备 02.291

sand reconditioning 旧砂处理 02.070

sand slinger 抛砂机 02.349

sand temperature modulator 砂温调节器 02.304

sawing 锯削 08.034

sawing machine 锯床 08.252

scale 标尺 09.025

scale-less or free heating 少无氧化加热 03.240

scarfing 火焰表面清理 04.251

scraper 刮刀 15.031

scraping 刮削 08.036

scratch ruler support 划线尺架 15.028

screw-driver 螺丝刀 15.034

screw gage 螺纹量规 09.070

screw press 螺旋压力机 03.280

screw press forging die 螺旋压力机锻模 14.010

screw ring gage 螺纹环规，*螺纹卡规 09.073

screw slotting cutter 螺钉槽铣刀 10.128

scriber 划针 15.023

scribing compass 划规 15.025

scribing hander 划线方箱 15.026

scroll 丝盘 13.086

sealed box type quenching furnace 箱式淬火炉 05.328

seal weld 密封焊缝 04.014

seam welding 缝焊 04.191

seam welding machine 缝焊机 04.298

secondary hardening 二次硬化 05.152

secondary martensite 二次马氏体 05.036

secondary metal working 二次成形加工 03.006

second face 第二前面 10.018

second flank 第二后面 10.025

sectional mandrel 分段模 14.086

sector pouring ladle 扇形包 02.327

sector segment 扇形砂瓦 11.061

segmental mandrel 分瓣模 14.085

segment of grinding wheel 砂瓦 11.058

selected point on the cutting edge 切削刃选定点 10.034

self-bonding material 自黏结材料 06.124

self-centering chuck 自定心卡盘 13.029

self-centering vice 自定心虎钳 13.042

self-clamping fixture 自夹紧夹具 12.013

self-fluxing alloyed powder 自熔性合金粉末 07.034

self-hardening sand 自硬砂 02.059

self-hardening sand molding 自硬砂造型 02.190

self-lubrication coating material 自润滑涂层材料 06.126

self-quench hardening 自冷淬火 05.135

selfsetting die 自定位模 14.019

self-tempering 自热回火，*自回火 05.144

semi-automatic cycle 半自动循环 08.290

semi-automatic machine tool 半自动机床 08.168

semi-centrifugal casting 半离心铸造 02.237

semifinished product 半成品 01.025

semi-round stone 半圆形油石 11.057

semi-spherical mounted point 半球形磨头 11.047

semi-topping hob 半顶切滚刀 10.212

semi-topping tooth profile 半切顶齿廓 10.070

semi-universal dividing head 半万能分度头 13.004

sequence control 顺序控制 08.406

servo-system 伺服系统 08.422

setup 安装，*装夹 08.003

shake-out 落砂 02.251

shake-out machine 落砂机 02.365

shaking ladle 摇包 02.321

shallow drawing 浅拉深 03.119

shallow recessing 浅拉深 03.119

shank 刀柄 10.003

shape cutting 仿形切割 04.257

shaper cutter 插齿刀 10.217

shaping machine 牛头刨床 08.244

shatter index 破碎指数 02.074

shaving die 整修模 14.053

shear 剪切机 03.314

sheared strip 条料 03.037

shear forming 锥形变薄旋压，*剪切旋压 03.214

shearing ［冲压］切断 03.106，剪切 03.107

shear plane 剪切平面 10.083

shear plane angle 剪切角 10.084

shear plane perpendicular force 剪切平面垂直力 10.087

shear plane tangential force 剪切平面切向力 10.086

shear spinning 锥形变薄旋压，*剪切旋压 03.214

sheet 板料 03.034

sheet forming 板料成形 03.091

sheet metal 板料 03.034

shell core 壳芯 02.169

shell core drill 套式扩孔钻 10.167

shell core machine 壳芯机 02.355

shell end mill 套式立铣刀 10.119

shell mold casting 壳型铸造 02.243

shell molding machine 壳型机 02.351

shell reamer 套式铰刀 10.177

sherardizing 渗锌 05.231

sherardizing medium 固体渗锌剂 05.289

shielded metal arc welding 焊条电弧焊 04.079

shielding gas 保护气体 04.074，[热喷涂]保护
气体，*屏蔽气体 06.130

shift 错型，*错箱 02.276

shock bottom furnace 振底炉 03.249

shoot-squeeze molding machine 射压造型机
02.348

short-hole drill 浅孔钻 10.153

shot blasting 抛丸清理 02.254，喷丸 06.026

shot blast machine 抛丸清理机 02.370

shot-sand separator 丸砂分离器 02.371

shower gate 雨淋浇口 02.119

shrinkage 铸件线收缩率 02.023，缩孔 02.280

shrinkage fitting 热装 15.009

side broaching machine 侧拉床 08.250

side milling cutter 三面刃铣刀 10.134

side milling cutter with inserted blades 镶齿三面刃铣
刀 10.131

side riser 侧冒口，*边冒口 02.127

sideways extrusion 径向挤压 03.177

sieve analysis 筛分析 07.060

silica sand 硅砂 02.042

siliconizing 渗硅 05.224

siliconizing medium 渗硅剂 05.288

sine bar 正弦规 09.079

single action hydraulic press 单动液压机 03.302

single action press 单动压力机 03.286

single action pressing 单向压制 07.081

single angle cutter 单角铣刀 10.140

single-blow heading 单击镦锻 03.195

single die 单工序模 14.027

single element measurement 单项测量 09.006

single face pattern plate 单面模板 02.143

single flank gear rolling tester 斜齿轮单面啮合检查
仪 09.116

single frame hammer 单柱式锤 03.264

single groove 单面坡口 04.121

single impression die 单型槽模 14.016

single-pass welding 单道焊 04.171

single-phase structure 单相组织 05.011

single position hob 定装滚刀 10.214

single-sinter process 一次烧结法 07.100

single spindle automatic lathe 单轴自动车床
08.176

single-stage nitriding 一段渗氮 05.212

single-value measuring tool 单值量具 09.014

sintered antifriction material 烧结减摩材料 07.131

sintered density 烧结密度 07.145

sintered electrical contact material 烧结电触头材料
07.137

sintered flux 熔炼焊剂 04.068

sintered friction material 烧结摩擦材料 07.133

sintered hard magnetic material 烧结硬磁材料
07.136

sintered iron 烧结铁 07.128

sintered metal filter 烧结金属过滤器 07.134

sintered soft magnetic material 烧结软磁材料
07.135

sintered steel 烧结钢 07.129

sintered structural part 烧结结构零件 07.130

sinter forging 烧结锻造 07.118

sintering 烧结 07.094

sintering atmosphere 烧结气氛 07.095

sizing 整形 07.115

sizing die 精压模 14.022，整形模 14.065

skeleton pattern 骨架模 02.138

skew rolling 斜轧，*螺旋轧制，*横向螺旋轧制
03.158

skin dried mold 表面烘干型 02.187

skip sequence 跳焊 04.168

skip-stepping 分块式拉削 08.052

slack quenching 欠速淬火 05.119

slag 熔渣 04.044

sleeve joint 套管接头 04.025

slider 滑座 08.340，滑板 08.342

slideway 导轨 08.320

slideway grinding machine 导轨磨床 08.206

sliding line 滑移线 03.032

slip line 滑移线 03.032

slip line field theory 滑移线场理论 03.016

slot boring 镗槽 08.107

slot broaching 拉槽 08.105

slot gate 缝隙浇口 02.120

slot grinding 磨槽 08.108

slot lapping 研槽 08.109

slot milling 铣槽 08.102

slot planing 刨槽 08.103

slot push broaching 推槽 08.106

slot rolling 滚槽 08.110

slot scraping 刮槽 08.111

slot shaping 刨槽 08.103

slotting 插削 08.031

slotting cutter with flat relieved teeth 尖齿槽铣刀 10.125

slotting machine 插床 08.246

slot turning 车槽 08.101

slush casting 凝壳铸造 02.242

slushing 油封防锈 06.199

smith forging furnace 手锻炉，*明火炉 03.244

snap flask 脱箱 02.151

soak degreasing 浸泡脱脂 06.020

soaking 保温 05.092

soaking time 保温时间 05.091

sodium silicate binder 水玻璃黏结剂 02.046

sodium silicate-bonded sand 水玻璃砂 02.061

sodium silicate modules 水玻璃模数 02.075

soft spots 软点 05.182

solder 软钎料 04.072

solderability 钎焊性 04.202

soldering 钎焊 04.199，软钎焊 04.201

soldering alloy 钎料 04.070

soldering flux 钎剂 04.073

solid density 理论密度 07.143

solid die 整体式模 14.035

solidification 凝固 02.010

solid-phase sintering 固相烧结 07.103

solid-state welding 固态焊 04.176

solubility 溶解度 06.051

solubility product 溶度积 06.053

solution heat treatment 固溶热处理 05.156

solvent coating 溶剂型涂料 06.140

solvent cut back rust preventive oil 溶剂稀释型防锈油 06.217

solvent degreasing 有机溶剂脱脂 06.023

sorbite 索氏体，*回火索氏体 05.074

spanner 扳手 15.033

spark-erosion grinding 电火花磨削 08.361

spark-erosion grinding machine 电火花磨床 08.389

spark-erosion machine tool 电火花加工机床 08.377

spark-erosion machining 电火花加工 08.358

spark-erosion perforating machine 电火花穿孔机 08.387

spark-erosion perforation 电火花穿孔 08.080

spark-erosion sinking 电火花成形 08.359

spark-erosion sinking machine 电火花成形机 08.386

spark-erosion wire cutting 电火花线切割 08.360

spatter 飞溅 04.135

special casting process 特种铸造 02.009

special fixture 专用夹具 12.002

specialized machine tool 专门化机床 08.162

special purpose die 专用模 14.034

special purpose machine tool 专用机床 08.161

special purpose measuring instrument 专用量仪 09.089

specific surface area 粉末比表面 07.044

speed-muller 摆轮混砂机 02.299

spherical mounted point 球形磨头 11.048

spheroidal bowl mixer 球形混砂机，*碗形混砂机 02.303

spheroidal graphite 球状石墨 05.055

spheroidal graphite cast iron 球墨铸铁 02.081

spheroidal powder 球状粉 07.043

spheroidite 球化体，*球状珠光体 05.076

spheroidized carbide 球状碳化物，*粒状碳化物 05.062

spheroidized cementite 球状渗碳体，*粒状渗碳体 05.045

spheroidizing annealing 球化退火 05.096

spindle 主轴 08.321

spindle head 主轴箱 08.322

spindle quill travel 主轴套筒行程 08.309

spindle speed 主轴转速 08.015

spindle speed function 主轴速度功能，*S功能 08.415

spinning 旋压 03.204

spinning lathe 旋压机 03.325

spinning machine 旋压机 03.325

spinning reverse 返程旋压，*逆向旋压 03.210

spinning roller 旋轮 03.222

spinning toward open end 往程旋压，*顺向旋压 03.209

spinning with reduction 变薄旋压，*强力旋压 03.213

spin roller 旋轮 03.222

spiral bevel gear broaching machine 弧齿锥齿轮拉齿机 08.218

spiral bevel gear cutter 曲线齿锥齿轮铣刀 10.150，弧齿锥齿轮铣刀，*格里森铣刀 10.151

spiral bevel gear grinding machine 弧齿锥齿轮磨齿机 08.219

spiral bevel gear milling machine 弧齿锥齿轮铣齿机 08.217

spiral pointed tap 螺尖丝锥，*刃倾角丝锥 10.191

spiral weld 螺旋形焊缝 04.013

spirit level 水泡水平仪 09.122

spline broach 花键拉刀 10.203

spline gage 花键综合量规 09.074

split pattern 分块模，*分体模 02.142

sponge powder 海绵粉 07.026

spot facing 锪平面 08.097

spot welding machine 点焊机 04.296

spot welding robot 点焊机器人 04.273

spot weld spacing 焊点距 04.198

spray 喷涂 06.100

spray booth 喷漆室 06.193

spray degreasing 喷淋脱脂 06.022

spray hardening 喷液淬火 05.129

spray remolten 喷熔 06.111

spreading 展宽 03.150

spring back 弹性后效 07.073

spring-optical measuring head 光学扭簧测微计 09.110

spring plier for mounting 挡圈装卸钳 15.038

spring power hammer 弹簧锤 03.277

sprue 直浇道 02.116

sprue cutter 开浇口机 02.361

sprue stopper 浇口塞 02.115

square honing stone 正方珩磨油石 11.053

square stone 正方油石 11.050

squeeze molding machine 压实造型机 02.340

squeezing ramming 压实 02.205

SSW 固态焊 04.176

stability of display 示值稳定性 09.012

stabilizing annealing 稳定化退火 05.104

stabilizing gas 稳定气体 06.131

stabilizing treatment 稳定化处理 05.167

stamping 冲压 03.089，冲压件 03.090

stamping die 冲模 14.026

standard fixture 标准夹具 12.007

start 起动 08.298

starting weld tab 引弧板 04.278

static characteristic of arc 电弧静特性 04.151

static electrode potential 静态电极电位，*静态电极电势 06.035

steam-air die forging hammer 蒸汽－空气模锻锤 03.269

steam-air forging hammer 蒸汽－空气自由锻锤 03.268

steam treatment 蒸汽处理 05.259

steel plate die 夹板模 14.046

steel rule 钢尺 09.021

steel strip die 钢带模 14.042

steel tape 钢卷尺 09.024

steel wire torquemeter 钢弦测扭仪 09.106

step 工步 08.001

step-by-step seam welding 步进缝焊 04.193

step drill 阶梯麻花钻 10.157

step gage 步距规 09.080

step gating system 阶梯式浇注系统 02.112

stepped joint 不平分型面 02.157

step per tooth 齿升量 10.067

stop 停止 08.299

stoving 烘干 06.174

straight bevel gear broaching machine 直齿锥齿轮拉齿机 08.216

straight bevel gear milling machine 直齿锥齿轮铣齿机 08.215

straight bevel gear planing machine 直齿锥齿轮刨齿

机 08.214

straight bevel gear rougher 直齿锥齿轮粗切机 08.213

straight bevel generator 直齿锥齿轮刨齿机 08.214

straightedge 平尺，＊直尺 09.022

straightening 矫直 03.110

straightening die 校正模 14.014

straight shank reamer 直柄铰刀 10.175

straight side press 闭式压力机 03.282

straight spline broach 矩形花键拉刀 10.206

straight wheel 平行砂轮 11.028

strain age-hardening 应变时效硬化 03.030

strain ageing 形变时效 05.161

strain hardening 加工硬化 03.026

strain-induced martensite 形变马氏体，＊形变诱发马氏体 05.038

stress-assisted martensite 应力马氏体，＊应力协助马氏体 05.039

stress relief annealing 去应力退火 05.102

stress relief crack 消除应力裂缝 04.235

stress strain curve 应力应变曲线 03.015

stretch draw forming 拉张－拉深成形 03.144

stretch forming 拉形 03.135

stretching former 拉形机 03.328

stretching machine 拉形机 03.328

strike-off 刮砂 02.199

strike plating 冲击镀 06.074

striking 引弧 04.149

strip 带料 03.035

strippable plastic coating 可剥性塑料 06.228

stripping 起模，＊拔模 02.206，脱膜 06.097

stripping plate molding machine 漏模造型机 02.337

strip surfacing 带极堆焊 04.098

strip surfacing machine 带极堆焊机 04.291

structural constituent 组织组分，＊组织组成物 05.016

structural grain refining 细化晶粒热处理 05.109

structure 组织 11.006

stud welding 螺柱焊 04.099

stud welding machine 螺柱焊机 04.304

subassembly 部装 15.006

subgrain 亚晶粒 05.080

subgrain boundary 亚晶界 05.084

subland drill 错齿式阶梯麻花钻 10.158

submerged arc welding 埋弧焊 04.093

submerged arc welding machine 埋弧焊机 04.287

submicroscopic precipitate 亚显微脱溶物，＊亚显微析出物 05.052

substructure 亚组织，＊亚结构 05.015

subsurface pinhole 针孔 02.281

subzero treatment 冷处理 05.137

suction casting 真空吸铸 02.233

suction pouring machine 真空吸铸机 02.392

sulphonitriding 硫氮共渗 05.247

sulphonitrocarburizing 硫氮碳共渗，＊硫氰共渗 05.248

sulphonitrocarburizing gas 气体硫氮碳共渗剂 05.278

sulphonitrocarburizing salt 硫氮碳共渗盐 05.277

sulphurizing 渗硫 05.227

supercooling 过冷 02.014

superfinishing 超精加工 08.041

superhigh pressure hydraulic press 超高压液压机 03.312

superimposed current electroplating 叠加电流电镀 06.073

superplastic forming 超塑成形 03.231

superplasticity 超塑性 03.028

supersonic flame spraying 超声速火焰喷涂 06.110

supersonic forming 超声成形 03.235

surface active agent 表面活性剂 06.028

surface analysis 表面分析 06.003

[surface] as forged 黑皮锻件 03.049

surface broaching 拉平面 08.096

surface condition 表面调整 06.027

surface electrolytic marking machine 平面电解刻印机 08.393

surface engineering 表面工程 06.001

surface grinding 磨平面 08.093

surface grinding machine 平面磨床 08.205

surface grinding machine for slideway 导轨磨床 08.206

surface hardening 表面淬火 05.113

surface heat treatment 表面热处理 05.183

surface honing 珩磨平面 08.094

surface milling machine　平面铣床　08.238

surface modification　表面改性　06.002

surface planing　刨平面　08.092

surface plate　平板　09.023

surface polishing　抛光平面　08.099

surface pretreatment　表面预处理，＊表面制备
　　06.009

surface roughness measuring instrument　表面粗糙度
　　测量仪器　09.125

surface scraping　刮平面　08.095

surface superfinishing　平面超精加工　08.100

surface turning　车平面　08.090

surfacing　堆焊　04.097

suspending agent　悬浮剂　02.056

swabbing　刷水　02.200

swaging　拔长　03.053

swap cathode　移动阴极　06.041

sweep coremaking　刮板制芯　02.181

sweep molding　刮板造型　02.180

swell　胀砂　02.266

swing beam shear　摆式剪板机　03.317

swivel angle of table　工作台回转角　08.315

synthetic fat binder　合成脂黏结剂　02.049

synthetic sand　合成砂　02.039

T

table　工作台　08.326，［机床附件］工作台
　　13.012

tack welding　定位焊　04.028

tag swaging　锻头　03.171

tailstock　尾座　08.327

tap　丝锥　10.186

tap chuck　丝锥夹头　13.070

tap density　振实密度　07.047

taper countersink　锥面锪钻　10.170

taper cup wheel　碗形砂轮　11.041

tapered shank cutter　锥柄插齿刀　10.219

tapered wheel　单斜砂轮　11.030

taper gage　圆锥量规　09.076

taper hole of spindle　主轴锥孔　08.311

taper lead angle　切削锥角　10.065

taper reamer　圆锥铰刀　10.178

taper shank reamer　锥柄铰刀　10.176

taper shank twist drill　锥柄麻花钻　10.156

tapping　攻螺纹　08.121

tapping machine　攻丝机　08.232

tap wrench　铰杠　15.039

teapot ladle　茶壶包　02.326

technology　工艺　01.001

teeming　点冒口，＊补浇　02.250

temper brittleness　回火脆性　05.178

temper carbon　团絮状石墨，＊退火碳　05.056

temper color　回火色　05.153

tempered martensite　索氏体，＊回火索氏体
　　05.074，托氏体，＊回火托氏体　05.075

tempering　回火　05.142

tempering oil　回火油　05.307

temper resistance　耐回火性，＊抗回火性　05.151

template　样板　09.081

template die　夹板模　14.046

temporary rust prevention　［暂时］防锈　06.196

tertiary cementite　三次渗碳体　05.044

texture　织构　05.088

the law of minimum resistance　最小阻力定律
　　03.021

thermal cutting　热切割　04.249

thermal cycle　热处理工艺周期　05.093

thermal spraying　热喷涂　06.101

thermal spraying coating　［热喷涂］涂层，＊喷涂层
　　06.117

thermal spraying gun　热喷涂枪，＊喷枪　06.132

thermal spraying material　热喷涂材料　06.123

thermit reaction　热剂反应　04.118

thermit welding　热剂焊　04.117

thermo-chemical treatment　化学热处理　05.190

thermomechanical treatment　形变热处理，＊热机械
　　处理　05.168

thermosetting resin binder　热固树脂黏结剂　02.052

thermostat-container for electrode　焊条保温筒
　　04.277

thickness of dry film　干膜厚度　06.190

thickness of wet film　湿膜厚度　06.191

thin grinding wheel　薄片砂轮　11.038

thread chasing　梳螺纹　08.115

thread cutting lathe　螺纹车床　08.228

thread die cutting　套螺纹　08.122

thread forming tap　挤压丝锥　10.195

thread grinding　磨螺纹　08.123

thread-grinding machine　螺纹磨床　08.229

threading die　板牙　10.187

threading machine　螺纹加工机床　08.227

thread lapping　研螺纹　08.124

thread machining　螺纹加工　08.113

thread milling　铣螺纹　08.116

thread milling machine　螺纹铣床　08.230

thread rolling　滚丝　03.201，滚压螺纹　08.118

thread-tapping machine　攻丝机　08.232

thread template　螺纹样板　09.084

thread turning　车螺纹　08.114

thread turning machine　螺纹车床　08.228

thread whirling　旋风切螺纹　08.117

three dimensional probe　三维测头　09.091

three needles　三针　09.046

three-part molding　三箱造型　02.176

through-hardening　透淬，*透热淬火　05.120

throw away tip　可转位刀片，*不重磨刀片
　10.007

thruster　顶拔器　15.037

thrust force　推力　10.082

tilter　焊接翻转机　04.267

tilting-ladle pouring unit　倾注浇注机　02.330

tilting magnetic chuck　可倾吸盘　13.064

tilting table　可倾工作台　13.016

tilting vice　可倾虎钳　13.043

tip　刀片　10.006

titania calcium electrode　钛钙型焊条　04.050

titanizing　渗钛　05.232

T-joint　T形接头　04.021

toe crack　焊趾裂纹　04.233

tompoming　搓涂　06.152

tongs hold　压钳口　03.069

tool　工具　01.006

tool angle　刀具角度　10.055

tool approach angle　余偏角　10.058

tool axis　刀具轴线　10.010

tool back plane　背平面　10.054

tool bore　刀孔　10.004

tool cutting edge angle　主偏角　10.056

tool cutting edge inclination angle　刃倾角　10.063

tool cutting edge plane　切削平面　10.050

tool dimension　刀具尺寸　10.038

tool face perpendicular force　前面垂直力　10.089

tool face tangential force　前面切向力　10.088

tool failure　刀具破损　10.109

tool function　刀具功能，*T功能　08.410

tool grinding machine　工具磨床　08.209

tool included angle　刀尖角　10.059

tooling　工艺装备，*工装　01.017

tool lead angle　余偏角　10.058

tool life　刀具寿命　10.011

tool magazine　刀库　08.353

tool major cutting edge　主切削刃　10.029

tool major cutting edge plane　主切削平面　10.051

tool minor cutting edge　副切削刃　10.030

tool minor cutting edge angle　副偏角　10.057

tool minor cutting edge plane　副切削平面　10.052

tool offset　刀具偏置，*刀具位置补偿　08.412

tool orthogonal clearance　后角　10.062

tool orthogonal rake　前角　10.060

tool post　刀架　08.330

tool profile　刀具廓形　10.037

tool reference plane　基面　10.048

tool retracting　退刀　08.273

tool set　压模　07.085

tool surface　刀具表面　10.015

tool wear criterion　刀具寿命判据　10.105

top beam　顶梁　08.338

topcoat　面层　06.187

topcoating　涂面漆　06.146

top-drive press　上传动压力机　03.283

top gating system　顶注式浇注系统　02.110

topping tooth profile　切顶齿廓　10.069

torch brazing　火焰硬钎焊　04.205

torch soldering　火焰软钎焊　04.204

torsional spring comparator　扭簧比较仪　09.100

tosecan　划线盘　15.024

total force exerted by the tool　刀具总切削力
　10.074

total oxygen by reduction-extraction　全氧　07.056

total torque exerted by the tool　刀具总扭矩　10.102

transfer coefficient　合金过渡系数　04.137

transfer die　自动模　14.036

transfer ladle　转运包　02.324

transfer line of modular machine　组合机床自动线　08.261

transfer machine　自动生产线　08.260

transfer mould　传递模　14.092

transformation stress　相变应力，＊组织应力　05.175

transformation temperature　相变点，＊临界点　05.019

transverse rolling　横轧　03.156，楔横轧　03.157

transverse weld　横向焊缝　04.011

trapezium segment　梯形砂瓦　11.062

travel of spindle　主轴行程　08.308

travel of table　工作台行程　08.314

trepanning drill　套料钻　10.164

TR forging　TR 锻造　03.072

trial assembly　试装　15.012

trial closing　验型，＊验箱　02.208

trimming die　切边模　14.018

troostite　托氏体，＊回火托氏体　05.075

troughed core box　脱落式芯盒　02.146

truncated cone mounted point　截锥磨头　11.045

T-slot cutter　T 型槽铣刀　10.139

T-slot milling cutter with parallel shank　直柄 T 型槽铣刀　10.138

tube micrometer　壁厚千分尺　09.034

tube spinning　筒形变薄旋压，＊流动旋压　03.215

tucking　塞砂　02.198

tumbling barrel　滚筒清理机　02.369

tungstenizing　渗钨　05.234

tunnel furnace　隧道式炉　05.326

turbo disc mixer　高速涡流混砂机　02.302

turning　车削　08.026

turning machine　车床　08.173

turning roller　焊接滚轮架　04.268

turning tool　车刀　10.110

turnover machine　翻箱机　02.359

turret lathe　转塔车床　08.180

twinned martensite　片状马氏体，＊孪晶马氏体，＊针状马氏体　05.032

twist drill　麻花钻　10.154

twist drill with oil hole　内冷却麻花钻　10.162

twist drill with oversize taper shank　粗锥柄麻花钻　10.159

twisting　扭转　03.062

twisting die　扭曲模　14.059

two-part molding　两箱造型　02.175

two-phase structure　两相组织　05.012

two point press　双点压力机　03.289

two-station molding machine　双工位造型机　02.338

type Ⅰ temper brittleness　第一类回火脆性，＊不可逆回火脆性，＊低温回火脆性　05.179

type Ⅱ temper brittleness　第二类回火脆性，＊可逆回火脆性，＊高温回火脆性　05.180

U

ultra precision machine tool　超高精度机床　08.167

ultrasonic cleaning　超声清洗　06.016

ultrasonic degreasing　超声脱脂　06.021

ultrasonic flaw detection　超声波探伤　04.242

ultrasonic forming　超声成形　03.235

ultrasonic inspection　超声波探伤　04.242

ultrasonic machine tool　超声加工机床　08.383

ultrasonic machining　超声加工　08.368

ultrasonic perforating machine　超声穿孔机　08.396

ultrasonic perforation　超声波穿孔　08.081

ultrasonic soldering　超声波软钎焊　04.215

ultrasonic welding　超声波焊　04.182

ultra-violet curing　紫外固化　06.178

unchoked running system　开放式浇注系统　02.108

under bead crack　焊道下裂纹　04.234

undercooled austenite　过冷奥氏体，＊亚稳奥氏体　05.023

undercooling　过冷　02.014

under-drive press　下传动压力机　03.284

underfill system　欠装法　07.078

underpass shaving　切向剃齿　08.134

undersintering　欠烧　07.109

underwater cutting 水下切割 04.259

underwater welding 水下焊 04.101

uniaxial pressing 单轴压制 07.080

unit head 动力头 08.325

unit sand 单一砂 02.064

universal bevel protractor 万能角度尺 09.039

universal boring head 万能镗头 13.076

universal comparator 万能测长仪，＊卧式测长仪 09.093

universal die 通用模 14.033

universal dividing head 万能分度头 13.003

universal fixture 通用夹具 12.003

universal gear tester 万能测齿仪 09.096

universal goniometer 万能测角仪 09.095

universal measuring instrument 通用量仪 09.090

universal milling head 万能铣头 13.073

unloading 下料 08.277

unpackaging 启封 06.207

up milling 逆铣 08.029

upper bainite 上贝氏体 05.026

upset forging die 平锻模 14.007

upset forging machine 镦锻机 03.327

upsetter 平锻机 03.298

upsetting 镦粗 03.051，镦锻 03.192

upsetting die 镦锻模 14.011

upset welding 电阻对焊 04.184

V

vacuum annealing 真空退火 05.105

vacuum brazing 真空硬钎焊 04.212

vacuum carburizing 真空渗碳 05.197

vacuum chuck 真空吸盘 13.066

vacuum fixture 真空夹具 12.014

vacuum forming 真空成形 03.145

vacuum heat treatment 真空热处理 05.171

vacuum quenching oil 真空淬火油 05.305

vacuum sealed molding 负压造型，＊真空密封造型 02.192

vacuum tempering 真空回火 05.149

vanadizing 渗钒 05.233

vanadoboriding 钒硼共渗 05.257

vapor deposition 气相沉积 06.241

vapor phase inhibitor 气相缓蚀剂，＊气相防锈剂，＊挥发性缓蚀剂 06.211

velocity field 速度场 03.017

vermicular cast iron 蠕墨铸铁 02.082

vernier calliper 游标卡尺 09.026

vernier measuring tool 游标量具 09.019

versatile lathe 多用车床 08.186

vertical and horizontal dividing head 立卧分度头 13.006

vertical and horizontal table 立卧工作台 13.015

vertical boring machine 立式镗床 08.196

vertical comparator 立式测长仪 09.092

vertical drilling machine 立式钻床 08.189

vertical lathe 立式车床 08.174

vertical milling head 立铣头 13.074

vertical optical comparator 立式光学比较仪，＊立式光学计 09.102

vertical position welding 立焊 04.157

vertical shaping machine 插床 08.246

vibrating fluidized drier 振动沸腾烘砂装置 02.285

vibrating table 振动台 02.343

vibratory molding machine 振动造型机 02.342

vibratory shake-out machine 振动落砂机 02.366

vibratory squeezer 微振压实造型机 02.346

vibratory squeezing molding 微振压实造型 02.195

vibrometer 测振仪 09.109

vice body 钳身 13.089

vice for grinding machine 磨用虎钳 13.045

visioplasticity method 直观塑性法 03.019

visual examination 外观检查 04.241

volatile rust prevention 气相防锈 06.200

volatile rust preventive material 气相防锈材料 06.229

volatile rust preventive oil 气相防锈油 06.233

volatile rust preventive paper 气相防锈纸 06.234

volatile rust preventive pill 气相防锈片剂 06.231

volatile rust preventive powder 气相防锈粉剂 06.230

volume filling 容积装粉法 07.075

V-type jaw vice V型虎钳 13.041

W

walking beam furnace 步进式炉 05.321

warm extrusion 温挤[压] 03.182

warm forging 温锻 03.041

warm working 温成形 03.095

waste sand 废砂 02.067

water-abrasive jet cutting 水磨料喷射切割 08.375

water-borne coating 水性涂料 06.141

water-cooled cupola 水冷冲天炉 02.313

water hardening 水冷淬火 05.126

water quenching tank 淬冷水槽 05.345

water soluble rust inhibitor 水溶性缓蚀剂 06.210

water toughening 水韧处理 05.165

wax melting and holding furnace 蜡料熔化保温炉 02.390

wax pattern 蜡模 02.216

wear resisting cast iron 耐磨铸铁 02.088

wedge 刀楔 10.014

wedge angle 楔角 10.061

wedge-catch system 楔心套 13.088

weight filling 重量装粉法 07.076

weld 焊缝 04.007

weldability 焊接性 04.037

weldability test 焊接性试验 04.038

weld bonding 胶接点焊 04.190

weld crack 焊接裂纹 04.228

weld defects 焊接缺陷 04.217

welded joint 焊接接头 04.017

welder's lifting platform 焊工升降台 04.276

welding 焊接 04.001

welding arc 焊接电弧 04.076

welding bench 焊接工作台 04.275

welding by both sides 双面焊 04.170

welding by one side 单面焊 04.169

welding consumables 焊接材料 04.039

welding cycle 焊接循环 04.032

welding deformation 焊接变形 04.034

welding distortion 焊接变形 04.034

welding fixture 焊接夹具 04.274

welding inspection 焊接检验 04.240

welding inverter power source 焊接逆变电源 04.310

welding machine 焊机 04.284

welding position 焊接位置 04.154

welding power source 焊接电源 04.305

welding rectifier power source 焊接整流器电源 04.309

welding robot 焊接机器人 04.270

welding stress 焊接应力 04.035

welding thermal cycle 焊接热循环 04.033

welding transformer power source 焊接变压器电源 04.308

welding wire 焊丝 04.065

welding with backing 衬垫焊 04.162

welding with flux backing 焊剂垫焊 04.163

weld interface 熔合线 04.006

weldment 焊件 04.003

weld metal 焊缝金属 04.008

weld reinforcement 余高 04.133

weld repair 焊补 02.263

weld root 焊根 04.134

weld toe 焊趾 04.130

weld zone 焊缝区 04.009

wet bag pressing 湿袋压制 07.124

wet type sand reclamation equipment 旧砂湿法再生设备 02.293

wheel head 磨头 11.043

wheel recessed one side 单面凹砂轮 11.034

wheel recessed two sides 双面凹砂轮 11.035

wheel relieved and recessed both sides 双面凹带锥砂轮 11.037

wheel relieved and recessed same side 单面凹带锥砂轮 11.036

wheel-type aerator 轮式松砂机 02.309

whirl gate dirt trap system 离心集渣浇注系统 02.109

whirling 旋风切削 08.048

white cast iron 白口铸铁 02.079

white fused alumina 白刚玉 11.014

white heart malleable cast iron 白心可锻铸铁 02.087

white layer [渗氮]白亮层，*化合物层 05.215

Widmanstätten structure 维氏组织，*维德曼施泰滕组织，*魏氏组织 05.014

width of jaw 钳口宽度 13.050

width of reduced face 削窄前面宽度 10.046

wiper insert 刮光刀片 10.008

wire 线材 03.038

wire cut electric discharge machine 电火花线切割机 08.388

wire drawing 拉丝 03.170

wire drawing die 拉丝模 14.077

wire explosion spraying 线爆喷涂 06.107

wire feeder 送丝机构 04.314

wire feeder device 线材输送装置 06.134

wire feed rate 送丝速度 04.139

withdrawal process 拉下脱模法 07.092

work cycle 工作循环 08.289

work-hardening 加工硬化 03.026

work-hardening exponent 加工硬化指数 03.027

workholding pallet 随行夹具 12.028

working energy 工作能 10.092

working engagement of the cutting edge 侧吃刀量 10.098

working force 工作力 10.077

working gage 工作量规 09.065

working perpendicular force 垂直工作力 10.078

working plane 工作平面 10.049

working position apparatus 工位器具 01.018

working power 工作功率 10.093

working stroke 工作行程 08.004

workpiece 工件 01.010

workpiece cooler 工件冷却器，*辅助冷却器 06.136

workpiece surface 工件表面 10.047

worm gear hob 蜗轮滚刀 10.213

worm shaving hob 蜗轮剃齿刀 10.226

worm wheel hob 蜗轮滚刀 10.213

worm wheel shaving cutter 蜗轮剃齿刀 10.226

wrench 扳手 15.033

wrench torque 扳手力矩 13.081

Z

zinc alloy die 锌基合金模 14.044

zircon sand 锆砂 02.035

汉 英 索 引

A

安装　setup　08.003
安装面　base　10.013
暗冒口　blind riser　02.126
凹半圆铣刀　concave milling cutter　10.130
凹坑　pit　04.225
凹模　matrix　14.079

螯合剂　chelating agent　06.082
*奥列康铣刀　epicycloid bevel gear cutter, Oerlikon spiral bevel gear cutter　10.152
奥氏体　austenite　05.022
奥氏体化　austenitizing　05.090

拔长　drawing out, swaging　03.053
*拔模　stripping　02.206
拔销器　pin puller　15.035
白点　fish eye　04.223
白刚玉　white fused alumina　11.014
白口铸铁　white cast iron　02.079
白心可锻铸铁　white heart malleable cast iron　02.087
百分表　dial gage　09.049
摆动　oscillating　08.293
摆动辗压　rotary forging　03.225
摆轮混砂机　speed-muller　02.299
摆式剪板机　pivot blade shear, swing beam shear　03.317
摆线齿锥齿轮铣刀　epicycloid bevel gear cutter, Oerlikon spiral bevel gear cutter　10.152
摆辗机　rotary forging press　03.323
扳手　spanner, wrench　15.033
扳手力矩　wrench torque　13.081
板料　sheet metal, sheet　03.034
板料成形　sheet forming　03.091
板料自动压力机　automatic feed press　03.295
板条马氏体　lath martensite　05.031
板牙　threading die　10.187
板牙架　die handle　15.040
板牙头　die head　10.188
半成品　semifinished product　01.025

B

半顶切滚刀　semi-topping hob　10.212
半封闭式浇注系统　enlarged running system　02.107
半径样板　radius template　09.083
半离心铸造　semi-centrifugal casting　02.237
*半连续炉　pusher furnace　03.247
半切顶齿廓　semi-topping tooth profile　10.070
半球形磨头　semi-spherical mounted point　11.047
半缺顶尖　half-conical center　13.053
半万能分度头　semi-universal dividing head　13.004
半圆形油石　semi-round stone　11.057
半自动机床　semi-automatic machine tool　08.168
半自动循环　semi-automatic cycle　08.290
棒料　bar　03.033
棒料剪切机　billet shearing machine　03.321
包晶组织　peritectic structure　05.004
包装　package, packing　01.027
薄板模　laminated die　14.045
薄片砂轮　thin grinding wheel　11.038
保护气氛浇注　pouring under protective atmosphere　02.248
保护气体　shielding gas　04.074
保温　holding, soaking　05.092
保温炉　holding furnace　02.318
保温冒口套　insulating feeder sleeve　02.133
保温时间　holding time, soaking time　05.091
刨槽　slot shaping, slot planing　08.103

刨成形面　form shaping　08.146

刨齿　gear planing　08.129

刨床　planing machine　08.242

刨床夹具　fixture for planing machine　12.022

刨平面　surface planing　08.092

刨削　planing, planing and shaping　08.030

爆炸成形　explosive forming　03.136

爆炸焊　explosion welding　04.183

爆炸喷涂　detonation flame spraying　06.109

杯形砂轮　cup wheel　11.040

背吃刀量　back engagement of the cutting edge　10.097

背平面　tool back plane　10.054

背砂　backing sand　02.063

背向力　back force　10.076

贝氏体　bainite　05.025

[贝氏体]等温淬火　austempering　05.124

[贝氏体]等温淬火介质　austempering medium　05.300

被动测量　passive measurement　09.008

比较仪　comparator　09.099

闭孔　closed pore　07.008

闭孔孔隙度　closed porosity　07.148

闭塞锻模　enclosed forging die　14.024

闭式锻模　closed forging die　14.004

闭式模锻　no-flash die forging　03.082

闭式压力机　straight side press　03.282

壁厚千分尺　tube micrometer　09.034

*边冒口　side riser　02.127

变薄拉深　ironing　03.113

变薄拉深模　ironing die　14.062

变薄旋压　power spinning, spinning with reduction　03.213

变径套　reduction center　13.058

变速箱　gearbox　08.323

变形功　deformation work　03.011

变形抗力　deformation stress　03.010

变形力　deformation force, forming force　03.009

标尺　scale　09.025

标准夹具　standard fixture　12.007

表观硬度　apparent hardness　07.151

表面粗糙度比较样块　roughness comparison specimen　09.078

表面粗糙度测量仪器　surface roughness measuring instrument　09.125

表面淬火　surface hardening　05.113

表面分析　surface analysis　06.003

表面改性　surface modification　06.002

表面工程　surface engineering　06.001

表面烘干型　skin dried mold　02.187

表面活性剂　surface active agent　06.028

表面热处理　surface heat treatment　05.183

表面调整　surface condition　06.027

表面预处理　surface pretreatment　06.009

*表面制备　surface pretreatment　06.009

玻璃电极　glass electrode　06.083

补偿　compensation　08.285

补焊　repair welding　04.031

*补浇　teeming　02.250

*不重磨刀片　indexable insert tip, throw away tip　10.007

不对称双角铣刀　double unequal-angle cutter　10.141

不规则状粉　irregular powder　07.041

*不可逆回火脆性　type I temper brittleness　05.179

*不可压缩条件　constancy of volume, incompressibility　03.020

不平分型面　stepped joint　02.157

不完全退火　partial annealing　05.099

步进缝焊　step-by-step seam welding　04.193

步进式炉　walking beam furnace　05.321

步距规　step gage　09.080

部分合金化粉　partially alloyed powder　07.031

部装　subassembly　15.006

C

材料切除率　material removal rate　10.101

*残留奥氏体　retained austenite　05.024

齿厚游标卡尺　gear tooth vernier calliper　09.029

齿轮倒角机　gear chamfering machine　08.226

齿轮导程检查仪　gear lead tester　09.115

齿轮滚刀　gear hob　10.207

齿轮加工机床　gear cutting machine　08.210

齿轮加工机床夹具　fixture for gear cutting machine　12.025

齿轮双面啮合检查仪　double flank gear rolling tester　09.117

齿圈径向跳动检查仪　gear radial runout tester　09.118

齿升量　cut per tooth, step per tooth, rise per tooth　10.067

* 齿形修缘　profile modification, modified tooth profile　10.068

尺寸精度　dimensional accuracy　01.022

尺寸链　dimensional chain　01.021

充氮封存　preserved in nitrogen　06.202

充型能力　mold-filling capacity　02.022

充氧压铸　pore-free die casting　02.228

冲击淬火　impulse hardening　05.136

冲击电动扳手　electric impact wrench　15.088

冲击镀　strike plating　06.074

冲击式气动工具　percussive pneumatic tool　15.047

冲击造型机　impact molding machine　02.347

冲砂　erosion wash　02.267

冲天炉　cupola　02.312

* 舂砂　ramming　02.203

重结晶　recrystallization　05.081

重熔　remolten　06.114

冲裁　blanking　03.098

冲裁间隙　blanking clearance, die clearance　03.099

冲裁模　blanking die, punching die　14.047

冲齿轮　gear stamping　08.143

冲孔　punching, piercing　03.105

冲孔模　piercing die　14.049

冲模　stamping die　14.026

冲头　punch　07.089

冲头扩孔　expanding with a punch　03.056

* 冲型剪　nibbling shear　03.319

冲压　stamping, pressing　03.089

[冲压]切断　cut-out, shearing, cutting　03.106

冲压件　stamping　03.090

冲压自动线　automatic press line　03.343

冲子　punch　03.054

初次成形加工　primary metal working　03.005

初镦冲头　preform heading punch　03.198

初装　initial assembly　15.016

除旧漆　depainting　06.147

除芯　decoring　02.252

穿透型焊接法　keyhole welding　04.110

传递模　transfer mould　14.092

传送带式炉　conveyer furnace　05.323

船形焊　fillet welding in the flat position　04.159

床鞍　saddle　08.341

床身　bed　08.318

床身式铣床　bed type milling machine　08.234

吹壳机　mold blower　02.352

锤锻模　hammer forging die　14.005

锤头行程　hammer stroke　03.259

锤子　hammer　15.032

垂直工作力　working perpendicular force　10.078

垂直进给力　feed perpendicular force　10.081

垂直切削力　cutting perpendicular force　10.079

磁场热处理　magnetic heat treatment　05.169

磁控溅射镀　magnetron sputtering　06.245

磁力测厚仪　magnetic thickness tester　09.129

磁力分离滚筒　magnetic drum　02.288

磁力分离设备　magnetic separator　02.286

磁力夹具　magnetic fixture　12.012

* 磁丸铸造　magnetic molding process　02.235

磁型铸造　magnetic molding process　02.235

磁座钻　magnetic drill　15.069

从属量具　dependent measuring tool　09.017

粗齿锯片铣刀　metal slitting saw with coarse teeth　10.126

粗针马氏体　coarse martensite　05.033

粗锥柄麻花钻　twist drill with oversize taper shank　10.159

* 催化固化　catalysis polymerization drying　06.182

催化聚合干燥　catalysis polymerization drying　06.182

淬火　quench hardening, quenching　05.111

* 淬火变形　quenching distortion　05.176

淬火变压器　induction hardening transformer

05.338

*淬火剂 quenching medium, quenchant 05.298

淬火碱浴 alkali bath 05.308

淬火介质 quenching medium, quenchant 05.298

淬火冷却槽 quenching tank 05.344

淬火冷却畸变 quenching distortion 05.176

*淬火冷却介质 quenching medium, quenchant 05.298

淬火压床 quenching press 05.349

淬冷水槽 water quenching tank 05.345

淬冷油槽 oil-quenching tank 05.346

淬透性 hardenability 05.117

淬透性带 hardenability band 05.140

淬透性曲线 hardenability curve 05.139

淬硬层 quench-hardened case 05.116

淬硬性 hardening capacity 05.118

淬硬[有效]深度 effective depth of hardening 05.115

搓螺纹 flat die thread rolling 08.119

搓丝 flat die thread rolling 03.200

搓丝板 flat die roll 10.190

搓涂 tompoming 06.152

锉刀 file 15.029

错齿式阶梯麻花钻 subland drill 10.158

*错箱 shift 02.276

错型 shift 02.276

错移 offset 03.061

D

搭接接头 lap joint 04.022

搭桥 bridging 07.093

打底焊道 backing bead 04.145

打击 blow 03.253

打击能量 blow energy 03.255

打击速度 blow speed 03.256

打击效率 blow efficiency 03.254

大量程百分表 long range dial gage 09.050

大外径千分尺 large micrometer 09.038

*H 带 hardenability band 05.140

带表卡尺 dail calliper 09.030

带极堆焊 strip surfacing 04.098

带极堆焊机 strip surfacing machine 04.291

带锯床 band sawing machine 08.254

带料 strip 03.035

带式磁力分离机 belt-type magnetic separator 02.287

带式松砂机 belt-type aerator 02.308

带状组织 banded structure 05.009

单臂式液压机 C-frame hydraulic press 03.300

单道焊 single-pass welding 04.171

单点压力机 one point press 03.288

单动卡盘 independent chuck 13.030

单动压力机 single action press 03.286

单动液压机 single action hydraulic press 03.302

单分度 individual division 08.280

单工序模 single die 14.027

单击镦锻 single-blow heading 03.195

单角铣刀 single angle cutter 10.140

单晶刚玉 monocrystalline fused alumina 11.015

单面凹带锥砂轮 wheel relieved and recessed same side, recessed one side wheel with taper 11.036

单面凹砂轮 wheel recessed one side 11.034

单面焊 welding by one side 04.169

单面模板 single face pattern plate, odd-side pattern 02.143

单面坡口 single groove 04.121

单面凸砂轮 hubbed wheel 11.032

单位挤压力 extrusion pressure 03.187

单相组织 single-phase structure, homogeneous structure 05.011

单项测量 analytical measurement, single element measurement 09.006

单向压制 single action pressing 07.081

单斜砂轮 tapered wheel 11.030

单型槽模 single impression die 14.016

单一砂 unit sand 02.064

单值量具 single-value measuring tool 09.014

单轴压制 uniaxial pressing 07.080

单轴自动车床 single spindle automatic lathe 08.176

单柱式锤 single frame hammer 03.264

单作用锤　drop hammer　03.262

*氮化　nitriding　05.208

氮化物　nitride　05.077

氮势　nitrogen potential　05.216

氮碳共渗　nitrocarburizing　05.244

氮碳共渗剂　nitrocarburizing medium　05.274

挡圈装卸钳　spring plier for mounting　15.038

刀柄　shank　10.003

刀架　tool post　08.330

刀尖　corner　10.031

刀尖角　tool included angle　10.059

刀尖圆弧半径　corner radius　10.039

刀具　cutting tool　10.001

刀具表面　tool surface　10.015

刀具补偿　cutter compensation　08.411

刀具尺寸　tool dimension　10.038

刀具功能　tool function　08.410

刀具角度　tool angle　10.055

刀具廓形　tool profile　10.037

刀具偏置　tool offset　08.412

刀具破损　tool failure　10.109

刀具寿命　tool life　10.011

刀具寿命判据　tool wear criterion　10.105

*刀具位置补偿　tool offset　08.412

刀具轴线　tool axis　10.010

刀具总扭矩　total torque exerted by the tool　10.102

刀具总切削力　total force exerted by the tool　10.074

刀孔　tool bore　10.004

刀口形直尺　knife straightedge　09.040

刀库　tool magazine　08.353

刀片　tip　10.006

刀体　body　10.002

刀条　blade　10.005

刀楔　wedge　10.014

刀形油石　oil stone with knife　11.055

捣冒口　churning　02.249

倒角　chamfering　08.151

倒角刀尖　chamfered corner　10.033

倒角刀尖长度　chamfered corner length　10.040

倒棱　chamfering　03.067

倒棱宽　land width of the face　10.041

倒圆角　rounding　08.153

倒圆切削刃　rounded cutting edge　10.035

导板模　guide plate die　14.031

导轨　slideway, guideway　08.320

导轨磨床　surface grinding machine for slideway, slideway grinding machine　08.206

导轮　regulating wheel　08.356

导向件　guiding element　12.031

导柱模　guide pillar type die　14.032

等分分度头　direct dividing head　13.005

等分盘　equi-index plate　13.083

等静压制　isostatic pressing　07.121

等离子堆焊　plasma surfacing　06.113

等离子焊炬　plasma torch　04.316

等离子[轰击]热处理　plasma heat treatment　05.173

等离子弧堆焊　plasma arc surfacing　04.109

等离子弧焊　plasma arc welding, PAW　04.106

等离子弧焊机　plasma arc welding machine　04.289

等离子弧切割　plasma arc cutting　04.255

等离子加工　plasma machining　08.374

等离子喷涂　plasma spraying　06.105

等离子气　plasma gas　06.129

等离子切割机　plasma cutting machine　04.321

等离子体化学气相沉积　plasma chemical vapor deposition, PCVD　06.244

等温锻　isothermal forging　03.043

等温挤压　isothermal extrusion　03.185

等温退火　isothermal annealing　05.095

等轴晶　equiaxed crystal　02.018

低尘低毒焊条　low fume and toxic electrode　04.062

低氢钾型焊条　low hydrogen potassium electrode　04.056

低氢钠型焊条　low hydrogen sodium electrode　04.055

低熔点合金模　die made with low-melting point alloy　14.043

低温回火　low-temperature tempering　05.145

*低温回火脆性　type Ⅰ temper brittleness　05.179

*低温碳氮共渗　nitrocarburizing　05.244

低压铸造　low-pressure die casting　02.231

低压铸造机　low-pressure casting machine　02.385

*滴液式渗碳　drip feed carburizing　05.196

滴注渗碳剂　drip feed carburizer　05.266

滴注式渗碳　drip feed carburizing　05.196

底层　priming coat　06.185

底层焊条　backing welding electrode　04.060

底开式炉　drop bottom furnace　05.314

底盘　graduaded disk　09.020

底注包　bottom pouring ladle　02.323

底注浇注机　bottom pouring unit　02.331

底注式浇注系统　bottom gating system　02.111

底座　base　08.319

地坑造型　pit molding　02.179

第二后面　second flank　10.025

第二类回火脆性　type Ⅱ temper brittleness　05.180

第二前面　second face　10.018

第一后面　first flank　10.024

第一类回火脆性　type Ⅰ temper brittleness　05.179

第一前面　first face　10.017

Md 点　martensite deformation temperature，Md-point　05.021

＊Mf 点　martensite finish temperature，Mf-point　05.020

＊Ms 点　martensite start temperature，Ms-point　05.018

点动　inching　08.292

点焊机　spot welding machine　04.296

点焊机器人　spot welding robot　04.273

点冒口　teeming　02.250

电冲剪　electric nibbler　15.072

电触式比较仪　electric-contact comparator　09.101

电磁泵浇注装置　electro-magnetic pouring unit　02.333

电磁成形　electro-magnetic forming　03.138

电磁吸盘　electromagnetic chuck　13.060

电动扳手　electric wrench　15.087

电动刀锯　electric saber saw　15.075

电动倒角机　electric weld joint beveller　15.081

电动分度头　electric dividing head　13.011

电动工具　electric tool　15.003

电动工作台　electric table　13.026

电动攻丝机　electric tapper　15.078

电动刮刀　electric scraper　15.083

电动虎钳　electric vice　13.049

电动夹具　electric fixture　12.011

电动锯管机　electric pipe cutter　15.076

电动卡盘　electric chuck　13.038

电动拉铆枪　electric blind-riveting tool gun　15.092

电动螺丝刀　electric screw driver　15.090

电动抛光机　electric polisher　15.086

电动曲线锯　electric jig saw　15.074

电动砂光机　electric sander　15.085

电动砂轮机　electric grinder　15.084

电动式量仪　electric measuring instrument　09.088

电动套丝机　electric threading machine　15.079

电动往复锯　electric reciprocating saw　15.073

电动型材切割机　electric cut-off machine　15.082

电动胀管机　electric tube expander　15.091

电动自爬式锯管机　electric pipe milling machine　15.077

电镀　electroplating　06.029

电感测微仪　inductive gage　09.112

电焊机　electric welding machine　04.285

电弧点焊　arc spot welding　04.164

电弧动特性　dynamic characteristic of arc　04.150

电弧焊　arc welding　04.077

电弧焊机　arc welding machine　04.286

电弧焊枪　arc welding gun，arc welding torch　04.311

电弧静特性　static characteristic of arc　04.151

电弧离子镀　arc ion plating　06.250

电弧炉　arc furnace　02.315

电弧喷涂　arc spraying　06.104

电弧切割　arc cutting　04.254

电弧稳定性　arc stability　04.152

电弧硬钎焊　arc brazing　04.214

电化当量　electrochemical equivalent　06.047

电化学　electrochemistry　06.031

电化学极化　activation polarization　06.033

＊电化学加工　electrolytic machining，electrochemical machining　08.362

电化学清砂　electrochemical cleaning　02.259

电化学清砂室　electrochemical cleaning plant　02.373

电化学脱脂　electrochemical degreasing　06.019

电化学预处理　electrochemical pretreatment　06.012

电火花成形　spark-erosion sinking　08.359

电火花成形机　spark-erosion sinking machine　08.386

电火花穿孔　spark-erosion perforation　08.080

电火花穿孔机　spark-erosion perforating machine　08.387

电火花加工　spark-erosion machining, electro-discharge machining, EDM　08.358

电火花加工机床　spark-erosion machine tool, electro-discharge machine　08.377

电火花磨床　spark-erosion grinding machine　08.389

电火花磨削　spark-erosion grinding　08.361

电火花线切割　spark-erosion wire cutting　08.360

电火花线切割机　wire cut electric discharge machine　08.388

电极　electrode　04.063

电极盐浴炉　salt bath electrode furnace　05.337

电加工成形面　form electro-discharge machining　08.149

电加热　electric heating　03.237

电剪刀　electric shears　15.070

*电接触淬火　contact resistant hardening　05.188

电解车刀刃磨床　electrolytic turning tool grinder　08.382

电解成形　electrolytic sinking　08.363

电解成形机　electrolytic sinking machine　08.390

电解粉　electrolytic powder　07.020

电解工具磨床　electrolytic tool grinder　08.381

电解加工　electrolytic machining, electrochemical machining　08.362

电解加工机床　electrolytic machine tool, electrochemical machine tool　08.378

电解刻印　electrolytic marking　08.365

电解刻印机　electrolytic marking machine　08.392

电解磨床　electrolytic grinding machine　08.379

电解磨削　electrolytic grinding　08.366

电解去毛刺　electrolytic deburring　08.364

电解去毛刺机　electrolytic deburring machine　08.391

电解渗硼　electrolytic boriding　05.221

电解渗碳　electrolytic carburizing　05.199

电解外圆磨床　electrolytic cylindrical grinder　08.380

电解液　electrolytic solution　06.034

电解[液]淬火　electrolytic hardening　05.189

电解质　electrolyte　06.046

电解着色　electrolytic coloring　06.094

电热镦　electric upset forging　03.194

电热镦机　electric upset forging machine　03.331

电容测微仪　capacitance gage　09.113

电容储能点焊机　capacitor discharge spot welding machine　04.301

电容储能焊　capacitor discharge welding　04.195

电液成形　electro-hydraulic forming　03.137

电液压清砂　electro-hydraulic cleaning　02.260

电液压清砂室　electro-hydraulic cleaning plant　02.372

电泳　electrophoresis　06.032

电泳涂装　electro-coating　06.166

电渣焊　electro-slag welding　04.102

电渣焊机　electro-slag welding machine　04.292

电渣炉　electro-slag furnace　02.317

电铸　electroforming　06.072

电子束表面合金化　electron beam surface alloying　06.255

电子束穿孔　electron beam perforation　08.082

电子束淬火　electron beam hardening　05.187

电子束固化　electron beam curing　06.257

电子束焊　electron beam welding　04.104

电子束焊机　electron beam welding machine　04.293

电子束加工　electron beam cutting　08.372

电子束加工机床　electron beam machine tool　08.385

*电子束聚合干燥　electron beam curing　06.257

电子束热处理装置　electron beam heat treatment equipment　05.342

电子束重熔　electron beam remolten　06.256

电子水平仪　electronic level　09.123

电阻点焊　resistance spot welding　04.187

电阻对焊　upset welding　04.184

电阻对焊机　resistance butt welding machine　04.299

电阻焊　resistance welding　04.179

电阻焊点　resistance spot weld　04.196

电阻焊机　resistance welding machine　04.295

电阻加热　resistance heating　03.239

电阻炉　electric furnace of resistance type　03.250

电阻钎焊　resistance brazing, resistance soldering　04.213

电钻　electric drill　15.066

吊装　hoisting assembly　15.011

碟形砂轮　dish wheel　11.042

叠加电流电镀　superimposed current electroplating　06.073

叠栅云纹法　moiré method　03.022

顶拔器　thruster　15.037

顶出力　ejecting force　03.260

顶出器　ejector　03.296

顶镦　heading　03.088

顶尖　center　13.051

顶尖轴　center shaft　13.092

顶角　point angle　10.064

顶梁　top beam　08.338

顶注式浇注系统　top gating system　02.110

定程装置　limit device　08.347

定量器　proportioner　02.311

定模　fixed die, cover die　14.082

定扭矩电动扳手　electric constant torque wrench　15.089

定位焊　tack welding　04.028

定位件　locating piece, locating element　12.029

定位装置　locating device, positioning device　08.348

定型　fixed die　02.226

定装滚刀　single position hob　10.214

*动力锤　double action hammer　03.263

动力工作台　power rotary table　13.023

动力虎钳　power vice　13.046

动力卡盘　power chuck　13.035

动力头　unit head　08.325

动模　moving die, ejector die　14.083

动型　moving die　02.225

独立量具　independent measuring tool　09.016

端齿工作台　rotary table with face gear　13.020

端淬试验　end-quenching test　05.138

端接接头　edge joint　04.020

端面铣床　face milling machine　08.239

短圆柱卡盘　chuck with short cylindrical adaptor　13.031

短圆锥卡盘　chuck with short taper adaptor　13.032

锻锤　forging hammer　03.261

*锻锤吨位　dropping weight　03.258

锻件　forgeable piece　03.047

锻件图　forging drawing　03.048

锻接　forging welding　03.064

锻模　forging die　14.002

锻头　tag swaging, pointing of tag end　03.171

锻压　forging and stamping　03.001

锻造　forging　03.039

FM 锻造　free form Mannesmann effect　03.075

*JTS 锻造　JTS forging　03.070

RR 锻造　RR forging　03.071

TR 锻造　TR forging　03.072

α+β 锻造　α+β forging　03.073

β 锻造　β forging　03.074

锻造比　forging ratio　03.076

锻造操作机　manipulator for forging　03.345

锻造翻钢机　forging manipulator　03.344

锻造加热炉　forging furnace　03.242

[锻造]扩孔　expanding　03.055

锻造流线　forging flow line　03.031

锻造压力机　forging press　03.292

锻造液压机　forging hydraulic press　03.306

锻造自动线　automatic forging line　03.342

断面减缩率　area reduction, reduction in area　03.189

断屑前面　chip breaker　10.020

断续焊　intermittent welding　04.030

断续切削　interrupted cutting　08.047

断锥起爪　handle for dismounting broken tap　15.042

堆焊　surfacing　04.097

对称双角铣刀　double equal-angle cutter　10.142

对刀件　element for aligning tool　12.032

对击锤　counter-blow hammer　03.275

对角剃齿　diagonal shaving　08.135

对接焊缝　butt weld　04.015

对接接头　butt joint　04.018

对流干燥　convection drying　06.176

镦粗　upsetting　03.051

镦锻　heading, upsetting　03.192

镦锻机　upset forging machine　03.327

镦锻模　upsetting die　14.011

镦制冲头　heading punch　03.197

钝边　root face　04.129

钝化　passivating　06.095
钝化剂　passivator　06.098
*多边形铁素体　granular ferrite　05.070
多层电镀　multi-layer plating　06.058
多层焊　multi-layer welding　04.173
多层压坯　composite compact　07.071
多次回火　multiple tempering　05.148
多刀车床　multi-tool lathe　08.183
多道焊　multi-pass welding　04.172
多点焊　multiple-spot welding　04.188
*多段氮化　multiple-stage nitriding　05.213
多段渗氮　multiple-stage nitriding　05.213
多缸式液压机　multi-cylinder hydraulic press　03.305
多工件压制　multiple-pressing　07.083
多工位液压机　multiple hydraulic transfer press　03.304
多工位造型机　multiple station molding machine　02.339
多工位自动压力机　multi-station transfer press　03.291
多工位自动镦锻机　multi-station automatic header　03.333
多功能仪器　multiple function apparatus　09.130

多孔轴承　porous bearing　07.132
多面棱体　polygon　09.077
多腔压模　multiple die set　07.091
多丝埋弧焊　multiple-wire submerged arc welding　04.094
多头滚刀　multiple thread hob　10.211
多相组织　polyphase structure, multiphase structure　05.013
多向锻模　multi-ram forging die　14.023
多向模锻　multi-ram forging, coredforging　03.083
多向模锻压机　multi-cored forging press　03.294
多型槽模　multiple impression die　14.017
多用车床　versatile lathe　08.186
多元共渗　multicomponent thermo-chemical treatment　05.239
多元共渗剂　multicomponent diffusion medium　05.291
多值量具　multi-value measuring tool　09.015
多轴半自动车床　multi-spindle semi-automatic lathe　08.178
多轴自动车床　multi-spindle automatic lathe　08.177
惰性气体保护焊　inert-gas arc welding, inert-gas shielded arc welding　04.084

E

二次成形加工　secondary metal working　03.006
二次马氏体　secondary martensite　05.036
二次渗碳体　proeutectoid cementite　05.043
二次碳化物　proeutectoid carbide　05.061
*二次碳化物网　carbide network　05.065
二次硬化　secondary hardening　05.152

*二氧化碳焊　CO_2 shielded arc welding　04.081
二氧化碳气体保护焊　CO_2 shielded arc welding　04.081
二氧化碳水玻璃砂法　CO_2 waterglass process　02.189

F

*发黑　bluing　05.258
发蓝处理　bluing　05.258
发热剂　exothermic mixture　02.054
发热冒口套　exothermic feeder sleeve　02.134
*CVD 法　chemical vapor deposition, CVD　06.243
*PCVD 法　plasma chemical vapor deposition, PCVD　06.244

*PVD 法　physical vapor deposition, PVD　06.242
法平面　cutting edge normal plane　10.053
翻边　flanging　03.129
翻边模　flange die　14.068
翻边系数　flanging coefficient　03.130
翻孔　hole flanging, plunging　03.127
翻孔模　plunging die　14.069

翻孔系数　hole flanging coefficient　03.128

翻箱机　turnover machine　02.359

钒硼共渗　vanadoboriding　05.257

反挤压　backward extrusion, indirect extrusion　03.175

反挤压模　backward extruding die　14.074

反拉深　reverse drawing　03.112

反拉深模　reverse drawing die　14.061

反射炉　reverberating furnace　03.245

反旋压　backward flow forming　03.217

反压滚轮　counter-pressure roller　03.224

*反压铸造　counter-pressure casting　02.232

反应离子镀　reactive ion plating　06.247

反应烧结　reactive sintering　07.107

返程旋压　spinning reverse　03.210

返回　return　08.274

方框水平仪　frame level　09.124

方箱　box parallel　09.047

防霉性　mildew resistance, fungus resistance　06.006

防锈材料　rust preventive　06.212

防锈极压切削油　rust preventive extreme pressure cutting oil, rust preventive EP cutting oil　06.226

防锈极压乳化液　rust preventive extreme pressure cutting emulsion, rust preventive EP cutting emulsion　06.225

*防锈剂　corrosion inhibitor　06.208

防锈期　rust-proof life　06.204

防锈切削乳化液　rust preventive cutting emulsion　06.224

防锈切削液　rust preventive cutting fluid　06.223

防锈切削油　rust preventive cutting oil　06.227

防锈润滑油　rust preventive lubricating oil　06.220

防锈润滑脂　rust preventive grease　06.221

防锈水　aqueous rust preventive　06.213

防锈油　rust preventive oil　06.214

防锈脂　rust preventive grease　06.215

仿形车床　copying lathe　08.182

仿形机床　copying machine tool　08.170

仿形加工　copying　08.045

仿形切割　shape cutting　04.257

仿形切割机　copying cutting machine　04.323

仿形铣床　copying milling machine　08.240

仿形斜轧　copy skew rolling　03.159

仿形装置　copying device　08.346

非接触测量　non-contact measurement　09.004

*非连续式炉　batch furnace　05.311

飞溅　spatter　04.135

废砂　waste sand　02.067

*沸腾床涂装　fluidized bed painting　06.164

分瓣模　segmental mandrel　14.085

分层式拉削　layer-stepping　08.051

分度法　indexing method　08.125

分度头　dividing head　13.002

分度运动　dividing movement　08.279

分段多层焊　block sequence welding　04.174

分段模　sectional mandrel　14.086

分段退焊　backstep sequence　04.167

分级　classification　07.058

分级时效处理　interrupted ageing treatment　05.162

分解　disassembly　15.017

分块模　parted pattern, split pattern　02.142

分块式拉削　skip-stepping　08.052

*分体模　parted pattern, split pattern　02.142

分箱机　flask separator　02.364

分型负数　joint allowance　02.104

分型剂　parting agent　02.055

分型面　mold joint, parting face　02.156

粉块　cake　07.016

粉末　powder　07.013

粉末比表面　specific surface area　07.044

[粉末]成形　forming　07.068

*粉末等离子弧堆焊　plasma surfacing　06.113

粉末电泳涂装　powder electro-deposit　06.168

粉末锻造　powder metal forging　03.227

粉末静电喷涂　electrostatic powder spraying　06.165

粉末粒度　particle size　07.057

[粉末]流动性　flowability　07.049

粉末涂料　powder coating　06.143

粉末冶金　powder metallurgy　07.001

[粉末冶金]黏结剂　binder　07.002

粉末轧制　powder rolling　07.126

粉碎粉　comminuted powder　07.017

封闭式浇注系统　choked running system, choked gating system　02.106

封存期　preservation life　06.205

封底焊道　back weld　04.146
风冷淬火　forced-air hardening　05.132
缝焊　seam welding　04.191
缝焊机　seam welding machine　04.298
缝隙浇口　slot gate　02.120
浮动阴模　floating die　07.088
浮动镗刀　floating boring tool　10.184
辅助功能　miscellaneous function　08.413
*辅助冷却器　work piece cooler　06.136
辅助阳极　auxiliary anode　06.039
辅助阴极　auxiliary cathode　06.040
辅助运动　auxiliary motion　08.271
副后面　minor flank　10.023
副偏角　tool minor cutting edge angle　10.057
副切削平面　tool minor cutting edge plane　10.052
副切削刃　tool minor cutting edge　10.030
覆盖层　coating　06.004
覆膜砂　precoated sand　02.040
覆砂金属型　sand-lined metal mold　02.221
复合冲裁　blanking and piercing with combination tool

03.103
复合电镀　composite plating　06.059
复合锻造　duplex forging　03.046
复合粉　composite powder　07.027
复合挤压　combined extrusion　03.176
复合挤压模　compound extruding die　14.075
复合卡盘　combination chuck　13.033
复合模　compound die　14.028
复合切削　combined machining　08.049
复合丝锥　combined tap and drill　10.194
复合碳化物　complex carbide　05.064
复合涂层　composite coating　06.121
复合钻铰　combined drilling and reaming　08.077
复合钻孔　combined drilling and counterboring
　08.076
复烧　re-sintering　07.099
复碳　carbon restoration　05.203
复压　re-pressing　07.113
负压造型　vacuum sealed molding　02.192
附着力　adhesion　06.188

G

干袋压制　dry bag pressing　07.125
干膜厚度　thickness of dry film　06.190
干[砂]型　dry sand mold　02.185
干燥　drying　06.173
干燥空气封存　preserved in dry atmosphere　06.201
坩埚炉　crucible furnace　02.319
感应重熔　inducting remolten　06.116
*感应淬火　induction hardening　05.184
感应电炉　electric induction furnace　02.316
感应加热　induction heating　03.238
感应加热淬火　induction hardening　05.184
感应加热淬火机床　induction hardening machine
　05.339
感应加热淬火装置　induction hardening equipment
　05.340
感应加热炉　induction heater　03.252
感应软钎焊　induction soldering　04.211
感应透热装置　induction through-heating equipment
　05.341
感应硬钎焊　induction brazing　04.210

撬棒　pry bar　03.223
*撬形　conventional spinning　03.205
刚玉　alumina　11.012
钢尺　steel rule　09.021
钢带模　steel strip die　14.042
钢卷尺　steel tape　09.024
钢坯剪切机　billet shear　03.320
*钢球旋压　ball spinning　03.218
钢弦测扭仪　steel wire torquemeter　09.106
杠杆百分表　lever-type dial gage　09.051
杠杆齿轮式测微仪　lever and gear type micrometer
　09.114
杠杆卡规　lever-type snap gage　09.058
杠杆千分表　fine dial test indicator　09.055
杠杆千分尺　indicating micrometer　09.036
杠杆式测微仪　lever-type micrometer　09.111
高度游标卡尺　height vernier calliper　09.028
高固分涂料　high solid coating　06.142
高硅铸铁　high silicon cast iron　02.092
高精度机床　high precision machine tool　08.166

高径比 ratio of height to diameter 03.077

高能成形 high energy rate forming 03.229

高能束流焊接 high energy density beam welding 04.103

高频等离子喷涂 high frequency induction plasma spraying 06.108

高频电阻焊 high frequence upset welding 04.186

高频电阻焊机 high frequency resistance welding machine 04.302

高频喷涂 high frequency induction spraying 06.106

高速锤 high energy rate forging hammer 03.271

高速锤锻模 high speed hammer forging die 14.013

高速脆性 high velocity brittle ness 03.025

高速电镀 high speed electrodeposition 06.066

高速锻造 high velocity forging process 03.045

高速钢刀条 high speed steel tool bit 10.112

高速热镦机 hot former 03.330

高速涡流混砂机 turbo disc mixer 02.302

高温回火 high-temperature tempering 05.147

*高温回火脆性 type II temper brittleness 05.180

高温渗碳 high-temperature carburizing 05.201

高纤维钾型焊条 high cellulose potassium electrode 04.052

高纤维钠型焊条 high cellulose sodium electrode 04.051

高压无气喷涂 airless spraying 06.161

高压造型 high pressure molding 02.196

高压造型机 high pressure molding machine 02.341

高钛钾型焊条 high titania potassium electrode 04.054

高钛钠型焊条 high titania sodium electrode 04.053

膏剂渗碳 paste carburizing 05.193

膏体渗硼剂 boronizing paste 05.281

膏体渗碳剂 carburizing paste 05.263

*膏状渗硼剂 boronizing paste 05.281

*膏状渗碳剂 carburizing paste 05.263

锆刚玉 fused alumina zirconia 11.018

锆砂 zircon sand 02.035

割炬 oxygen gas cutting torch 04.317

割嘴 cutting tip 04.318

*格里森铣刀 spiral bevel gear cutter, Gleason spiral bevel gear cutter 10.151

铬钒共渗 chromvanadizing 05.255

铬刚玉 chromium fused alumina 11.017

铬硅共渗 chromsiliconizing 05.253

铬铝共渗 chromaluminizing 05.252

铬铝共渗剂 chromaluminizing medium 05.292

铬铝硅共渗 chromaluminosiliconizing 05.254

铬铝硅共渗剂 chromaluminosiliconizing medium 05.294

铬硼共渗 chromboridizing 05.251

铬铁矿砂 chromite sand 02.034

各向同性 isotropy 03.023

各向异性 anisotropy 03.024

根部半径 root radius 04.128

根部间隙 root opening 04.127

跟刀架 follow rest 08.332

工步 step 08.001

工件 workpiece 01.010

工件表面 workpiece surface 10.047

工件冷却器 workpiece cooler 06.136

工具 tool 01.006

工具磨床 tool grinding machine 08.209

工位 position 08.002

工位器具 working position apparatus 01.018

工序 operation 01.011

工序间防锈 rust prevention during manufacture 06.197

工序余量 operation allowance 08.010

工艺 technology 01.001

工艺参数 process parameter 01.013

工艺尺寸 process dimension 01.020

工艺规范 process specification 01.014

工艺过程 manufacturing process 01.012

工艺孔 auxiliary hole 08.006

工艺设备 manufacturing equipment 01.015

工艺凸台 false boss 08.008

工艺装备 tooling 01.017

*工装 tooling 01.017

工作功率 working power 10.093

工作力 working force 10.077

工作量规 working gage 09.065

工作能 working energy 10.092

工作平面 working plane 10.049

工作台 table 08.326

工作台高度　height of table　13.080
工作台回转角　swivel angle of table　08.315
工作台面直径　diameter of table surface　13.079
工作台行程　travel of table　08.314
工作台转速　rotating speed of table　08.313
工作行程　working stroke　08.004
工作循环　work cycle　08.289
工作运动　operating movement　08.265
攻螺纹　tapping　08.121
攻丝机　tapping machine, thread-tapping machine　08.232
＊F功能　feed function　08.409
＊M功能　miscellaneous function　08.413
＊P功能　preparatory function　08.414
＊S功能　spindle speed function　08.415
＊T功能　tool function　08.410
公法线千分尺　gear tooth micrometer　09.033
弓锯床　hack sawing machine　08.255
＊拱式锤　double frame hammer　03.265
共格界面　coherent boundary　05.085
共晶组织　eutectic structure　05.003
共析组织　eutectoid structure　05.002
鼓形包　drum ladle　02.325
＊鼓形炉　rotary retort furnace with internal screw　05.322
骨架模　skeleton pattern　02.138
固定顶尖　fixed center　13.052
固定装配　assembly on fixed position　15.014
固化　curing　06.172
固化剂　hardener　02.053
固溶热处理　solution heat treatment　05.156
固态焊　solid-state welding, SSW　04.176
固体渗氮剂　pack nitriding medium　05.268
固体渗铬剂　pack chromizing medium　05.286
固体渗硅　pack siliconizing　05.225
固体渗铝剂　pack aluminizing medium　05.284
固体渗硼　pack boriding　05.218
固体渗硼剂　pack boronizing medium　05.280
固体渗碳　pack carburizing　05.192
固体渗碳剂　pack carburizer　05.262
固体渗锌剂　sherardizing medium　05.289
固相烧结　solid-phase sintering　07.103
刮板造型　sweep molding　02.180

刮板制芯　sweep coremaking　02.181
刮槽　slot scraping　08.111
刮刀　scraper　15.031
刮光刀片　wiper insert　10.008
刮孔　hole scraping　08.070
刮平面　surface scraping　08.095
刮砂　strike-off　02.199
刮削　scraping　08.036
挂镀　rack plating　06.061
管子加工机床　pipe cutting machine　08.257
管子卡盘　pipe chuck　13.034
光电测扭仪　photoelectric torquemeter　09.105
光电式检测装置　photoelectric detection device　09.132
光滑极限量规　plain limit gage　09.069
光亮淬火　bright quenching　05.114
光亮淬火油　bright quenching oil　05.306
光亮电镀　bright plating　06.069
光亮剂　brightening agent　06.077
光亮热处理　bright heat treatment　05.174
光亮退火　bright annealing　05.106
光学测角仪　optical goniometer　09.107
光学测距仪　optical range finder, mekometer　09.108
光学分度头　optical dividing head　13.008
光学扭簧测微计　spring-optical measuring head, optical microcator　09.110
光整加工　finishing cut　08.040
硅砂　silica sand　02.042
辊底式炉　roller hearth furnace　05.319
辊锻　roll forging　03.162
辊锻机　forging roll　03.326
辊锻模　forge rolling die, roll segment　14.009
辊锻线　line of roll forging　03.165
辊轮　round screw die　03.203
辊涂　roller painting　06.153
辊形　roll forming　03.108
滚槽　slot rolling　08.110
滚齿　gear hobbing　08.131
滚齿机　gear hobbing machine　08.220
滚刀测量仪　hob measuring machine　09.097
滚点焊　roll spot welding　04.192
滚镀　barrel plating　06.062

滚花　knurling　08.150

滚剪机　plate rotary shears　03.318

*滚切法　generating method　08.127

滚丝　thread rolling　03.201

滚丝轮　cylindrical die roll　10.189

滚筒落砂机　knock-out barrel　02.367

滚筒起模机　drum-type stripper　02.350

滚筒清理机　tumbling barrel　02.369

滚筒式混砂机　rotary muller　02.301

滚筒式炉　rotary retort furnace with internal screw　05.322

滚筒涂装　barrel enamelling　06.154

滚压　rolling　08.043

滚压孔　hole rolling　08.072

滚压螺纹　thread rolling　08.118

滚压外圆　cylindrical rolling　08.089

滚圆　rolling　03.068

滚珠丝杠副　ball screw pair　08.329

滚珠旋压　ball spinning　03.218

过规　go gage　09.062

过冷　supercooling, undercooling　02.014

过冷奥氏体　undercooled austenite　05.023

过烧　oversintering　07.108

过时效热处理　over ageing treatment　05.163

过装法　overfill system　07.077

H

哈林槽　Haring cell　06.086

海绵粉　sponge powder　07.026

氦弧焊　helium shielded arc welding　04.091

含油量　oil content　07.150

焊波　ripple　04.147

焊补　weld repair　02.263

焊层　layer　04.148

焊道　bead　04.144

焊道下裂纹　under bead crack　04.234

焊点距　spot weld spacing　04.198

焊缝　weld　04.007

焊缝成形系数　form factor [of the weld]　04.136

焊缝金属　weld metal　04.008

焊缝区　weld zone　04.009

焊根　weld root　04.134

焊根裂纹　root crack　04.232

焊工升降台　welder's lifting platform　04.276

焊后热处理　postweld heat treatment　04.036

焊机　welding machine　04.284

焊剂　flux　04.067

焊剂垫　flux backing　04.282

焊剂垫焊　welding with flux backing　04.163

焊件　weldment　04.003

焊脚　[fillet] weld leg　04.131

焊接　welding　04.001

焊接变位机　positioner　04.266

焊接变形　welding distortion, welding deformation　04.034

焊接变压器电源　welding transformer power source　04.308

焊接材料　welding consumables　04.039

焊接操作机　manipulator　04.269

焊接衬垫　backing　04.281

焊接电弧　welding arc　04.076

焊接电源　welding power source　04.305

焊接翻转机　tilter　04.267

焊接工作台　welding bench　04.275

焊接滚轮架　turning roller　04.268

焊接机器人　welding robot　04.270

焊接夹具　welding fixture　04.274

焊接检验　welding inspection　04.240

焊接接头　welded joint　04.017

焊接裂纹　weld crack　04.228

焊接逆变电源　welding inverter power source　04.310

焊接缺陷　weld defects　04.217

焊接热循环　welding thermal cycle　04.033

焊接位置　welding position　04.154

焊接性　weldability　04.037

焊接性试验　weldability test　04.038

焊接循环　welding cycle　04.032

焊接应力　welding stress　04.035

焊接整流器电源　welding rectifier power source　04.309

焊瘤　overlap　04.222
焊钳　electrode holder　04.313
焊丝　welding wire　04.065
焊条　covered electrode　04.040
焊条保温筒　thermostat-container for electrode　04.277
焊条电弧焊　shielded metal arc welding　04.079
焊透率　penetration rate　04.197
焊芯　core wire　04.041
焊趾　weld toe　04.130
焊趾裂纹　toe crack　04.233
合成淬火剂　polymer solution quenchant　05.299
合成砂　synthetic sand　02.039
合成脂黏结剂　synthetic fat binder　02.049
合金电镀　alloy plating　06.057
合金粉　alloyed powder　07.029
合金过渡系数　transfer coefficient, recovery [of element]　04.137
合金渗碳体　alloyed cementite　05.046
合金铸铁　alloy cast iron　02.094
合批　blending　07.065
*合箱　mold assembling　02.209
合箱机　mold closing device　02.363
合型　mold assembling　02.209
黑刚玉　black fused alumina　11.020
*黑格碳化物　χ-carbide, Hagg carbide　05.060
黑皮锻件　[surface] as forged　03.049
黑碳化硅　black silicon carbide　11.021
*黑心可锻化退火　malleablizing　05.108
黑心可锻铸铁　black heart malleable cast iron　02.084
珩齿　gear honing　08.137
珩齿机　gear honing machine　08.222
珩孔　hole honing　08.068
珩磨　honing　08.039
珩磨机　honing machine　08.207
珩磨平面　surface honing　08.094
横焊　horizontal position welding　04.156
横浇道　runner　02.117
横梁　rail, beam　08.334
横向焊缝　transverse weld　04.011
*横向螺旋轧制　skew rolling, helical rolling　03.158

横轧　cross rolling, transverse rolling　03.156
烘干　stoving　06.174
烘芯　core baking　02.170
烘芯板　core drying plate　02.149
红外干燥　infra-red drying　06.179
红外炉　infra-red furnace　05.331
后角　tool orthogonal clearance　10.062
后面　flank　10.021
后面截形　flank profile　10.027
后面磨损　flank wear　10.106
弧齿锥齿轮拉齿机　spiral bevel gear broaching machine　08.218
弧齿锥齿轮磨齿机　spiral bevel gear grinding machine　08.219
弧齿锥齿轮铣齿机　spiral bevel gear milling machine　08.217
弧齿锥齿轮铣刀　spiral bevel gear cutter, Gleason spiral bevel gear cutter　10.151
*弧焊　arc welding　04.077
弧焊机器人　arc welding robot　04.271
弧坑　crater　04.226
弧形砂轮　arc wheel　11.029
花键拉刀　spline broach　10.203
花键综合量规　spline gage　09.074
滑板　slider　08.342
滑移线　sliding line, slip line　03.032
滑移线场理论　slip line field theory　03.016
滑枕　ram　08.339
滑枕式铣床　ram type milling machine　08.237
滑座　slider　08.340
划规　scribing compass　15.025
划线尺架　scratch ruler support　15.028
划线方箱　scribing hander　15.026
划线盘　tosecan　15.024
划针　scriber　15.023
*化合物层　nitride layer, white layer　05.215
*化学沉积　auto-deposition　06.144
化学除锈　chemical rust removal　06.024
*化学除油　chemical degreasing　06.018
化学镀　electroless plating　06.085
化学钝化　chemical passivating　06.096
化学黏砂　burn-on　02.273
化学气相沉积　chemical vapor deposition, CVD

06.243

化学清砂　chemical cleaning　02.258

化学清洗　chemical cleaning　06.015

化学热处理　thermo-chemical treatment　05.190

化学脱脂　chemical degreasing　06.018

化学氧化　chemical oxidation　06.090

化学预处理　chemical pretreatment　06.011

化学转化膜　chemical conversion coating　06.092

环缝　girth weld, circumferential weld　04.012

环规　ring gage　09.061

环境封存　preserved in controlled atmosphere 06.203

还原粉　reduced powder　07.022

还原气氛　reducing atmosphere　07.096

缓冲剂　buffer agent　06.081

缓蚀剂　corrosion inhibitor　06.208

缓蚀性　rust inhibition　06.206

换色　color changing　06.150

黄铜　brass　02.099

灰口铸铁　grey cast iron　02.078

*挥发性缓蚀剂　vapor phase inhibitor　06.211

*辉光放电热处理　plasma heat treatment　05.173

*辉光放电渗硼　ion boriding　05.222

*辉光放电渗碳　ion carburizing, glow-discharge carburizing　05.200

回归　reversion　05.166

回火　tempering　05.142

回火脆性　temper brittleness　05.178

回火马氏体　β-martensite　05.037

回火色　temper color　05.153

*回火索氏体　sorbite, tempered martensite　05.074

*回火托氏体　troostite, tempered martensite 05.075

回火油　tempering oil　05.307

回炉料　foundry returns　02.027

回轮车床　drum lathe　08.179

回转顶尖　live center　13.057

回转工作台　rotary table　13.019

回转式气动工具　rotary pneumatic tool　15.046

混合　mixing　07.066

混合粉　mixed powder　07.028

混合干燥　combination drying　06.180

混合气体保护焊　mixed gas arc welding　04.092

混砂　sand mixing, sand milling　02.058

混砂机　sand muller, sand mixer　02.294

*锪孔　countersinking　08.059

锪平面　spot facing　08.097

锪削　countersinking　08.059

锪钻　counterbore, countersink　10.169

活动钳口　moving jaw　13.090

活度　activity　06.055

*活化极化　activation polarization　06.033

活化烧结　activated sintering　07.104

活性反应离子镀　activated reactive evaporation, ARE　06.248

火次　heating number　03.241

火焰表面清理　scarfing　04.251

火焰重熔　flame remolten　06.115

火焰淬火　flame hardening　05.185

火焰加热　flame heating　03.236

火焰炉　flame furnace　03.243

火焰喷熔　flame spray remolten　06.112

火焰喷涂　flame spraying　06.103

火焰切割机　flame cutting machine　04.322

火焰软钎焊　torch soldering　04.204

火焰硬钎焊　torch brazing　04.205

霍尔槽　Hull cell　06.087

J

基本参数　basic parameter　08.307

基本中径　basic pitch diameter　10.044

基面　tool reference plane　10.048

基准　datum　01.019

机床　machine tool　01.016

机床附件　machine tool accessory　13.001

［机床附件］工作台　table　13.012

机床夹具　machine tool fixture　12.017

机动　mechanic operating　08.295

机动进给　mechanical feed　08.270

*机锻模　mechanical press forging die　14.006

机器人涂装　robot painting　06.155

机器造型　machine molding　02.193

机械镀　mechanical plating　06.070

机械化焊接　mechanized welding　04.027

机械加工　machining　01.003

机械搅蜡机　mechanical wax stirring machine
　02.391

机械黏砂　metal penetration　02.272

机械式量仪　mechanical measuring instrument
　09.087

机械压力机　mechanical press　03.279

机械压力机锻模　mechanical press forging die
　14.006

机械预处理　mechanical pretreatment　06.010

机械制造工艺　manufacturing technology　01.002

机用虎钳　machine vice　13.039

机用铰刀　machine reamer　10.174

积屑瘤　built-up edge　10.104

激光表面合金化　laser surface alloying　06.251

激光测长仪　laser length measuring machine
　09.094

激光重熔　laser remolten　06.253

激光穿孔　laser beam perforation　08.079

激光淬火　laser hardening　05.186

激光打孔机　laser beam perforating machine　08.397

激光电镀　laser electroplating　06.252

激光焊　laser beam welding　04.105

激光焊机　laser beam welding machine　04.294

激光焊接机器人　laser welding robot　04.272

激光加工　laser beam machining, LBM　08.369

激光加工机床　laser beam machine tool　08.384

激光刻线机　laser beam marking machine　08.399

激光刻印　laser beam marking　08.371

激光切割　laser beam cutting　08.370

激光切割机　laser beam cutting machine　08.398

激光热处理装置　laser heat treatment equipment
　05.343

*激光上釉　laser glazing　06.254

激光丝杠检查仪　lead screw laser tester　09.128

激光釉化　laser glazing　06.254

*激冷铸铁　chilled cast iron　02.089

极化　polarization　06.042

极化曲线　polarization curve　06.036

级进模　progressive die　14.029

挤齿　gear burnishing　08.142

挤齿机　gear rolling machine　08.225

挤孔　hole burnishing　08.071

挤芯机　core extruder　02.356

挤压　extrusion　03.172

挤压比　extrusion ratio　03.190

挤压变形程度　deformation degree of extrusion
　03.188

挤压成形　extrusion　07.120

挤压机　extrusion press　03.339

挤压力　extrusion load, press load　03.186

挤压模　extrusion die　14.020

挤压丝锥　thread forming tap　10.195

挤压温度　extrusion temperature　03.191

挤压中心孔　center squeezing　08.157

给料机　distributor　02.310

*给料器　distributor　02.310

计量仪器　measuring instrument　09.085

计量装置　measuring apparatus　09.086

计算机辅助工艺设计　computer-aided process plan-
　ning, CAPP　08.402

计算机辅助设计　computer-aided design, CAD
　08.401

计算机辅助制造　computer-aided manufacturing,
　CAM　08.403

计算机集成制造系统　computer integrated manufac-
　turing system, CIMS　08.405

计算机数控　computer numerical control, CNC
　08.400

夹板锤　board drop hammer　03.272

夹板模　template die, steel plate die　14.046

夹紧件　clamping element　12.030

夹紧套　gripping sleeve　13.094

夹具　fixture, jig　12.001

夹头　collet chuck　13.068

加工过程中测量　in-process measurement　09.010

加工精度　machining accuracy　01.023

加工误差　machining error　01.024

加工硬化　strain hardening, work-hardening　03.026

加工硬化指数　work-hardening exponent　03.027

加工余量　machining allowance　08.009

加工中心　machining center　08.258

加热旋压　hot spinning　03.221

加压回火 press tempering 05.150

加压烧结 pressure sintering 07.105

假箱造型 odd-side molding 02.183

尖齿槽铣刀 slotting cutter with flat relieved teeth 10.125

尖齿铣刀 milling cutter with flat relieved teeth 10.124

尖头千分尺 point micrometer 09.035

间断切削刃 interrupted cutting edge 10.036

间歇分度 interrupted division 08.283

间歇式混砂机 batch [sand] mixer 02.295

间歇式炉 batch furnace 05.311

检测装置 detection device 09.131

检验夹具 fixture for inspection 09.048

检验平尺 examining flat ruler, examining straight-edge 09.044

碱度 basicity 04.047

碱性渣 basic slag 04.045

简易模 low-cost die 14.040

剪板机 plate shears, guillotine shear 03.315

剪切 shearing 03.107

剪切机 shear, cut-off machine 03.314

剪切角 shear plane angle 10.084

剪切平面 shear plane 10.083

剪切平面垂直力 shear plane perpendicular force 10.087

剪切平面切向力 shear plane tangential force 10.086

*剪切旋压 shear spinning, shear forming 03.214

渐成式拉削 generating broaching 08.054

渐开线花键拉刀 involute spline broach 10.204

渐开线检查仪 involute tester 09.098

*焦砂 burnt sand 02.066

胶接点焊 weld bonding 04.190

交换齿轮机构 changing gear unit 08.343

交换工作台 pallet changer 13.018

交流弧焊发电机 alternating current arc welding generator 04.307

浇包 ladle 02.320

浇不到 misrun 02.269

浇口杯 pouring cup 02.114

浇口盆 pouring basin 02.113

浇口塞 sprue stopper 02.115

浇冒口切割机 gate and riser cutting machine 02.374

浇注 pouring 02.007

浇注断流 interrupted pour 02.268

浇注机 pouring machine 02.328

浇注系统 gating system, running system, pouring system 02.105

铰刀 reamer 10.172

铰杠 tap wrench 15.039

*铰孔 reaming 08.058

铰削 reaming 08.058

矫直 straightening 03.110

角度块 angular gage block 09.057

角度铣刀 angle milling cutter 10.143

角度样板 angle gage 09.082

角焊缝 fillet weld 04.016

角接接头 fillet joint 04.019

角向电钻 angular electric drill 15.067

角状粉 angular powder 07.036

校对量规 master gage 09.067

校平 flattening 03.134

校平模 planishing die, flattening die 14.070

校正模 straightening die 14.014

接触测量 contact measurement 09.003

接触电阻加热淬火 contact resistant hardening 05.188

接头根部 root of joint 04.126

阶梯铰孔 reaming with step reamer 08.075

阶梯扩孔 counterboring with step core drill 08.074

阶梯麻花钻 step drill, multiple drill 10.157

阶梯式浇注系统 step gating system 02.112

阶梯钻削 drilling with step drill 08.073

截锥磨头 truncated cone mounted point 11.045

结合剂 bond 11.004

结晶 crystallization 02.011

金刚石 diamond 11.010

金属电沉积 metal electrodeposition 06.030

金属回转加工 rotary metal working 03.003

金属挤压液压机 metal extrusion hydraulic press 03.309

金属模 metal pattern 02.137

金属喷涂 metal spraying 06.102

金属切削机床 metal-cutting machine tool 08.159

金属塑性加工　plastic working of metal, metal technology of plasticity　03.002

金属陶瓷　cermet　07.140

金属陶瓷涂层　cermet coating　06.122

金属涂层　metallic coating　06.118

金属屑压块液压机　metal scrap briquette hydraulic press　03.311

金属芯　metal core　02.222

金属型　metal mold　02.220

金属型铸造　permanent mold casting　02.219

金属型铸造机　permanent mold casting machine　02.381

金属型铸造流水线　permanent mold casting line　02.382

*金属压力加工　plastic working of metal, metal technology of plasticity　03.002

金属注射成形　metal injection moulding　07.127

*紧砂　ramming　02.203

紧实　ramming　02.203

进给吃刀量　feed engagement of the cutting edge　10.099

进给功率　feed power　10.095

进给功能　feed function　08.409

进给机构　feed mechanism　08.345

进给力　feed force　10.080

进给量　feed rate　08.017

进给能　feed energy　10.091

进给速度　feed speed　08.018

进给箱　feed box　08.324

进给[运动]　feed motion　08.267

浸镀　immersion plating　06.064

浸泡防锈　immersion in liquid preventives　06.236

浸泡脱脂　soak degreasing　06.020

浸渗剂　impregnant　02.031

浸涂　dipping　06.156

浸涂防锈　applying preventive by dipping　06.235

浸渍　impregnation　07.117

浸渍钎焊　dip brazing, dip soldering　04.207

浸渍软钎焊　dip soldering　04.209

浸渍硬钎焊　dip brazing　04.208

晶界　grain boundary　05.083

晶界脱溶物　grain boundary precipitate　05.050

*晶界析出物　grain boundary precipitate　05.050

晶粒　grain　05.078

*晶粒尺寸　grain size　05.079

晶粒度　grain size　05.079

*晶粒间界　grain boundary　05.083

精冲模　fine blanking die　14.054

精锻模　precision forging die　14.021

精密冲裁　fine blanking, precision blanking　03.100

精密冲裁液压机　fine blanking hydraulic press　03.308

精密锻造　precision forging, net shape forging　03.044

精密机床　precision machine tool　08.165

精密模锻　precision die forging　03.079

精密铸造　precision casting　02.244

精密镗刀杆　precision boring bar　13.078

精密镗头　precision boring head　13.077

*精速密压铸　ACURAD die casting, accurate rapid dense die casting　02.229

精镗床　fine boring machine　08.198

精压机　coining press, knuckle joint press　03.297

精压模　sizing die　14.022

精整　coining　07.116

井式炉　pit-type furnace　05.312

静电喷涂　electrostatic spraying　06.163

静电吸盘　electrostatic chuck　13.067

*静态电极电势　static electrode potential　06.035

静态电极电位　static electrode potential　06.035

静液挤压　hydrostatic extrusion　03.179

径向锻造　radial forging　03.226

径向锻轴机　radial forging machine　03.322

径向挤压　sideways extrusion, lateral extrusion　03.177

径向挤压模　radial extruding die　14.076

径向进给切槽　recessing with radial feed　08.112

径向剃齿　plunge shaving, radial feed shaving　08.136

径向剃齿刀　plunge feed shaving cutter　10.227

径向压溃强度　radial crushing strength　07.149

旧砂　floor sand　02.065

旧砂处理　sand reconditioning　02.070

旧砂干法再生设备　dry type sand reclamation equipment　02.292

旧砂湿法再生设备　wet type sand reclamation equip-

ment 02.293
旧砂再生 sand reclamation 02.071
旧砂再生设备 sand reclamation equipment 02.291
局部淬火 localized quench hardening 05.112
局部镦粗 local upsetting 03.052
局部加热拉深 locally-heated drawing 03.114
局部冷却拉深 locally-cooled drawing 03.115
局部渗碳 localized carburizing 05.202
矩形工作台 rectangular table 13.014
矩形花键拉刀 straight spline broach 10.206
矩形砂瓦 rectangular segment 11.060
矩形吸盘 rectangular magnetic chuck 13.062
聚氨酯冲裁 polyurethane pad blanking 03.102
聚晶金刚石 polycrystalline diamond 11.011

锯床 sawing machine 08.252
锯片铣刀 metal slitting saw 10.136
锯削 sawing 08.034
卷边 curling, beading 03.211
卷边接头 edge-flange joint 04.024
卷边模 curling die 14.058
卷材涂装 coil painting 06.170
卷材涂装机 coil coater 06.194
卷料 coil, coiled strip, coil stock 03.036
卷圆 edge rolling, edge coiling 03.109
绝对测量 absolute measurement 09.001
绝热挤压 adiabatic extrusion 03.184
均匀化退火 homogenizing, diffusion annealing 05.100

K

卡盘 chuck 13.027
卡盘直径 diameter of chuck 13.028
卡钳 calliper 09.045
卡爪 jaw 13.087
开放式浇注系统 unchoked running system 02.108
开浇口机 sprue cutter 02.361
开孔 open pore 07.007
开孔孔隙度 open porosity 07.147
开坡口 beveling [of the edge] 04.120
开式锻模 open forging die 14.003
开式模锻 open die forging, impressing forging 03.081
开式压力机 C-frame press, gap frame press 03.281
*抗回火性 temper resistance 05.151
颗粒 particle 07.014
*颗粒状贝氏体 granular bainite 05.028
壳芯 shell core 02.169
壳芯机 shell core machine 02.355
壳型机 shell molding machine 02.351
壳型铸造 shell mold casting 02.243
可剥性塑料 strippable plastic coating 06.228
可锻化退火 malleablizing 05.108
可锻性 forgeability 03.013
可锻铸铁 malleable cast iron 02.083
可控气氛 controlled atmosphere 05.295

可控气氛炉 controlled atmosphere furnace 05.327
可控气氛热处理 controlled atmosphere heat treatment 05.172
*可逆回火脆性 type II temper brittleness 05.180
可倾工作台 tilting table 13.016
可倾虎钳 tilting vice 13.043
可倾吸盘 tilting magnetic chuck 13.064
可倾斜压力机 inclinable press 03.290
可调夹具 adjustable fixture 12.005
可调镗刀 adjustable boring tool 10.182
可调组合自动线 flexible transfer line, FTL 08.262
可转位车刀 indexable turning tool 10.113
可转位刀片 indexable insert tip, throw away tip 10.007
可转位浮动镗刀 indexable floating boring tool 10.185
可转位铣刀 indexable milling cutter 10.122
刻线机 dividing machine 08.256
空白渗碳 blank carburizing 05.207
空冷淬火 air hardening 05.125
空气锤 air hammer, pneumatic hammer 03.267
空气喷涂 air spraying 06.159
空心阴极离子镀 hallow cathode deposition, HCD 06.249
空行程 idle stroke 08.005
孔盘 hole plate 13.082

孔隙　pore　07.006

孔隙度　porosity　07.146

孔型　groove　03.154

孔型斜轧　groove skew rolling　03.160

*控制气氛热处理　controlled atmosphere heat treatment　05.172

控制系统　control system　08.420

枯砂　burnt sand　02.066

*块状马氏体　lath martensite　05.031

块状铁素体　granular ferrite　05.070

快动虎钳　quick-action vice　13.044

快锻操作机　quick forging manipulator　03.346

快速淬火油　fast quenching oil　05.303

快速锻造液压机　high speed forging hydraulic press　03.307

快速割嘴　high speed cutting nozzle　04.319

快速冷凝粉　rapid solidified powder　07.025

溃散性　collapsibility　02.073

扩径旋压　expanding bulging　03.207

扩孔　counterboring　08.061

扩孔机　ring rolling machine　03.341

扩口　expanding　03.131

扩口模　flaring die　14.067

扩口系数　expanding coefficient　03.132

扩散焊　diffusion welding, DFW　04.181

扩散孔隙　diffusion porosity　07.110

扩散钎焊　diffusion brazing　04.216

*扩散退火　homogenizing, diffusion annealing　05.100

*扩旋　expanding bulging　03.207

L

拉拔　drawing　03.166

拉拔机　drawing machine　03.340

拉槽　slot broaching　08.105

拉齿　gear broaching　08.140

拉床　broaching machine　08.247

拉床夹具　fixture for broaching machine　12.026

拉刀　broach　10.201

拉孔　hole broaching　08.064

拉螺纹　internal thread broaching　08.120

拉平面　surface broaching　08.096

拉深　drawing　03.111

拉深次数　number of drawing　03.123

拉深筋　draw bead, drake　03.121

拉深模　drawing die　14.060

拉深系数　drawing coefficient　03.122

拉深旋压　draw spinning　03.206

拉丝　wire drawing　03.170

拉丝模　wire drawing die　14.077

拉下脱模法　withdrawal process　07.092

拉削　broaching　08.032

拉削刀具　broaching tool　10.199

拉削方式　broaching layout　08.050

拉形　stretch forming　03.135

拉形机　stretching machine, stretching former　03.328

*拉旋　draw spinning　03.206

*拉延　drawing　03.111

拉张－拉深成形　stretch draw forming　03.144

蜡料熔化保温炉　wax melting and holding furnace　02.390

蜡模　wax pattern　02.216

莱氏体　ledeburite　05.029

烂泥砂　loam　02.041

烂泥砂型　loam mold　02.188

烙铁软钎焊　iron soldering　04.203

棱角强度　edge strength　07.072

冷拔　cold drawing　03.169

冷变形强化　cold deformation strengthening　03.029

冷成形　cold working　03.096

冷处理　cryogenic treatment, subzero treatment　05.137

冷等静压制　cold isostatic pressing　07.123

冷锻　cold forging　03.042

冷镦　cold heading　03.193

冷镦机　cold header　03.329

冷镦模　cold heading die　14.012

冷挤[压]　cold extrusion　03.181

冷挤压模　cold extruding die　14.072

冷裂纹　cold crack　04.230

冷室压铸机　cold chamber die casting machine

02.376

冷铁 chill, densener 02.159

冷芯盒法 cold box process 02.171

冷旋压 cold spinning 03.220

冷压焊 cold welding 04.178

*冷硬黏结剂 no bake binder 02.051

冷硬铸铁 chilled cast iron 02.089

冷装 expansion fitting 15.010

离心集渣浇注系统 whirl gate dirt trap system 02.109

离心浇注 centrifugal pressure casting 02.238

离心涂装 centrifugal enamelling 06.157

离心铸造 centrifugal casting 02.236

离心铸造机 centrifugal casting machine 02.383

*离子氮化 plasma nitriding, ion nitriding, glow-discharge nitriding 05.211

*离子氮化炉 ion-nitriding [vacuum] furnace 05.333

离子镀 ion plating 06.246

离子渗氮 plasma nitriding, ion nitriding, glow-discharge nitriding 05.211

离子渗硼 ion boriding 05.222

离子渗碳 ion carburizing, glow-discharge carburizing 05.200

离子束加工 ion beam machining 08.373

离子碳氮共渗 ion carbonitriding 05.243

离子注入 ion implantation 06.258

理论密度 solid density 07.143

理想刚塑性体 rigid-perfectly plastic body 03.007

理想弹塑性体 elastic-perfectly plastic body 03.008

立方氮化硼 cubic boron nitride, CBN 11.026

立方碳化硅 cubic silicon carbide 11.023

立焊 vertical position welding 04.157

立式测长仪 vertical comparator 09.092

立式车床 vertical lathe 08.174

立式光学比较仪 vertical optical comparator 09.102

*立式光学计 vertical optical comparator 09.102

立式镗床 vertical boring machine 08.196

立式钻床 vertical drilling machine 08.189

立卧分度头 vertical and horizontal dividing head 13.006

立卧工作台 vertical and horizontal table 13.015

立铣刀 end mill 10.116

立铣头 vertical milling head 13.074

立向下焊条 electrode for vertical down position welding 04.061

立柱 column 08.333

粒度 grain size 11.003

粒度级 cut 07.059

粒状贝氏体 granular bainite 05.028

粒状粉 granular powder 07.040

*粒状渗碳体 spheroidized cementite 05.045

*粒状碳化物 spheroidized carbide 05.062

*粒状组织 globular structure 05.008

联锁 interlock 08.297

连接梁 bridge 08.337

连通孔 communicating pore 07.009

连续分度 continuous division 08.284

连续焊 continuous welding 04.029

连续挤压 continuous extrusion 03.180

连续拉床 continuous broaching machine 08.251

*连续模 progressive die 14.029

连续切削 continuous cutting 08.046

连续式混砂机 continuous [sand] mixer 02.296

连续式炉 continuous furnace 05.317

连续铸带机 continuous strip-casting machine 02.389

连续铸锭机 continuous ingot-casting machine 02.388

连续铸管机 continuous pipe-casting machine 02.387

连续铸造 continuous casting 02.241

连续铸造机 continuous casting machine 02.386

链条输送式炉 chain conveyer furnace 05.318

量规 gage 09.064

量具 measuring tool 09.013

量块 gage block 09.056

两次烧结法 double-sinter process 07.101

两相组织 two-phase structure 05.012

两箱造型 two-part molding 02.175

凉干 flash off 06.177

裂纹敏感性 crack sensitivity 04.237

裂纹试验 cracking test 04.238

磷化 phosphatizing 05.260

*磷酸盐处理 phosphatizing 05.260

M

Mf-point 05.020
埋弧焊 submerged arc welding 04.093
埋弧焊机 submerged arc welding machine 04.287
脉冲等离子弧焊 pulsed-plasma arc welding 04.108
脉冲点焊 multiple-impulse welding 04.189
脉冲电镀 pulse plating 06.067
脉冲电弧 pulsed arc 04.153
*脉冲加热淬火 impulse hardening 05.136
脉冲氩弧焊 argon shielded arc welding-pulsed arc 04.088
曼内斯曼效应 Mannesmann effect 03.161
毛坯 blank 01.009
冒口 riser 02.123
冒口根 riser pad 02.132
冒口颈 riser neck 02.131
冒口效率 riser efficiency 02.124
每分钟打击次数 blows per minute 03.257
*弥散电镀 composite plating 06.059
弥散相 dispersed phase 05.051
密封焊缝 seal weld 04.014
密封性检验 leak test 04.245
面板 face plate 13.093
面层 topcoat 06.187
面砂 facing sand 02.062
*明火炉 smith forging furnace 03.244
明冒口 open riser 02.125
模锻 die forging, drop forging 03.080
模锻空气锤 die forging air hammer 03.273
模锻斜度 draft angle 03.085
模具 die, mould 14.001
模具铣刀 die sinking end mill 10.146

模腔挤压液压机 hydraulic hobbing press 03.310
模套 die bolster 07.087
模压淬火 press hardening 05.131
模[样] pattern 02.135
模组 pattern assembly 02.217
磨槽 slot grinding 08.108
磨成形面 form grinding 08.147
磨齿 gear grinding 08.138
磨齿机 gear grinding machine 08.224
磨床 grinding machine 08.200
磨床夹具 fixture for grinding machine 12.024
磨具 grinding tool 11.001
磨孔 hole grinding 08.067
磨粒 grain 11.002
磨料 abrasive 11.007
磨螺纹 thread grinding 08.123
磨平面 surface grinding 08.093
磨前齿轮滚刀 pre-grinding hob 10.209
磨头 mounted point, wheel head 11.043
磨外圆 cylindrical grinding 08.085
磨削 grinding 08.037
磨用虎钳 vice for grinding machine 13.045
磨中心孔 center grinding 08.155
摩擦焊 friction welding 04.180
*莫尔云纹法 moirè method 03.022
墨化剂 graphitizer 02.247
母材 base material 04.002
*母合金 master alloy 02.028
*母合金粉末 master alloyed powder 07.033
母模 master pattern 02.136
幕帘涂装 curtain painting 06.158
目数 mesh number 07.062

N

耐冲击性 impact resistance 06.008
耐回火性 temper resistance 05.151
耐老化性 ageing resistance 06.007
耐磨铸铁 wear resisting cast iron 02.088
耐热性 heat resistance 06.005
耐热铸铁 heat resisting cast iron 02.093
耐蚀铸铁 corrosion resisting cast 02.090
耐酸铸铁 acid resisting cast iron 02.091

耐压检验 pressure test 04.248
难加工材料 material of difficult machining 01.008
内包装 interior package 06.239
内拨顶尖 inside driving center 13.055
内浇道 ingate 02.118
内径百分表 dial bore gage 09.052
内径千分尺 internal micrometer 09.037
内拉床 internal broaching machine 08.249

内冷却麻花钻　twist drill with oil hole　10.162
内冷铁　internal chill　02.160
内燃锤　petro-forge machine　03.276
内热式浴炉　internally heated bath furnace　05.336
内容屑丝锥　machine tap with internal swarf passage　10.196
内旋压　internal spinning　03.219
内圆磨床　internal grinding machine　08.202
逆铣　up milling　08.029
*逆向旋压　spinning reverse　03.210
逆张力拉拔　back tension drawing　03.168
黏结剂　binder　02.043
黏结剂预热器　binder pre-heater　02.305

黏结金属　binder metal　07.004
黏结相　binder phase　07.003
黏土　clay　02.045
啮合误差　meshing error　10.073
凝固　solidification　02.010
凝壳铸造　slush casting　02.242
牛角式浇口　horn gate　02.122
牛头刨床　shaping machine　08.244
扭簧比较仪　torsional spring comparator　09.100
扭曲模　twisting die　14.059
扭转　twisting　03.062
浓差极化　concentration polarization　06.054

P

排屑装置　chip conveyor　08.355
排样　blank layout　03.097
*派登脱处理　patenting　05.141
盘体　chuck body　13.085
盘形插齿刀　disk type cutter, disk gear shaper type cutter　10.218
盘形齿轮铣刀　disk type gear milling cutter, rotary milling cutter for gear cutting　10.147
盘形剃齿刀　rotary shaving cutter　10.225
抛光　polishing　08.042
抛光成形面　form polishing　08.148
抛光平面　surface polishing　08.099
抛光外圆　cylindrical polishing　08.088
抛砂机　sand slinger　02.349
抛丸清理　shot blasting　02.254
抛丸清理机　shot blast machine　02.370
抛物线插补　parabolic interpolation　08.419
跑火　run-out　02.270
配套　forming a complete set　15.005
喷淋防锈　protection by spraying aqueous preventives　06.238
喷淋脱脂　spray degreasing　06.022
喷漆室　spray booth　06.193
*喷枪　thermal spraying gun　06.132
喷熔　spray remolten　06.111
喷砂　sand blasting　06.025
喷砂清理　sand blasting　02.253

喷涂　spray　06.100
*喷涂层　thermal spraying coating　06.117
喷涂防锈　rust prevention by applying liquid material　06.237
喷丸　shot blasting　06.026
喷丸成形　cloud burst treatment forming　03.230
喷雾淬火　fog hardening　05.130
喷吸钻　ejector drilling head　10.165
喷液淬火　spray hardening　05.129
硼化物层　boride layer　05.223
硼铝共渗剂　boroaluminizing medium　05.293
硼砂盐浴渗金属剂　borax bath metallizing medium　05.290
坯件　blank　07.010
皮带锤　belt drop hammer　03.274
偏芯　core raised, core lift　02.277
偏心模　eccentric mandrel　14.087
*片层状珠光体　pearlite　05.073
片状粉　flaky powder　07.039
片状马氏体　plate martensite, twinned martensite　05.032
片状石墨　flake graphite　05.054
*漂芯　core raised, core lift　02.277
平板　surface plate, flat plate　09.023
平板电剪　electric plate shears　15.071
平尺　straightedge　09.022
平底锪钻　flat counterbore　10.171

平锻机 horizontal forging machine, upsetter 03.298

平锻模 upset forging die 14.007

平焊 flat position welding 04.155

平口虎钳 plane-jaw vice 13.040

平面超精加工 surface superfinishing 08.100

平面电解刻印机 surface electrolytic marking machine 08.393

平面磨床 surface grinding machine, plain grinding machine 08.205

平面铣床 surface milling machine, plain milling machine 08.238

平丝板 flat screw die 03.202

平行砂轮 straight wheel 11.028

平直度测量仪 flatness measuring instrument 09.119

＊屏蔽气体 shielding gas 06.130

坡口 groove 04.119

坡口角度 groove angle 04.124

坡口量规 groove gage 09.068

坡口面 groove face 04.123

坡口面角度 bevel angle 04.125

破坏检验 destructive test 04.247

破碎指数 shatter index 02.074

剖切模 parting die 14.052

普通淬火油 conventional quenching oil 05.302

普通机床 general accuracy machine tool 08.164

普通旋压 conventional spinning 03.205

镨钕刚玉 Pr-Nb fused alumina 11.019

Q

起动 start 08.298

起模 stripping 02.206

起模斜度 pattern draft 02.102

启封 unpackaging 06.207

气刨 gouging 04.256

气铲 pneumatic chipping hammer 15.048

气冲剪 pneumatic nibbler 15.061

气淬真空电阻炉 gas-quenching vacuum resistance furnace 05.335

气锉刀 pneumatic file 15.063

气电立焊 electro-gas welding 04.083

气动扳手 pneumatic wrench 15.057

气动除锈器 pneumatic cleaner 15.052

气动工具 pneumatic tool 15.002

气动工作台 pneumatic table 13.024

气动攻丝机 pneumatic tapper 15.058

气动虎钳 pneumatic vice 13.047

气动夹具 pneumatic fixture 12.009

气动卡盘 pneumatic chuck 13.036

气动拉铆机 pneumatic rivet puller 15.050

气动螺丝刀 pneumatic screw driver 15.059

气动落砂机 pneumatic knockout machine 02.368

气动铆钉机 pneumatic riveting hammer 15.049

气动磨光机 pneumatic sander 15.065

气动抛光机 pneumatic polisher 15.055

气动塞规 air plug 09.060

气动砂带机 pneumatic belt sander 15.054

气动砂轮机 pneumatic grinder 15.053

气动压铆机 pneumatic squeeze riveter 15.051

气割 oxygen cutting 04.250

气焊 oxyfuel gas welding 04.112

气焊炬 oxyfuel gas welding torch 04.312

＊气化模铸造 full mold process, evaporative pattern casting 02.234

气剪刀 pneumatic shears 15.060

气锯 pneumatic saw 15.064

＊气螺刀 pneumatic screw driver 15.059

气密性检验 air tight test 04.246

＊气砂轮 pneumatic grinder 15.053

＊气体保护电弧焊 gas metal arc welding, GMAW 04.080

气体保护焊 gas metal arc welding, GMAW 04.080

气体保护弧焊机 gas shielded arc welding machine 04.288

气体氮碳共渗 gas nitrocarburizing 05.246

气体氮碳共渗剂 gas nitrocarburizing medium 05.276

气体硫氮碳共渗剂 sulphonitrocarburizing gas 05.278

气体渗氮 gas nitriding 05.210

气体渗氮剂 gas nitriding medium 05.270

气体渗铬剂 gas chromizing medium 05.287

气体渗硅　gas siliconizing　05.226

气体渗铝剂　gas aluminizing medium　05.285

气体渗硼　gas boriding　05.220

气体渗碳　gas carburizing　05.195

气体渗碳剂　gas carburizer　05.265

气体碳氮共渗　gas carbonitriding　05.241

气体碳氮共渗剂　gas carbonitriding medium
　05.273

气铣刀　pneumatic mill　15.062

气相沉积　vapor deposition　06.241

气相防锈　volatile rust prevention　06.200

气相防锈材料　volatile rust preventive material
　06.229

气相防锈粉剂　volatile rust preventive powder
　06.230

*气相防锈剂　vapor phase inhibitor　06.211

气相防锈片剂　volatile rust preventive pill　06.231

气相防锈水剂　aqueous volatile rust preventive
　06.232

气相防锈油　volatile rust preventive oil　06.233

气相防锈纸　volatile rust preventive paper　06.234

气相缓蚀剂　vapor phase inhibitor　06.211

气压成形　pneumatic forming　03.141

气压浇注机　pressure pouring unit　02.332

气钻　pneumatic drill　15.056

牵引式炉　drawing furnace　05.324

钎焊　brazing, soldering　04.199

钎焊性　brazability, solderability　04.202

钎剂　brazing flux, soldering flux　04.073

钎料　brazing alloy, soldering alloy　04.070

铅浴淬火　lead bath hardening　05.133

千分表　dial indicator　09.054

千分尺　micrometer　09.031

钳口板　jaw plate　13.091

钳口宽度　width of jaw　13.050

钳身　vice body　13.089

前角　tool orthogonal rake　10.060

前面　face　10.016

前面垂直力　tool face perpendicular force　10.089

前面截形　face profile　10.026

前面切向力　tool face tangential force　10.088

浅孔钻　short-hole drill　10.153

浅拉深　shallow recessing, shallow drawing　03.119

欠烧　undersintering　07.109

欠速淬火　slack quenching　05.119

欠装法　underfill system　07.078

枪孔铰刀　gun reamer　10.179

强力吸盘　powerful electromagnetic chuck　13.065

*强力旋压　power spinning, spinning with reduction
　03.213

敲模　rapping　02.201

桥式锤　bridge-type hammer　03.266

切边模　trimming die　14.018

切出量　overtravel, overrun　08.012

切顶齿廓　topping tooth profile　10.069

切断　cutting off　08.158

切断模　cutting-off die　14.055

切割　cutting　03.063

切割速度　cutting speed　04.263

切割氧　cutting oxygen　04.262

切口　kerf　04.264

切口宽度　kerf width　04.265

切口模　notching die　14.050

切入量　approach　08.011

切舌模　lancing die　14.051

切向剃齿　underpass shaving, right angle feed shaving
　08.134

切削　cutting　08.024

切削部分　cutting part　10.012

切削层　cutting layer　10.100

切削导锥角　cutting bevel lead angle　10.066

切削功率　cutting power　10.094

切削加工工艺　cutting technology　08.025

切削力　cutting force　08.019

切削能　cutting energy　10.090

切削扭矩　cutting torque　10.103

切削平面　tool cutting edge plane　10.050

切削热　heat in cutting　08.020

切削刃　cutting edge　10.028

切削刃钝圆半径　rounded cutting edge radius
　10.043

切削刃选定点　selected point on the cutting edge
　10.034

切削深度　depth of cut　08.016

切削速度　cutting speed　08.014

切削温度　cutting temperature　08.021

切削液　cutting fluid　08.022

切削用量　cutting condition, cutting parameter　08.013

切削锥角　taper lead angle　10.065

切屑厚度压缩比　chip thickness compression ratio　10.085

青铜　bronze　02.098

氢还原氧　hydrogen-reducible oxygen　07.055

氢损　hydrogen loss　07.054

氢氧焊　oxy-hydrogen welding　04.114

氢氧焰　oxy-hydrogen flame　04.116

倾斜焊　inclined position welding　04.160

倾注浇注机　tilting-ladle pouring unit　02.330

清铲　chipping　02.261

清砂　cleaning　02.255

清洗　cleaning　06.013

*氰化　cyaniding　05.242

球化体　spheroidite　05.076

球化退火　spheroidizing annealing　05.096

球磨粉　ball milled powder　07.023

球墨铸铁　spheroidal graphite cast iron, modular graphite cast iron　02.081

球形混砂机　spheroidal bowl mixer　02.303

球形磨头　spherical mounted point　11.048

球状粉　spheroidal powder　07.043

球状渗碳体　spheroidized cementite　05.045

球状石墨　spheroidal graphite　05.055

球状碳化物　spheroidized carbide　05.062

*球状珠光体　spheroidite　05.076

球状组织　globular structure　05.008

趋近　approach　08.272

曲柄压力机　crank press　03.285

曲线齿锥齿轮铣刀　spiral bevel gear cutter　10.150

去极化　depolarization　06.045

去毛刺　deburring　08.152

*去氢退火　hydrogen-relief annealing　05.097

去应力退火　stress relief annealing　05.102

全氧　total oxygen by reduction-extraction　07.056

缺口磨损　notch wear, notching　10.107

缺陷　defect　01.028

R

*燃料炉　flame furnace　03.243

让刀　cutter relieving　08.278

热成形　hot working　03.094

热处理　heat treatment　05.001

热处理工艺周期　thermal cycle　05.093

热处理夹具　fixture of heat treatment　12.016

热处理炉　heat treatment furnace　05.310

热处理设备　heat treatment installation　05.309

热等静压制　hot isostatic pressing　07.122

热锻　hot forging　03.040

热风冲天炉　hot blast cupola　02.314

热复压　hot re-pressing　07.114

*热固化　hot polymerization drying　06.181

热固树脂黏结剂　thermosetting resin binder　02.052

热固性塑料模　mould for thermosets　14.090

热固性塑料注射模　injection mould for thermosets　14.095

*热机械处理　thermomechanical treatment　05.168

热挤[压]　hot extrusion　03.183

热挤压模　hot extruding die　14.071

热剂反应　thermit reaction　04.118

热剂焊　thermit welding　04.117

热浸镀　hot dipping　06.063

热聚合干燥　hot polymerization drying　06.181

热裂纹　hot crack　04.229

热喷涂　thermal spraying　06.101

[热喷涂]保护气体　shielding gas　06.130

热喷涂材料　thermal spraying material　06.123

热喷涂机床　machine tool for thermal spraying　06.135

[热喷涂]弥散强化材料　diversion strengthened coating material　06.125

热喷涂枪　thermal spraying gun　06.132

[热喷涂]涂层　thermal spraying coating　06.117

热气流烘砂装置　hot pneumatic tube drier　02.284

热切割　thermal cutting　04.249

热熔敷涂装　hot melt painting　06.160

热砂　hot sand　02.068

热室压铸机　hot chamber die casting machine　02.377

热塑性塑料模 mould for thermoplastics 14.089

热塑性塑料注射模 injection mould for thermoplastics 14.094

热涂型防锈脂 rust preventive grease for hot application 06.216

热芯盒法 hot box process 02.172

热压 hot-pressing 07.119

热压焊 hot pressure welding, HPW 04.177

热影响区 heat affected zone, HAZ 04.004

热装 shrinkage fitting 15.009

人工时效处理 artificial ageing treatment 05.160

人造磨料 artificial abrasive 11.008

刃带宽 land width of the flank 10.042

刃口崩损 [edge] chipping 10.108

刃倾角 tool cutting edge inclination angle 10.063

*刃倾角丝锥 spiral pointed tap 10.191

熔池 molten pool, puddle 04.138

熔敷金属 deposited metal 04.140

熔敷速度 deposition rate 04.143

熔敷系数 deposition coefficient 04.142

熔敷效率 deposition efficiency 04.141

熔合区 fusion zone 04.005

熔合线 weld interface 04.006

*熔化 melting 02.006

熔[化]焊 fusion welding 04.075

熔化电极 consumable electrode 04.064

熔化极惰性气体保护焊 metal inert-gas welding 04.086

熔化极脉冲氩弧焊 gas metal arc welding-pulsed arc 04.090

熔剂 flux 02.030

熔浸 infiltration 07.012

熔炼 melting 02.006

熔炼焊剂 fused flux, sintered flux 04.068

熔模 fusible pattern 02.214

熔模铸造 investment casting, lost wax casting 02.210

熔深 depth of fusion 04.132

熔蚀 erosion 04.220

*熔透法 penetration welding 04.111

熔透型焊接法 penetration welding 04.111

熔盐渗硼剂 bath boronizing medium 05.282

熔渣 slag 04.044

溶度积 solubility product 06.053

溶剂稀释型防锈油 solvent cut back rust preventive oil 06.217

溶剂型涂料 solvent coating 06.140

溶解度 solubility 06.051

容积装粉法 volume filling 07.075

柔性加工自动线 flexible machining line, FML 08.263

柔性模 flexible die 14.039

柔性制造单元 flexible manufacturing cell, FMC 08.264

柔性制造系统 flexible manufacturing system, FMS 08.404

蠕变成形 creep forming 03.234

蠕墨铸铁 vermicular cast iron 02.082

乳化 emulsification 06.052

乳化剂 emulsifying agent 06.080

乳化型防锈油 rust preventive emulsion 06.218

*软氮化 salt bath nitrocarburizing 05.245

软点 soft spots 05.182

软模成形 flexible die forming 03.139

软钎焊 soldering 04.201

软钎料 solder 04.072

S

塞尺 feeler 09.042

塞规 plug gage 09.059

塞焊 plug weld 04.100

塞砂 tucking 02.198

三次渗碳体 tertiary cementite 05.044

三角油石 equilateral triangular stone 11.052

三面刃铣刀 side milling cutter 10.134

三维测头 three dimensional probe, 3-D probe 09.091

三箱造型 three-part molding 02.176

三元碳化物 double carbide 05.063

三针 three needles 09.046

散装密度 bulk density 07.046

*砂处理 sand preparation 02.057

砂床　bed　02.158

砂带　abrasive band, abrasive belt　11.059

砂带磨床　abrasive belt grinding machine　08.208

砂钩　gagger　02.173

砂块破碎机　sand lump breaker　02.290

砂轮　grinding wheel　11.027

砂瓦　segment of grinding wheel, grinding segment　11.058

砂温调节器　sand temperature modulator　02.304

砂箱　flask　02.150

砂型　sand mold　02.152

砂型烘干　mold drying　02.186

砂型铸造　sand casting process　02.008

砂眼　sand inclusion　02.282

筛分析　sieve analysis　07.060

筛孔径　mesh size　07.061

筛砂机　riddle　02.289

筛上粉　plus sieve　07.063

筛下粉　minus sieve　07.064

闪镀　flash　06.065

闪光对焊　flash welding　04.185

闪光对焊机　flash welding machine　04.300

扇形包　sector pouring ladle　02.327

扇形砂瓦　sector segment　11.061

上贝氏体　upper bainite　05.026

上传动压力机　top-drive press　03.283

上料　loading　08.276

上马氏体点　martensite start temperature, Ms-point　05.018

上下料装置　loader and unloader　08.349

*上箱　cope　02.154

上型　cope　02.154

烧穿　burn-through　04.224

烧结　sintering　07.094

[烧结]弥散强化材料　dispersion strengthened material　07.141

烧结电触头材料　sintered electrical contact material　07.137

烧结锻造　sinter forging　07.118

烧结钢　sintered steel　07.129

烧结焊剂　agglomerated flux　04.069

烧结后处理　post-sintering treatment　07.112

烧结减摩材料　sintered antifriction material　07.131

烧结结构零件　sintered structural part　07.130

烧结金属过滤器　sintered metal filter　07.134

烧结颈形成　neck formation　07.111

烧结密度　sintered density　07.145

烧结摩擦材料　sintered friction material　07.133

*烧结黏砂　burn-on　02.273

烧结气氛　sintering atmosphere　07.095

烧结软磁材料　sintered soft magnetic material　07.135

烧结铁　sintered iron　07.128

烧结硬磁材料　sintered hard magnetic material　07.136

少切屑加工　partial chipless machining　01.005

少无氧化加热　scale-less or free heating　03.240

射线探伤　radiographic inspection　04.243

射芯机　core shooter　02.354

射压造型机　shoot-squeeze molding machine　02.348

深度游标卡尺　depth vernier calliper　09.027

深孔镗床　deep-hole drilling and boring machine　08.199

深孔钻床　deep-hole drilling machine　08.192

深拉深　deep drawing　03.120

深熔焊　deep penetration welding　04.161

渗补　impregnation　02.264

渗氮　nitriding　05.208

[渗氮]白亮层　nitride layer, white layer　05.215

渗氮剂　nitriding medium　05.267

渗氮气氛　nitriding atmosphere　05.297

渗钒　vanadizing　05.233

渗铬　chromizing　05.230

渗硅　siliconizing　05.224

渗硅剂　siliconizing medium　05.288

渗金属　diffusion metallizing　05.228

渗硫　sulphurizing　05.227

渗铝　aluminizing　05.229

渗铝剂　aluminizing medium　05.283

渗锰　manganizing　05.235

渗镍　nickelizing　05.238

渗硼　boriding　05.217

渗硼剂　boriding medium　05.279

渗铍　berylliumizing　05.237

渗钛　titanizing　05.232

渗碳 carburizing 05.191

渗碳层 carburized case 05.205

渗碳剂 carburizer 05.261

渗碳气氛 carburizing atmosphere 05.296

渗碳体 cementite 05.041

渗碳体层 cementite lamella 05.048

*渗碳体片 cementite lamella 05.048

渗碳体网 cementite network 05.047

渗锑 antimonizing 05.236

*渗透黏砂 metal penetration 02.272

渗钨 tungstenizing 05.234

渗锌 sherardizing 05.231

生产线 production line 08.259

*生坯 compact, green compact 07.070

生铁 pig iron 02.025

生长 growth 02.013

升降台铣床 knee type milling machine 08.241

*失蜡铸造 investment casting, lost wax casting 02.210

失模铸造 lost pattern casting 02.211

湿袋压制 wet bag pressing 07.124

湿膜厚度 thickness of wet film 06.191

湿[砂]型 green sand mold 02.184

十字接头 cross shaped joint 04.023

石膏模 plaster pattern 02.139

石膏型造型 plaster molding 02.240

石墨 graphite 05.053

石墨球 graphite spherule, graphite spheroid 05.057

石墨球化处理 nodularizing treatment of graphite 02.246

时效 ageing 05.157

时效处理 ageing treatment 05.158

实型铸造 full mold process, evaporative pattern casting 02.234

示值稳定性 stability of display 09.012

适应控制 adaptive control 08.407

适应控制机床 adaptive control machine tool 08.172

室式炉 batch-type furnace 03.246

铈碳化硅 cerium silicon carbide 11.024

试装 trial assembly 15.012

手持式电动坡口机 hand-held electric beveller 15.080

手动 manual operating 08.294

手动补偿 manual compensation 08.287

手动夹具 manual fixture 12.008

手动进给 manual feed 08.269

手锻炉 smith forging furnace 03.244

手工工具 manual tool 15.001

手工焊 manual welding 04.078

手工刷涂 manual brushing 06.151

手工造型 hand molding 02.197

手锯 hand saw 15.036

手用铰刀 hand reamer 10.173

梳齿刀 rack type gear shaper cutter 10.223

梳螺纹 thread chasing 08.115

梳式松砂机 blade aerator 02.307

疏松 porosity 02.279

树枝状粉 dendritic powder 07.037

树枝状组织 dendritic structure 05.005

树脂黏结剂 resin binder 02.050

*树状晶 dendrite 02.016

*数控 numerical control, NC 08.408

数控分度头 numerical control dividing head, NC dividing head 13.010

数控工作台 numerical control table, NC table 13.022

数控机床 numerical control machine tool, NC machine tool 08.171

数控切割 numerical control cutting 04.258

数控切割机 numerical control cutting machine, NC cutting machine 04.320

数控系统 numerical control system 08.421

数显分度头 digital display dividing head 13.009

数显工作台 digital display rotary table 13.021

数值控制 numerical control, NC 08.408

*数值控制机床 numerical control machine tool, NC machine tool 08.171

刷镀 brush plating 06.084

刷水 swabbing 02.200

双冲头压铸 ACURAD die casting, accurate rapid dense die casting 02.229

双点压力机 two point press 03.289

双电层 electric double layer 06.049

双动压力机 double action press 03.287

双动液压机 double action hydraulic press 03.303

T

胎模　loose tooling　14.025

胎模锻　loose tooling forging　03.084

*抬刀　cutter relieving　08.278

*抬箱　cope raise　02.265

抬型　cope raise　02.265

台车式炉　bogie hearth furnace, car bottom furnace　05.313

台虎钳　bench vice　15.041

台式车床　bench lathe　08.185

台式钻床　bench-type drilling machine　08.188

钛钙型焊条　titania calcium electrode　04.050

钛铁矿型焊条　ilmenite electrode　04.049

弹簧锤　spring power hammer　03.277

弹性后效　spring back　07.073

弹性套　elastic sleeve　13.095

碳氮共渗　carbonitriding　05.240

碳氮共渗剂　carbonitriding medium　05.271

碳化硼　boron carbide　11.025

碳化物　carbide　05.058

ε碳化物　ε-carbide　05.059

χ碳化物　χ-carbide, Hagg carbide　05.060

碳化物层　carbide lamella　05.066

*碳化物片　carbide lamella　05.066

碳化物网　carbide network　05.065

碳势　carbon potential　05.204

*碳位　carbon potential　05.204

羰基粉　carbonyl powder　07.019

镗槽　slot boring　08.107

镗床　boring machine　08.194

镗床夹具　fixture for boring machine　12.020

镗刀　boring tool　10.181

*镗孔　boring　08.060

镗头　boring head　13.075

镗削　boring　08.060

镗削切端面　boring and facing　08.078

陶瓷涂层　ceramic coating　06.119

套管接头　sleeve joint　04.025

套料钻　trepanning drill　10.164

套螺纹　thread die cutting　08.122

套式插齿刀　arbor type cutter　10.220

套式铰刀　shell reamer　10.177

套式扩孔钻　shell core drill　10.167

套式立铣刀　shell end mill　10.119

套丝机　die head threading machine　08.231

特形插齿刀　gear shaper cutter for special profile　10.221

特形拉刀　broach for special profile, contour broach　10.205

特种加工工艺　non-traditional machining　08.357

特种加工机床　non-traditional machine tool　08.376

特种铸造　special casting process　02.009

梯形砂瓦　trapezium segment　11.062

体积不变条件　constancy of volume, incompressibility　03.020

体积成形　bulk forming　03.092

剃齿　gear shaving　08.132

剃齿刀　gear shaving cutter　10.224

剃齿机　gear shaving machine　08.221

剃前滚刀　pre-shaving hob　10.215

天然磨料　natural abrasive　11.009

天然型砂　natural molding sand　02.038

*填充砂　backing sand　02.063

填砂　sand-filling　02.202

条料　sheared strip　03.037

调漆　paint mixing　06.148

调整　adjustment　08.296

调质　quenching and tempering　05.154

跳齿分度　jumping division　08.282

跳焊　skip sequence　04.168

跳牙丝锥　interrupted thread tap　10.192

铁粉焊条　iron powder electrode　04.058

铁合金　ferro-alloy　02.026

铁素体　ferrite　05.067

α铁素体　α-ferrite　05.068

δ铁素体　δ-ferrite　05.069

铁素体层　ferrite lamellae　05.072

铁素体可锻铸铁 ferritic malleable cast iron 02.086

铁素体网 ferrite network 05.071

停止 stop 08.299

通用机床 general purpose machine tool 08.160

通用夹具 universal fixture 12.003

通用量仪 universal measuring instrument 09.090

通用模 universal die 14.033

同廓式拉削 profile broaching 08.053

筒形变薄旋压 tube spinning, flow forming 03.215

筒形砂轮 cylinder wheel 11.039

头数 number of thread, number of start 10.072

头罩 helmet, head shield 04.283

透淬 through-hardening 05.120

透气砂芯 pencil core 02.130

*透热淬火 through-hardening 05.120

凸凹模 punch-matrix 14.080

凸半圆铣刀 convex milling cutter 10.129

凸焊 projection welding 04.194

凸焊机 projection welding machine 04.297

凸角 protuberance 10.071

凸模 punch 14.078

涂层 coat 06.183

涂层刀具 coated tool 10.009

涂底漆 priming 06.145

涂料 coating products 06.137

涂面漆 topcoating 06.146

涂膜 film 06.184

涂膜硬度 hardness of film 06.189

涂装 painting 06.138

涂装环境 painting environment 06.192

团粒 agglomerate 07.015

团絮状石墨 temper carbon 05.056

推槽 slot push broaching 08.106

推刀 push broach 10.200

推杆式炉 pusher furnace 03.247

推孔 hole push broaching 08.065

推力 thrust force 10.082

推削 push broaching 08.033

退氮 denitriding 05.214

退刀 tool retracting 08.273

退镀 platy stripping 06.076

退火 annealing 05.094

*退火碳 temper carbon 05.056

托盘 pallet 08.354

托氏体 troostite, tempered martensite 05.075

*脱氮 denitriding 05.214

脱蜡 dewaxing 02.218

脱落式芯盒 troughed core box 02.146

脱模 ejection 07.084

*脱模剂 parting agent 02.055

脱膜 stripping 06.097

脱溶物 precipitate 05.049

脱碳 decarburization 05.181

脱箱 snap flask 02.151

脱箱造型 removable flask molding 02.178

脱箱造型机 removable flask molding machine 02.335

脱脂 degreasing 06.017

椭圆锥磨头 ellipse cone mounted point 11.046

W

外包装 exterior package 06.240

外拨顶尖 outside driving center 13.056

外观检查 visual examination 04.241

*外浇口 pouring basin 02.113

外径千分尺 outside micrometer 09.032

外拉床 external broaching machine 08.248

外冷铁 external chill 02.161

外圆磨床 external cylindrical grinding machine 08.201

弯曲 bending 03.060

弯曲模 bending die 14.056

丸砂分离器 shot-sand separator 02.371

完全合金化粉 completely alloyed powder 07.030

完全退火 full annealing 05.098

*碗形混砂机 spheroidal bowl mixer 02.303

碗形砂轮 taper cup wheel 11.041

万能测长仪 universal comparator 09.093

万能测齿仪 universal gear tester 09.096

万能测角仪 universal goniometer 09.095

万能分度头 universal dividing head 13.003

万能角度尺 universal bevel protractor 09.039

万能镗头 universal boring head 13.076

万能铣头 universal milling head 13.073

万向电钻 all-direction electric drill 15.068

*网状铁素体 ferrite network 05.071

往程旋压 spinning toward open end 03.209

微晶刚玉 microcrystalline fused alumina 11.016

微束等离子弧焊 micro-plasma arc welding 04.107

微束等离子弧焊机 micro-plasma arc welding machine 04.290

微调镗刀头 fine-adjustable boring head 10.183

微振压实造型 vibratory squeezing molding 02.195

微振压实造型机 vibratory squeezer 02.346

*维德曼施泰滕组织 Widmanstätten structure 05.014

维氏组织 Widmanstätten structure 05.014

*伪渗碳 blank carburizing 05.207

尾座 tailstock 08.327

未焊满 incompletely filled groove 04.227

未焊透 incomplete joint penetration 04.218

未浇满 pour short 02.271

未钎透 incomplete penetration in brazed joint 04.219

未熔合 incomplete fusion, lack of fusion 04.221

*魏氏组织 Widmanstätten structure 05.014

*位错马氏体 lath martensite 05.031

位置量规 gage for measuring position 09.075

温成形 warm working 03.095

温锻 warm forging 03.041

温挤[压] warm extrusion 03.182

稳定化处理 stabilizing treatment 05.167

稳定化退火 stabilizing annealing 05.104

稳定气体 stabilizing gas 06.131

稳弧剂 arc stabilizer 04.043

蜗轮滚刀 worm gear hob, worm wheel hob 10.213

蜗轮剃齿刀 worm shaving hob, worm wheel shaving cutter 10.226

涡流探伤 eddy current testing 04.244

卧式阿贝比较仪 horizontal Abbe comparator 09.104

*卧式测长仪 universal comparator 09.093

卧式车床 center lathe 08.175

卧式光学比较仪 horizontal optical comparator 09.103

*卧式光学计 horizontal optical comparator 09.103

卧式烘砂滚筒 horizontal barrel 02.283

卧式离心铸造机 horizontal centrifugal casting machine 02.384

卧式铣镗床 horizontal milling and boring machine 08.197

卧式钻床 horizontal drilling machine 08.191

钨极惰性气体保护焊 gas tungsten arc welding, GTAW 04.085

钨极惰性气体保护焊炬 GTAW torch 04.315

钨极脉冲氩弧焊 gas tungsten arc welding-pulsed arc 04.089

无导向模 guidless die 14.030

*无飞边模锻 no-flash die forging 03.082

无机黏结剂 inorganic binder 02.044

无模拉拔 dieless drawing 03.167

无损检验 non-destructive testing 04.239

无箱造型 flaskless molding 02.177

无屑加工 chipless machining 01.004

无心磨床 centerless grinding machine 08.203

无氧化加热炉 anti-oxidation heater 03.251

*无砧座锤 counter-blow hammer 03.275

雾化 atomization 06.128

雾化粉 atomized powder 07.018

物理气相沉积 physical vapor deposition, PVD 06.242

X

*析出强化 precipitation hardening 05.155

*析出物 precipitate 05.049

*析出硬化 precipitation hardening 05.155

吸盘 magnetic chuck 13.059

铣槽 slot milling 08.102

铣成形面 form milling 08.145

铣齿 gear milling 08.128

铣床 milling machine 08.233

铣床夹具 fixture for milling machine 12.019

铣刀 milling cutter 10.115

铣夹头　milling chuck　13.071

铣孔　hole milling　08.063

铣螺纹　thread milling　08.116

铣平面　plain milling　08.091

铣头　milling head　13.072

铣头体　body of milling head　13.096

铣外圆　cylindrical milling　08.084

铣削　milling　08.027

铣钻床　milling and drilling machine　08.193

细齿锯片铣刀　metal slitting saw with fine teeth　10.127

细化晶粒热处理　structural grain refining　05.109

细晶超塑成形　fine-crystal superplastic forming　03.232

细针马氏体　fine martensite　05.034

下贝氏体　lower bainite　05.027

下传动压力机　under-drive press　03.284

下料　unloading　08.277

下马氏体点　martensite finish temperature, Mf-point　05.020

*下箱　drag　02.155

下芯机　core setter　02.362

下芯夹具　core jig　02.148

下芯样板　core setting template, core setting gage　02.147

下型　drag　02.155

*先共晶渗碳体　proeutectic cementite　05.042

*先共析渗碳体　proeutectoid cementite　05.043

*先共析渗碳体网　cementite network　05.047

*先共析碳化物　proeutectoid carbide　05.061

*先共析碳化物网　carbide network　05.065

先共析相　proeutectoid phase　05.040

纤维状粉　fibrous powder　07.038

*显微缩松　porosity　02.279

线爆喷涂　wire explosion spraying　06.107

线材　wire　03.038

线材输送装置　wire feeder device　06.134

相　phase　05.017

相变超塑成形　phase-changing superplastic forming　03.233

相变点　transformation temperature, critical point　05.019

相变应力　transformation stress　05.175

σ相脆性　σ-embrittlement　05.177

相对测量　relative measurement　09.002

相对密度　relative density　07.142

相界面　interphase boundary　05.086

镶齿三面刃铣刀　side milling cutter with inserted blades　10.131

镶齿套式面铣刀　face milling cutter with inserted blades　10.132

镶齿铣刀　inserted blade milling cutter　10.118

镶块锻模　inserted forging die　14.008

镶块式模　insert die　14.038

镶片齿轮滚刀　gear hob with inserted blades　10.208

镶硬质合金顶尖　carbide-tipped center　13.054

镶铸法　insert process　02.230

箱式淬火炉　sealed box type quenching furnace　05.328

*箱式炉　batch-type furnace　03.246

橡胶冲模　rubber die　14.041

橡皮成形　rubber pad forming　03.142

橡皮冲裁　rubber pad blanking, rubber die blanking　03.101

橡皮拉深　rubber pad drawing　03.117

*橡皮模　rubber die　14.041

削平型直柄立铣刀　end mill with flatted parallel shank　10.133

削窄前面　reduced face　10.019

削窄前面宽度　width of reduced face　10.046

消除白点退火　hydrogen-relief annealing　05.097

消除应力裂缝　stress relief crack　04.235

*消失模铸造　full mold process, evaporative pattern casting　02.234

楔横轧　cross wedge rolling, transverse rolling　03.157

楔角　wedge angle　10.061

楔块扩孔　expanding with a wedge blocks　03.058

楔心套　wedge-catch system　13.088

斜齿插齿刀　helical type gear shaper cutter　10.222

斜齿轮单面啮合检查仪　single flank gear rolling tester　09.116

斜轧　skew rolling, helical rolling　03.158

芯棒　core rod　07.090

芯骨　core rod　02.163

芯盒　core box　02.145

＊芯模　former, mandrel, chuck　14.084

芯砂　core sand　02.037

芯头　core print　02.164

＊芯轴扩孔　saddle forging　03.057

芯[子]　core　02.162

芯座　core print　02.165

锌基合金模　zinc alloy die　14.044

T型槽铣刀　T-slot cutter　10.139

V型虎钳　V-type jaw vice　13.041

型漏　run-out　02.275

型腔　mold cavity　02.153

型腔冷挤压　cold extrusion of die cavity, cold hobbing　03.178

型砂　molding sand　02.036

型砂制备　sand preparation　02.057

型芯撑　chaplet　02.166

形变马氏体　strain-induced martensite　05.038

形变热处理　thermomechanical treatment　05.168

形变时效　strain ageing　05.161

＊形变诱发马氏体　strain-induced martensite　05.038

＊形核　nucleation　02.012

T形接头　T-joint　04.021

修型　patching　02.207

修形齿廓　profile modification, modified tooth profile　10.068

修圆刀尖　rounded corner　10.032

修整补偿　correcting compensation　08.288

锈　rust　06.195

悬臂　overhanging rail, cantilever　08.335

悬臂刨床　open-side planing machine, planing machine with a single column　08.245

悬臂分度头　arm type dividing head　13.007

悬臂式铣床　open-side type milling machine　08.236

悬浮剂　suspending agent　02.056

旋风切螺纹　thread whirling　08.117

旋风切削　whirling　08.048

旋轮　spinning roller, spin roller　03.222

旋涡研磨粉　eddy mill powder　07.024

旋压　spinning　03.204

旋压机　spinning machine, spinning lathe　03.325

旋压模　former, mandrel, chuck　14.084

＊旋转锻造　radial forging　03.226

Y

压边浇口　lip runner　02.121

压焊　pressure welding　04.175

压痕　indentation　03.066

压肩　necking　03.065

压力机　press　03.278

压力冒口　pressure riser　02.128

压力铸造　die casting　02.223

压力铸造模具　die casting die　14.081

压模　tool set　07.085

压坯　compact, green compact　07.070

压钳口　tongs hold, bar hold　03.069

压射缸　injection cylinder　02.380

压射机构　injection mechanism　02.378

压射室　injection chamber　02.379

压实　squeezing ramming　02.205

压实造型机　squeeze molding machine　02.340

压缩比　compression ratio　07.053

压缩量　reduction　03.078

压缩模　compression mould　14.091

压缩性　compressibility, compactivity　07.050

压缩性曲线　compactibility curve　07.052

压下系数　coefficient of draught　03.151

压型　pattern die　02.213

压印　coining　03.126

压印模　coining die　14.015

压制　pressing　07.069

压制熔模　fusible pattern injection　02.212

＊压铸　die casting　02.223

压铸机　die casting machine　02.375

＊压铸模　die casting die　14.081

压铸型　die casting die　02.224

压装　press fitting　15.008

＊亚结构　substructure　05.015

亚晶界　subgrain boundary　05.084

亚晶粒　subgrain　05.080

亚温淬火　intercritical hardening　05.121

*圆丝板 round screw die 03.203
圆筒拉深 cup drawing 03.118
圆形吸盘 circular magnetic chuck 13.063
圆形油石 round stone 11.056
圆柱磨头 cylindrical mounted point 11.044
圆柱形球头立铣刀 cylindrical ball-nosed end mill

cutter 10.120
圆柱形铣刀 cylindrical milling cutter 10.121
圆锥铰刀 taper reamer 10.178
圆锥量规 taper gage 09.076
圆锥塞规 plug cone gage 09.071
孕育铸铁 inoculated cast iron 02.080

Z

再结晶 recrystallization 05.082
再结晶退火 recrystallization annealing 05.103
在线测量 on-line measurement 09.009
在线检测装置 on-line measuring device 09.134
[暂时]防锈 temporary rust prevention 06.196
錾子 chisel 15.030
*造芯 core making 02.005
造型 molding 02.004
造型材料 molding material 02.032
*造型混合料 molding sand 02.036
造型机 moulding machine 02.334
造型机组 molding unit 02.358
造型生产线 molding line 02.357
轧齿 gear rolling 08.141
轧辊 roller 03.155
轧机 rolling mill 03.324
轧制 rolling 03.147
窄间隙焊 narrow gap welding 04.095
辗轮混砂机 muller, roller mill 02.297
展成法 generating method 08.127
展宽 spreading 03.150
展宽系数 coefficient of spread 03.153
胀砂 swell 02.266
胀形 bulging 03.133
胀形模 bulging die 14.064
胀形系数 bulge coefficient 03.146
罩光 glazing 06.149
罩式炉 bell-type furnace 05.315
折边模 folding die 14.057
真空成形 vacuum forming 03.145
真空淬火油 vacuum quenching oil 05.305
真空回火 vacuum tempering 05.149
真空夹具 vacuum fixture 12.014
真空离子渗氮炉 ion nitriding [vacuum] furnace

05.333
真空离子渗碳炉 ion carburizing vacuum furnace
05.332
*真空密封造型 vacuum sealed molding 02.192
真空热处理 vacuum heat treatment 05.171
真空渗碳 vacuum carburizing 05.197
真空退火 vacuum annealing 05.105
真空吸盘 vacuum chuck 13.066
真空吸铸 suction casting 02.233
真空吸铸机 suction pouring machine 02.392
真空压铸 evacuated die casting 02.227
真空硬钎焊 vacuum brazing 04.212
针孔 subsurface pinhole, pinhole 02.281
针状粉 acicular powder 07.035
*针状马氏体 plate martensite, twinned martensite
05.032
针状组织 acicular structure 05.007
振底炉 shock bottom furnace 03.249
振动沸腾烘砂装置 vibrating fluidized drier 02.285
振动剪 nibbling shear 03.319
振动落砂机 vibratory shake-out machine 02.366
振动台 vibrating table 02.343
振动造型机 vibratory molding machine 02.342
振实 jolt ramming 02.204
振实密度 tap density 07.047
振实造型机 jolt molding machine 02.344
振压造型机 jolt squeezer 02.345
蒸汽－空气模锻锤 steam-air die forging hammer
03.269
蒸汽－空气自由锻锤 steam-air forging hammer
03.268
蒸汽处理 steam treatment 05.259
整平剂 leveling agent 06.079
整体模 one-piece pattern 02.141

整体热处理 bulk heat treatment 05.089

整体式模 solid die 14.035

整形 sizing 07.115

整形模 sizing die 14.065

整修模 shaving die 14.053

正方珩磨油石 square honing stone 11.053

正方油石 square stone 11.050

正火 normalizing 05.110

正挤压 forward extrusion, direct extrusion 03.173

正挤压模 forward extruding die 14.073

正弦规 sine bar 09.079

正旋压 forward flow forming 03.216

枝晶间空间 interdendritic space 05.087

*枝晶组织 dendritic structure 05.005

枝[状]晶 dendrite 02.016

织构 texture 05.088

直柄T型槽铣刀 T-slot milling cutter with parallel shank 10.138

直柄超长麻花钻 extra long parallel shank twist drill 10.160

直柄铰刀 straight shank reamer 10.175

直柄扩孔钻 core drill with parallel shank 10.168

直柄立铣刀 end mill with parallel shank 10.117

直柄麻花钻 parallel shank twist drill 10.155

直柄铣刀 milling cutter with parallel shank 10.144

直齿锥齿轮粗切机 straight bevel gear rougher 08.213

直齿锥齿轮拉齿机 straight bevel gear broaching machine 08.216

直齿锥齿轮刨齿机 straight bevel gear planing machine, straight bevel generator 08.214

直齿锥齿轮铣齿机 straight bevel gear milling machine 08.215

直齿锥齿轮展成铣刀 circular interlocked cutter for straight bevel gear cutting 10.149

*直尺 straightedge 09.022

直观塑性法 visioplasticity method 03.019

直浇道 sprue 02.116

直角尺 mechanical square 09.043

直接淬火冷却 direct hardening 05.206

直流弧焊发电机 direct current arc welding generator 04.306

直线插补 linear interpolation 08.417

指形齿轮铣刀 gear cutting end mill 10.148

止规 not go gage 09.063

置换型防锈油 displacing type rust preventive oil 06.219

制粒 granulation 07.067

制坯辊锻 preforming roll forging 03.163

制芯 core making 02.005

*制芯混合料 core sand 02.037

制芯机 core machine 02.353

中齿锯片铣刀 metal slitting saw with medium teeth 10.135

中间层 intermediate coat 06.186

中间合金 master alloy 02.028

中间合金粉 master alloyed powder 07.033

中间库防锈 rust prevention in interstore 06.198

中间退火 process annealing 05.101

中温回火 medium-temperature tempering 05.146

中心架 center rest 08.331

中心孔 center hole 08.007

中心压实法 JTS forging 03.070

中心钻 center drill 10.163

中性蜡纸 neutral waxed paper 06.222

中性气氛 neutral atmosphere 07.097

终锻 finish-forging 03.087

重合金 heavy metal 07.138

重力焊 gravity feed welding 04.096

重力焊条 gravity electrode 04.059

重力输送式炉 gravity feed furnace 05.325

重量装粉法 weight filling 07.076

周期转向电镀 periodic reverse plating 06.068

周期纵轧 periodic rolling 03.149

轴数 number of spindles, number of axes 08.306

轴向剃齿 axial feed shaving 08.133

皱皮 elephant skin 02.274

珠光体 pearlite 05.073

珠光体可锻铸铁 pearlitic malleable cast iron 02.085

主参数 main parameter 08.302

主动测量 active measurement, measurement for active control 09.007

主后面 major flank 10.022

主偏角 tool cutting edge angle 10.056

主切削平面 tool major cutting edge plane 10.051

主切削刃 tool major cutting edge 10.029
主运动 cutting movement 08.266
主轴 spindle 08.321
主轴定向停止 oriented spindle stop 08.300
主轴孔径 diameter of spindle through hole 08.310
主轴速度功能 spindle speed function 08.415
主轴套筒行程 spindle quill travel 08.309
主轴外锥 external taper of spindle 08.312
主轴箱 spindle head 08.322
主轴行程 travel of spindle 08.308
主轴转速 spindle speed 08.015
主轴锥孔 taper hole of spindle 08.311
柱面电解刻印机 cylindrical electrolytic marking machine 08.394
柱状晶 columnar crystal 02.017
柱状组织 columnar structure 05.010
助滤剂 filter-aid 06.078
铸钢 cast steel 02.076
铸件 casting 02.002
[铸件]精整 finishing, fettling 02.262
铸件线收缩率 shrinkage 02.023
*铸态组织 cast structure, as-cast structure 02.019
铸铁 cast iron 02.077
铸铁平尺 cast iron straightedge 09.041
铸型 mold 02.003
铸造 foundry, founding, casting 02.001
铸造焦 foundry coke 02.029
铸造铝合金 cast aluminium alloy 02.096
铸造镁合金 cast magnesium alloy 02.101
铸造缺陷 casting defect 02.024
铸造铜合金 cast copper alloy 02.097
铸造锌合金 cast zinc alloy 02.100
铸造性能 castability 02.020
铸造应力 casting stress 02.278
铸造组织 cast structure, as-cast structure 02.019
注射模 injection mould 14.093
专门化机床 specialized machine tool 08.162
专用机床 special purpose machine tool 08.161
专用夹具 special fixture 12.002
专用量仪 special purpose measuring instrument 09.089
专用模 special purpose die 14.034

转底炉 rotary hearth furnace 03.248
转化处理 conversion treatment 06.089
转化膜 conversion coating 06.088
转盘 face plate 13.084
转塔车床 turret lathe 08.180
*转台 rotary table 13.019
转筒式炉 rotary retort furnace 05.316
转位 indexing 08.275
转运包 transfer ladle 02.324
转子混砂机 rotator mixer 02.298
装粉量 fill 07.074
*装夹 setup 08.003
装联 installation 15.018
装配 assembly 15.004
装配单元 assembly unit 15.022
装配方法 assembly method 15.021
装配精度 assembly precision 15.019
装配式滚刀 built-up hob 10.210
装配误差 assembly error 15.020
装套 encapsulation 07.079
装箱退火 pack annealing 05.107
*装卸料装置 loader and unloader 08.349
锥柄插齿刀 tapered shank cutter 10.219
锥柄超长麻花钻 extra long taper shank twist drill 10.161
锥柄铰刀 taper shank reamer 10.176
锥柄扩孔钻 core drill with taper shank 10.166
锥柄麻花钻 taper shank twist drill 10.156
锥齿轮加工机床 bevel gear cutting machine 08.211
锥齿轮研齿机 bevel gear lapping machine 08.212
锥面锪钻 taper countersink 10.170
锥形变薄旋压 shear spinning, shear forming 03.214
准备功能 preparatory function 08.414
着色 coloring 06.093
着色剂 colorant 06.099
紫外固化 ultra-violet curing 06.178
自沉积 auto-deposition 06.144
*自催化镀 electroless plating 06.085
自定位模 selfsetting die 14.019
自定心虎钳 self-centering vice 13.042
自定心卡盘 self-centering chuck 13.029

自动补偿　automatic compensation　08.286

自动补偿装置　automatic compensator　08.351

自动测量装置　automatic measuring device　08.350

自动搓丝机　automatic flat die thread-rolling machine　03.336

自动锻压机　automatic metal forming machine　03.293

自动镦锻机　automatic header　03.332

自动分选机　automatic sorting machine　09.136

自动滚丝机　automatic thread roller　03.335

自动焊　automatic welding　04.026

自动化造型　automatic molding　02.194

*自动换刀数控机床　machining center　08.258

自动换刀装置　automatic tool changer, ATC　08.352

自动机床　automatic machine tool　08.169

自动检测系统　automatic test system　09.135

自动检测装置　automatic measuring unit　09.133

自动浇注机　automatic pouring machine　02.329

自动进给　automatic feed　08.268

自动卷簧机　automatic spring winding machine　03.338

*自动开合板牙头　die head　10.188

自动开合丝锥　collapsible tap　10.193

自动模　transfer die　14.036

自动喷涂　automatic spraying　06.162

自动切边机　automatic trimmer　03.334

自动生产线　transfer machine, automatic production line　08.260

自动司锤装置　hammer automatic operating device　03.347

自动弯曲机　automatic stamping and bending machine　03.337

自动循环　automatic cycle　08.291

自发回火　auto-tempering　05.143

*自发回火效应　auto-tempering　05.143

自干　air drying　06.175

*自回火　self-tempering　05.144

自夹紧夹具　self-clamping fixture　12.013

自冷淬火　self-quench hardening　05.135

自黏结材料　self-bonding material　06.124

自然坡度角　angle of repose　07.048

自然时效处理　natural ageing treatment　05.159

自热回火　self-tempering　05.144

自熔性合金粉末　self-fluxing alloyed powder　07.034

自润滑涂层材料　self-lubrication coating material　06.126

自硬黏结剂　no bake binder　02.051

自硬砂　self-hardening sand　02.059

自硬砂造型　self-hardening sand molding　02.190

自泳涂装　autophoresis coating　06.167

自由锻　open die forging, flat die forging　03.050

自由挤压　open extrusion, free extrusion　03.174

棕刚玉　ruby fused alumina, brown fused alumina　11.013

综合测量　composite measurement　09.005

总停　master stop　08.301

总装　general assembly, final assembly [method]　15.007

纵向焊缝　longitudinal weld　04.010

纵轧　rolling　03.148

组合冲模　combined die　14.037

组合机床　modular machine tool　08.163

组合机床夹具　fixture for modular machine　12.027

组合机床自动线　transfer line of modular machine, automatic production line of modular machine　08.261

组合夹具　modular jig and fixture　12.004

组合式拉削　combined broaching　08.056

组合铣刀　interlocked cutter　10.145

组芯造型　core assembly molding　02.182

组织　structure　11.006

*组织应力　transformation stress　05.175

*组织组成物　structural constituent　05.016

组织组分　structural constituent　05.016

钻床　drilling machine　08.187

钻床夹具　fixture for drilling machine　12.021

钻夹头　drill chuck　13.069

*钻尖角　point angle　10.064

*钻孔　drilling　08.057

钻气孔机　multiple vent unit　02.360

钻削　drilling　08.057

钻中心孔　centering　08.154

最大加工孔径　maximum machined hole diameter　08.304

最大加工直径 maximum machinable diameter
08.303

最大剪应力准则 maximum shear stress criterion
03.014

最大模数 maximum module 08.305

最小阻力定律 the law of minimum resistance
03.021

左焊法 forehand welding 04.165

作用力 active force 10.075

坐标工作台 coordinate table 13.017

坐标磨床 jig grinding machine 08.204

坐标镗床 coordinate boring machine, jig boring machine 08.195

座包 receiving ladle 02.322